高等学校消防专业规划教材

危险化学品事故消防应急救援

张宏宇　王永西◎主编

WEIXIAN HUAXUEPIN SHIGU XIAOFANG YINGJI JIUYUAN

化学工业出版社
·北京·

本书共五章，包括危险化学品基础知识、危险化学品事故救援处置程序、危险化学品事故救援处置关键技术、常见危险化学品事故处置、危险化学品事故应急救援演练。书中内容注重与实际相结合，突出基础理论知识的学习和实战化应用，着重提高学员的知识应用能力和分析解决问题的能力。

本书可作为消防指挥、消防工程、安全工程专业人才培养教学用书，也可用作企业专职消防员培训用书和消防工程技术人员的工作参考书。

图书在版编目（CIP）数据

危险化学品事故消防应急救援/张宏宇，王永西主编.
北京：化学工业出版社，2019.1（2024.9重印）
高等学校消防专业规划教材
ISBN 978-7-122-33429-9

Ⅰ.①危…　Ⅱ.①张…②王…　Ⅲ.①化工产品-危险物品管理-消防-高等学校-教材　Ⅳ.①TQ086.5

中国版本图书馆CIP数据核字（2018）第283226号

责任编辑：韩庆利　　文字编辑：张绪瑞
责任校对：王　静　　装帧设计：张　辉

出版发行：化学工业出版社（北京市东城区青年湖南街13号　邮政编码100011）
印　　刷：三河市航远印刷有限公司
装　　订：三河市宇新装订厂
787mm×1092mm　1/16　印张13¼　字数321千字　2024年9月北京第1版第7次印刷

购书咨询：010-64518888　　售后服务：010-64518899
网　　址：http://www.cip.com.cn
凡购买本书，如有缺损质量问题，本社销售中心负责调换。

定　　价：39.80元　

前言

教材建设是院校建设的一项基础性、长期性工作，配套、适用、体系化的专业教材不但能满足教学发展的需要，还对深化教学改革、提高人才培养质量起到极其重要的作用。消防高等专科学校是为全国消防队伍培养基层指挥员的专门学校，为提高教学质量，培养优秀基层指挥人员，2016年版人才培养方案对学校专业和课程设置进行了调整，“危险化学品事故消防应急救援”成为抢险救援专业的核心专业课程。在学校党委和各级领导的支持、帮助下，训练部组织经验丰富的教师编写了《危险化学品事故消防应急救援》教材。

本次教材编写工作，本着立足学员基础，兼顾前续课程和紧密联系消防救援队伍实战需求的原则，教材结构安排和编写体系紧密围绕专业知识，突出实战化，着重提高学员的知识应用能力和分析解决问题的能力，从而提高整体教学质量，让学员能胜任初级指挥员工作岗位需求。

本书共五章，包括危险化学品基础知识、危险化学品救援处置程序、危险化学品救援处置关键技术、常见危险化学品事故处置、危险化学品事故应急救援演练。

本书由张宏宇、王永西担任主编，主要负责总体设计、系统研发、体系结构、内容界定、编写指导、全面把关和统稿工作。编写人员分工如下：李志红编写第一章，杨文俊编写第二章，王永西编写第三章，张宏宇编写第四章第一、二、三、四节，任志明编写第四章第五、六、七、八节，傅柄棋编写第五章。

由于编写人员理论水平和实践经验有限，书中疏漏和不足之处在所难免，恳请广大读者和同行批评指正。

编　者

目 录

第一章 危险化学品基础知识

第二章 危险化学品事故救援处置程序

第三章　危险化学品事故救援处置关键技术

第四章 常见危险化学品事故处置

第五章 危险化学品事故应急救援演练

参考文献

第一章 危险化学品基础知识

化学品在工业、农业、国防、科技等领域得到了广泛的应用，且已渗透到人民的生活中。据美国化学文摘记载，目前全世界已有的化学品多达700万种，其中已作为商品上市的有10万余种，经常使用的有7万多种，世界化学品的年总产值已达到1万亿美元。随着社会发展和科技进步，人类使用化学品的品种、数量在迅速增加，每年约有千余种新的化学品问世。

现代科学技术和化学工业生产的迅猛发展，一方面丰富了人类的物质生活，另一方面也给人类生产和生活带来了很大的威胁。不少化学品因其所固有的易燃、易爆、有毒、有害、腐蚀、放射等危险特性，在其生产、经营、储存、运输、使用以及废弃物处置过程中，如果管理或技术防护不当，将会损害人体健康，造成财产损失、生态环境污染。例如，1984年墨西哥城液化石油气爆炸事故，使650人丧生、数千人受伤；2015年8月12日，位于天津市滨海新区天津港的瑞海公司危险品仓库发生火灾爆炸事故，造成165人遇难，798人受伤，304幢建筑物、12428辆商品汽车、7533个集装箱受损，直接经济损失68.66亿元。这些涉及危险化学品的事故，尽管起因和影响不尽相同，但它们都有一些共同特征：它们是失控的偶然事件，会造成大量人员伤亡，或是造成巨大的财产损失或环境污染，或是两者兼而有之；发生事故的根源是设施或系统中储存或使用易燃、易爆或有毒物质。

事实表明，造成重大工业事故的可能性和严重程度既与化学品的固有性质有关，又与设施中实际存在的危险品数量有关。为有效预防、避免和应对事故的发生，救援人员应掌握有关危险化学品的基础知识。

第一节　危险化学品概述

学习目标

1. 了解危险化学品基本概念。
2. 掌握危险化学品的分类和危害。

人类在日常生活和生产活动中接触多种化学品，由于各种化学品的组成和分子结构不同，性质也就各不相同，掌握化学品的一般知识，了解物质的一般结构和理化性质的规律，有助于正确认识危险化学品的性质。

一、危险化学品的概念

危险化学品在不同场合的表述不一，在生产、经营、使用场所将之称为化工产品，一般不称危险化学品。在运输过程中，包括铁路运输、公路运输、水上运输、航空运输将其称为危险货物；在储存环节，称为危险物品或危险品。在国家法律法规中的名称也不一样，如在《中华人民共和国安全生产法》中称“危险物品”，在《危险化学品安全管理条例》中称“危险化学品”。

（一）化学品

国际劳工组织为化学品所下的定义是：“化学品是指天然的或人造的各类化学元素、由元素组成的单质、化合物及其混合物，无论是天然的还是人工合成的”。按此定义可以说，人类生存的地球和大气层中所形成的所有物质包括固体、液体、气体都是化学品。

（二）危险品

危险品也称危险物品或危险货物，是指具有爆炸、易燃、毒害、感染、腐蚀、放射性等危险特性，在运输、储存、生产、经营、使用和处置中，容易造成人身伤亡、财产损毁或环境污染而需要特别的物质和物品。

（三）危险化学品

《危险化学品安全管理条例》所称“危险化学品”，是指具有毒害、腐蚀、爆炸、燃烧、助燃等性质，对人体、设施、环境具有危害的剧毒化学品和其他化学品。

《危险化学品目录》（2015 版）对危险化学品的定义是：具有剧烈急性毒性危害的化学品，包括人工合成的化学品及其混合物和天然毒素，还包括具有急性毒性易造成公共安全危害的化学品。

民用爆炸品、放射性物品、核能物质和城镇燃气不属于危险化学品。

（四）易燃易爆化学品

在国家标准《危险货物品名表》（GB 12268）中，把以燃烧、爆炸为主要特征的部分压缩气体和液化气体、易燃液体、易燃固体、自燃物品和遇湿易燃物品、氧化剂和有机过氧化物、毒害品、腐蚀品等称之为易燃易爆化学品。

二、危险化学品的危险特性

危险化学品的危险特性主要包括以下 5 个方面。

（一）化学品活性与危险性

许多具有爆炸特性的物质其活性都很强，活性越强的物质，其危险性越大。

（二）危险化学品的燃烧学

压缩气体和液化气体、易燃液体、易燃固体、自燃物品和遇湿易燃物品、氧化剂和有机过氧化物等均可能发生燃烧而导致火灾事故。

（三）危险化学品的爆炸危险

除爆炸品外，压缩气体和液化气体、易燃液体、易燃固体、自燃物品和遇湿物品、氧化剂和有机过氧化物等都有可能引发爆炸。

（四）危险化学品的毒性

除毒害品和感染性物品外，压缩气体和液化气体、易燃液体、易燃固体等中的一些物质也会致人中毒。

（五）腐蚀性

除了腐蚀性物品外，爆炸品、易燃液体、氧化剂和有机过氧化物等都具有不同程度的腐蚀性。

三、危险化学品的危害

危险化学品的危害性，主要可归纳为以下 3 个方面。

（一）燃爆性

绝大部分危险化学品为易燃易爆物品，爆炸品、压缩气体和液化气体、易燃液体、易燃固体、自燃物品和遇湿易燃物品、氧化剂和有机过氧化物可燃气体在一定条件下都能发生燃烧或爆炸，有些毒害品和腐蚀品也具有易燃易爆性。加之许多危险化学品在生产、储存、运输和使用过程中，往往处于温度和压力的非常态（如高温或低温、高压或低压等），如果管理不当、失去控制，很容易引起火灾爆炸事故，造成巨大损失。

（二）毒害性

毒害性是危险化学品的主要危险特性之一，除毒性物品和感染性物品外，压缩气体和液化气体、易燃液体、易燃固体等中的一些物质也会致人中毒。相当一部分危险化学品属于化学性职业危害因素，可能导致职业病，如现在已经有 150～200 种危险化学品被认为是致癌物。

（三）污染环境

如果危险化学品泄漏，可能对水体、大气、土壤造成污染，进而影响人的健康。

1. 对大气的危害

破坏臭氧层；导致温室效应，引起酸雨，形成光化学烟雾。

2. 对土壤的危害

土壤酸碱化，土壤板结。

3. 对水体的危害

含氮、磷及其他有机物的生活污水、工业废水可导致水体的“富营养化”“赤潮水”；重金属、农药、挥发酚类、氰化物、砷化物等污染物可在水生生物体内富集，造成其损害、死亡，破坏生态环境；石油类污染可导致鱼类、水生生物死亡，还可引起水上火灾。

四、危险化学品的分类

目前，我国对危险化学品的分类主要有两种：一是根据《化学品分类和危险性公示　通则》（GB 13690—2009）分类，这种分类与联合国《化学品分类及标记全球协调制度》（GHS）（全球化学品统一分类和标签制度 Globally Harmonized System of Classification and Labeling of Chemicals）相接轨，对我国化学品进出口贸易发展和对外交往有促进作用；二是根据《危险货物分类和品名编号》（GB 6944—2012）分类，这种分类适用我国危险货物的运输、储存、生产、经营、使用和废弃物处置。

（一）根据《化学品分类和危险性公示　通则》分类

根据联合国 GHS（第二修订版）对危险化学品危险性分类及公示的要求，我国作为一个化学品生产、消费和使用大国，执行 GHS 对我国化学品的正确分类和在生产、运输、使用各环节中准确应用化学标记具有重要作用，也将进一步促进我国化学品进出口贸易发展和对外交往，防止和减少化学品对人类的伤害和对环境的破坏。我国将《常用危险化学品分类及标志》（GB 13690—1992）修订为《化学品分类和危险性公示　通则》（GB 13690—2009）。GB 13690—2009 从理化危险、健康危险和环境危险三个方面，将危险品分为 28 大类，其中包括 16 个理化危险性分类种类，10 个健康危害性分类种类以及 2 个环境危害性分类种类。

1. 理化危险性

按理化危险性分为：爆炸物；易燃气体；易燃气溶胶；氧化性气体；压力下气体；易燃液体；易燃固体；自反应物质；自燃液体；自燃固体；自热物质和混合物；遇水放出易燃气体的物质混合物；氧化性液体；氧化性固体；有机过氧化物；金属腐蚀物共 16 类。

（1）第 1 类　爆炸物

爆炸物质（或混合物）是一种固态或液态物质（或混合物），其本身能通过化学反应产生气体，而产生气体的温度、压力和速度能对周围环境造成破坏，其中也包括烟火物质，无论其是否产生气体都属于爆炸物。如叠氮钠、黑索金、2,4,6-三硝基甲苯（TNT）、三硝基苯酚。

爆炸物除具有爆炸性外，一般还具有：反应速度快（0.0001s）；有一定毒性，如三硝基甲苯（TNT）、硝化甘油（又称硝酸甘油）、雷汞［$Hg(ONC)_2$］等；能与酸、碱、盐、金属发生反应，生成更容易爆炸的化学品，如苦味酸遇某些碳酸盐能反应生成更易爆炸的苦味酸盐等特性。因此在储运中要避免摩擦、撞击、颠簸、震荡，严禁与氧化剂、酸、碱、盐类、金属粉末和钢材料等混储混运。

（2）第 2 类　易燃气体

指与空气混合的爆炸下限小于 10%（体积比），或爆炸上限和下限之差值大于 20%的气体。如甲烷、氢气、乙炔等。易燃气体分为 2 类，见表 1.1。

表 1.1　易燃气体的分类及分类原则

类别	分类原则
1	在 20℃和 101.3kPa 时：①在与空气的混合物中，按体积占 13%或更少时可点燃的气体；②不论其爆炸下限，与空气混合，其爆炸极限范围大于或等于 12%的气体
2	在 20℃和标准大气压 101.3kPa 时，除类别 1 中气体之外，与空气混合时有易燃范围的气体

（3）第 3 类　易燃气溶胶

气溶胶是指喷射罐（系任何不可重新罐装的容器，该容器由金属、玻璃或塑料制成）内装有强制压缩、液化或溶解的气体（包含或不包含液体、膏剂或粉末），并配有释放装置以使内装物喷射出来，在气体中形成悬浮的固态或液态微粒或形成泡沫、膏剂或粉末或者以液态或气态形式出现。

如果气溶胶含有任何按《全球化学品统一分类和标签制度》（GHS）分类为易燃的成分时，该气溶胶应考虑分类为易燃的。

易燃气溶胶具有易燃气体、易燃液体、易燃固体所具有的特性。

（4）第 4 类　氧化性气体

氧化性气体是一般通过提供氧气，比空气更能导致或促使气体物质燃烧的任何气体。

（5）第 5 类　压力下气体

压力下气体是指高压气体在压力等于或大于 200kPa（表压）下装入贮器的气体，或是液化气体或冷冻液化气体。压力下气体包括压缩气体、液化气体、冷冻液化气体、溶解液体。压力下气体的分类见表 1.2。

表 1.2 压力下气体的分类

类别	分　类
压缩气体	在压力下包装上时，-50℃下完全是气态的气体，包括临界温度不大于-50℃的所有气体
液化气体	在压力下包装上时，温度高于-50℃时部分是液体的气体，它分为：①高压液化气，具有临界温度-50～65℃之间的气体；②具有临界温度大于65℃的气体
冷冻液化气体	包装时由于低温而成为液态的气体
溶解气体	在压力下包装时溶解在液相溶剂中的气体

注：临界温度是指高于此温度无论压缩程度如何纯气体都不能被液化的温度。

气体具有可压缩性和膨胀性，装有各种压缩气体的钢瓶应根据气体的种类涂上不同的颜色以示标志，不同压缩气体钢瓶规定的漆色见表 1.3。

表 1.3 不同压缩气体钢瓶规定的漆色

钢瓶名称	外表面颜色	字样	字样颜色	横条颜色
氧气瓶	天蓝	氧	黑	
氢气瓶	深绿	氢	红	红
氮气瓶	黑	氮	黄	棕
压缩空气瓶	黑	压缩气体	白	
乙炔气瓶	白	乙炔	红	
二氧化碳气瓶	黑	二氧化碳	黄	

(6) 第 6 类　易燃液体

易燃液体是指闪点不高于 93℃的液体。这类液体极易挥发成气体，遇明火即燃烧。易燃液体以闪点作为评定液体火灾危险性的主要根据，闪点越低，危险性越大。易燃液体的分类标准见表 1.4。

表 1.4 易燃液体的分类标准

类 别	分 类	类 别	分 类
1	闪点<23℃和初沸点≤35℃	3	23℃≤闪点≤60℃
2	闪点<23℃和初沸点>35℃	4	60℃<闪点≤93℃

(7) 第 7 类　易燃固体

易燃固体是容易燃烧或通过摩擦可能引燃或助燃的固体。易于燃烧的固体为粉状、颗粒状或糊状物质，它们在与燃烧着的火柴等火源短暂接触即可点燃和火焰迅速蔓延的情况下，都非常危险。

易燃固体因着火点低，如受热、遇火星、受撞击、摩擦或氧化剂作用等能引起急剧的燃烧和爆炸，同时放出大量毒害气体。如赤磷、硫黄、萘、硝化纤维等。

(8) 第 8 类　自反应物质

自反应物质或混合物是即便没有氧（空气）也容易发生激烈放热分解的热不稳定液态或固态物质或者混合物。本定义不包括根据统一分类制度分类为爆炸物、有机过氧化物或氧化物质的物质和混合物。如环氧化物、氮丙啶类、链烯烃、亚磷酸盐等，不包括 GHS 分类为爆炸物、有机过氧化物或氧化物质的物质和混合物。

(9) 第 9 类　自燃液体

自燃液体是即使数量小也能在与空气接触后5min之内引燃的液体。

（10）第10类 自燃固体

自燃固体是即使数量小也能在与空气接触后5min内引燃的固体。

不同结构自燃物质具有不同的自燃特性。例如，黄磷性质活泼，极易氧化，燃点又特别低，一经暴露在空气中很快就引起自燃，但黄磷不和水发生化学反应，所有黄磷通常保存在水中。而二乙基锌、三乙基铝等有机金属化合物，不但在空气中能自燃，遇水还会剧烈分解，产生氢气，引起燃烧爆炸。因此，储存和运输时必须用充有惰性气体或特定的容器包装，燃烧时亦不能用水扑救。

（11）第11类 自热物质和混合物

自热物质是发火液体或固体以外，与空气反应不需要能源供应就能够自己发热的固体或液体物质或混合物；这类物质或混合物与发火液体或固体不同，因为这类物质只有数量很大（千克级）并经过长时间（几小时或几天）才会燃烧。

（12）第12类 遇水放出易燃气体的物质或混合物

遇水放出易燃气体的物质或混合物是通过与水作用，容易具有自燃性或放出危险数量的易燃气体的固态或液态物质。如钠、钾、电石等。

遇水放出易燃气体的物质除遇水反应外，遇到酸或氧化剂也能发生反应，而且比遇到水发生的反应更为强烈，危险性更大。因此，储存、运输和使用时，注意防水、防潮、严禁火种接近，与其他性质相抵触的物质隔离存放。遇湿易燃物质起火，严禁用水、酸碱泡沫、化学泡沫扑救。

（13）第13类 氧化性液体

氧化性液体是本身未必燃烧，但通常放出氧气可能引起或促使其他物质燃烧的液体。

（14）第14类 氧化性固体

氧化性固体是本身未必燃烧，但通常因放出氧气可能引起或促使其他物质燃烧的固体，如氯酸铵、高锰酸钾等。

氧化性物质具有强烈的氧化性，按其不同的性质遇酸、碱、受潮、强热或与易燃、有机物、还原剂等性质接触的物质混存能发生分解，引起燃烧和爆炸。

（15）第15类 有机过氧化物

有机过氧化物是含有过氧键结构的液体或固态有机物，可以看作是一个或两个氢原子被有机基替代的过氧化氢衍生物。有机过氧化物是热不稳定物质或混合物，容易放热自加速分解。且具有强烈的氧化性，遇酸、碱、受潮、强热或与易燃物、有机物、还原剂等能发生分解，引起燃烧或爆炸。

（16）第16类 金属腐蚀物

金属腐蚀物或混合物是通过化学作用显著损坏或毁坏金属的物质或混合物。

2. 健康危害

按健康危害分为：急性毒性；皮肤腐蚀/刺激；严重眼损伤/眼刺激；呼吸或皮肤过敏；生殖细胞致突变性；致癌性；生殖毒性；特异性靶器官系统毒性——一次接触；特异性靶器官系统毒性——反复接触；吸入危险10类。

（1）第17类 急性毒性

急性毒性是指在单剂量或在24h内多剂量口服或皮肤接触一种物质，或吸入接触4h之后出现的有害效应。

以化学品的急性经口、经皮肤和吸入毒性划分五类危害，即按其经口、经皮肤（大致）LD_{50}、吸入 LC_{50} 值的大小进行危害性的基本分类，见表 1.5。

表 1.5　急性毒物危险性类别 LD_{50}/LC_{50} 值

接触途径	单位	类别 1	类别 2	类别 3	类别 4	类别 5
经口	mg/kg	5	50	300	2000	5000
经皮肤	mg/kg	50	200	1000	2000	
气体	mL/L	0.1	0.5	2.5	5	
蒸气	mL/L	0.5	2.0	10	20	
粉尘和烟雾	mL/L	0.05	0.5	1.0	5	

（2）第 18 类　皮肤腐蚀/刺激

皮肤腐蚀是对皮肤造成不可逆损伤，即将受试物在皮肤上涂敷 4h 后，可观察到表皮和真皮坏死。

典型的腐蚀反应的特征是溃疡、出血、有血的结痂，而且在观察期 14d 结束时，皮肤、完全脱发区域和结痂处由于漂白而褪色。

（3）第 19 类　严重眼损伤/眼刺激

严重眼损伤是将受试物滴入眼内表面，对眼睛产生组织损害或视力下降，且在滴眼 21d 内不能完全恢复。

眼刺激是将受试物滴入眼内表面，对眼睛产生变化，但在滴眼 21d 内可完全恢复。

（4）第 20 类　呼吸或皮肤过敏

呼吸过敏物是指吸入后会引起呼吸道过敏反应的物质。

皮肤过敏物是指皮肤接触后会引起过敏反应的物质。

（5）第 21 类　生殖细胞致突变性

主要是指可引起人类生殖细胞突变并能遗传给后代的化学品。“突变”是指细胞中遗传物质的数量或结构发生永久性改变。

（6）第 22 类　致癌性

致癌物是能诱发癌症或增加癌症发病率的化学物质或化学物质混合物。

具有致癌危害的化学物质的分类是以该物质的固有性质为基础的，而不提供使用化学物质发生人类癌症的危险度。

（7）第 23 类　生殖毒性

生殖毒性是指对成年男性或女性的性功能和生育力的有害作用，以及对自带的发育毒性。生殖毒性被细分为两个主要部分：对生殖和生育能力的有害效应和对后代发育的有害效应。

（8）第 24 类　特异性靶器官系统毒性——一次接触

由一次接触产生特异性的、非致死性靶器官系统毒性的物质。包括产生即时的和/或迟发的、可逆性和不可逆性功能损害的各种明显的健康效应。

（9）第 25 类　特异性靶器官系统毒性——反复接触

是指在多次接触某些物质和混合物后，会产生特定的、非致命的目标器官毒性，包括可能损害机能的、可逆性和不可逆的、即时或延迟的明显的健康效应。

（10）第 26 类　吸入危险

“吸入”指的是液态或固态化学品通过口腔或鼻腔直接进入或者因呕吐间接进入气管和下呼吸系统。吸入毒性包括各种严重急性效应，如化学性肺炎、不同程度的肺损伤和吸入致死等。

3. 环境危害

环境危害分为危害水生环境物质和危害臭氧层物质两类。

(1) 第27类 危害水生环境物质

危害水生环境物质分为急性水生生物毒性和慢性水生生物毒性。

急性水生生物毒性是指物质具有对水中的生物体短时间接触时即可造成伤害的物质。

慢性水生生物毒性，是指物质在与生物生命周期相关的接触期对水生生物产生有害影响的潜在或实际的物质。

(2) 第28类 危害臭氧层物质

化学品是否危害臭氧层，由臭氧消耗潜能值（*ODP*）确定。臭氧消耗潜能值是指一个有别于单一种类卤化碳排放源的综合总量，反映与同等质量的三氯氟甲烷相比，卤化碳可能对平流层造成的臭氧消耗程度。臭氧消耗潜能值还可以表述为使某种化合物的差量排放相对于同等质量的三氯氟甲烷而言，对整个臭氧层的综合扰动的比值。

（二）根据《危险货物分类和品名编号》分类

根据《危险货物分类和品名编号》（GB 6944—2012）国家标准，将危险化学品按危险货物具有的危险性或最主要的危险性分为爆炸品、气体、易燃液体、易燃固体和易自燃的物质及遇水放出易燃气体的物质、氧化性物质和有机过氧化物、毒性物质和感染性物质、放射性物质、腐蚀性物质、杂项危险物质和物品。

(1) 第1类 爆炸品

爆炸品是指在外界作用下（如受热、受压、撞击等），能发生剧烈的化学反应，瞬间产生大量的气体和热量，使周围压力急剧上升，发生爆炸，对周围环境造成破坏的物品，也包括无整体爆炸危险，但具有燃烧、抛射及较小爆炸危险的物品。

爆炸品的爆炸性是由本身的组成和性质决定的。而爆炸的难易程度则取决于物质本身的敏感度。一般来讲，敏感度越高的物质越易爆炸。但爆炸品的敏感度的高低还与密度、温度、杂质、结晶以及包装好坏有关，故通常用热感度、撞击感度和爆速的大小作为衡量是否属于爆炸品的标准。热感度实验爆炸点在350℃以下，撞击感度实验爆炸率在2%以上，或爆速在3000m/s以上的物质和物品为爆炸品。如叠氮钠、黑索金、2,4,6-三硝基甲苯(TNT)、三硝基苯酚等。

(2) 第2类 气体

气体是指满足下列条件之一的物质：温度低于50℃时，其蒸气压大于300kPa；或在20℃，标准大气压下完全处于气体的物质。本类包括压缩气体、液化气体、溶解气体和冷冻液化气体、一种或多种气体与一种或多种其他类别物质的蒸气混合物、充有气体的物品和气雾剂。

气体按其性质分为以下三项。

① 易燃气体。是指在20℃和101.3kPa条件下，爆炸下限小于或等于13%或更少时可点燃的气体；或不论其爆炸下限，其爆炸极限范围大于或等于12%的气体。如压缩或液化的氢气、一氧化碳、甲烷、液化石油气等。

② 非易燃无毒气体。是指在20℃、蒸气压力不低于200kPa条件下运输或以冷冻液体

状态运输的气体。如氧气、压缩空气、二氧化碳、氮气、氖气、氩气等均属此项。值得注意的是，此类气体虽然不易燃烧，但由于处于压力状态下，故仍具有潜在的爆裂危险。

③ 毒性气体。是指其毒性或腐蚀性对人类健康造成危害的气体；或者急性半数致死浓度 LC_{50} 值小于或等于 5000mL/m³ 毒性或腐蚀性气体。如氟气、氯气等有毒氧化性气体，氨气、磷化氢、煤气、溴甲烷等有毒易燃气体均属此项。

(3) 第 3 类　易燃液体

易燃液体是指在闭杯闪点试验中温度不超过 60.5℃，或者在开杯闪点试验中温度不超过 65.6℃时，放出易燃蒸气的液体、液体混合物、固体的溶液或悬浊液（例如油漆、清漆、瓷漆等）。

易燃液体在常温下易挥发，其蒸气与空气混合形成爆炸性混合物。按闪点分为低闪点液体（闪点＜－18℃）、中闪点液体（－18℃≤闪点＜23℃）和高闪点液体（23℃≤闪点≤61℃）。

(4) 第 4 类　易燃固体和易自燃的物质及遇水放出易燃气体的物质

① 易燃固体。是指燃点低，对热、撞击、摩擦敏感，易被外部火源点燃，燃烧迅速，并可能散发出有毒烟雾或有毒气体的固体。如红磷、硫磷化合物（三硫化二磷），含水量＞15%的二硝基苯酚等充分含水的炸药，可以擦燃的火柴、硫黄、镁片，钛、锰、铁等金属元素的粒（粉或片）。生松香、安全火柴、棉花、亚麻等均属此项物品。

② 易自燃的物质。是指自燃点低，在空气中易发生氧化反应，放出热量，而自行燃烧的物品，包括：发火物质和自燃物质。发火物质指即使只有少量物品与空气接触，在不到 5min 内便能燃烧的物质；自燃物质是指发火物质以外的与空气接触不需要能源供应并能自己发热的物质。

③ 遇水产生易燃气体的物质。是指遇水作用易变成自燃物质或能放出危险易燃气体的物质。且有些不需要明火，即能燃烧或爆炸，如钠、钾等。

(5) 第 5 类　氧化性物质和有机过氧化物

氧化性物质是指具有较强的氧化性能，分解温度较低，遇酸碱、潮湿、强热、摩擦、撞击或与易燃物、还原剂接触能发生反应，并引起着火或爆炸的物质。

有机过氧化物是指分子组成中含有过氧键的有机物，其本身易燃易爆、极易分解，对热、震动和摩擦极为敏感。

(6) 第 6 类　毒性物质和感染性物质

毒性物质是指经吞食、吸入或与皮肤接触后可能造成死亡或严重受伤或损害人类健康的物质。毒性物质的毒性分为急性经口毒性（LD_{50}≤300mg/kg）、皮肤接触毒性（LD_{50}≤1000mg/kg）、吸入毒性（LC_{50}≤4mg/L 的粉尘或烟雾及 LC_{50}≤5000mL/m³ 的液体蒸气）。

感染性物质是指已知或有理由认为含有病原体的物质，包括生物制品、诊断样品、基因突变的微生物、生物体和气体媒介，如病毒蛋白等。

(7) 第 7 类　放射性物质

本类物质是指放射性活度大于 7.4×10^4 Bq/kg 的物品。放射性活度，过去称为放射线强度，是度量放射性物品放射性的一个物理量。放射性活度的单位用贝可（Bq）或居里（Ci）表示，表示每秒内某放射性物品发生核衰变的数目或每秒射出的相应离子数目。

(8) 第 8 类　腐蚀性物质

腐蚀性物质是指通过化学作用使生物组织接触时造成严重损伤或在渗漏时会严重损害甚至毁坏其他货物或运载工具的物质。本类包括满足下列条件之一的物质：使完好皮肤组织在暴露超过 60min、但不超过 4h 之后开始的最多 14d 观察期内全厚度毁损的物质；被判定不引起完好皮肤组织全厚度毁损，但在 55℃ 试验温度下，对钢或铝的表面腐蚀率超过 6.25mm/a 的物质。

（9）第 9 类 杂项危险物质和物品

是指其他类别未包括的危险的物质和物品，如：危害环境物质、高温物质、经过基因修改的微生物或组织。

思考题

1. 什么是化学品？什么是危险化学品？
2. GHS 是什么含义？
3. 根据《化学品分类和危险性公示 通则》（GB 13690—2009），危险化学品分为几大类？各类是什么？
4. 危险化学品的主要危害有哪些？

第二节 危险化学品的安全管理

学习目标

1. 了解国内外危险化学品安全管理体系。
2. 了解我国危险化学品管理相关法律和标准规范。
3. 熟悉《危险化学品安全管理条例》提出的全面管理体系的内容。

近年来，我国化学工业迅速发展，化学品的品种、产量和用量大量增加，其使用范围已遍及各行各业。但由于危险化学品具有易燃性、易爆性、强氧化性、腐蚀性、毒害性，其中有些品种属于剧毒化学品，在其生产、储存、运输、使用和废弃等各个环节中，由于环境条件变化或者储存、使用、经营管理不善，极易引起燃烧、爆炸、灼伤、中毒等恶性事故，给人民生命财产造成严重损失，因此如何保障危险化学品在生产、经营、储存、运输、使用以及废弃物处置过程中的安全，降低其危险危害，避免发生事故已成为危化品安全管理的重要研究内容。

一、危险化学品安全管理体系

随着科学技术的发展和应用，化学品已成为现代社会不可缺少的生产资料和消费品。但化学品具有的巨大危害性和潜在危险性，使得其安全管理已成为世界各国关注的焦点，许多国家都已建立了完善的安全管理体系，例如欧盟从 20 世纪 70 年代开始就制定了化学品管理的相关法律、法规、条约并逐步完善，现已实现对危险化学品的生产、储存、销售、运输、使用以及废弃物处置的整个生命周期进行科学、有效的管理。

（一）国外危险化学品安全管理

世界各国都十分重视危险化学品安全管理工作，联合国所属机构以及国际劳工组织对危险化学品的管理也提出了有关约定和建议。美国、日本和欧盟等国家、组织对危险化学品的管理制定了有关的法律和监控体系。

1. 美国

1928 年，美国国家防火协会的化学危险品和爆炸物品委员会协同化学学会编辑了常用化学危险品表（NFPA49）。随后，美国政府又相继颁布了《有毒物质控制法》《职业安全卫生法》《高度危险化学品处理过程的安全管理》《危险物品运输法》《有害物质包装危害预防法》《资源保护和回收法》《联邦环境污染控制法》和《食品、药物和化妆品法》等 16 部法律法规。

2. 国际劳工组织

1990 年 6 月国际劳工组织通过了《作业场所安全使用化学品公约》（简称 170 号公约）和《作业场所安全使用化学品建议书》（简称 177 号建议书）。1993 年又通过了《关于防止重大事故公约及其建议书》。

3. 欧盟

为使欧盟各国在化学品管理上保持一致，1996 年，欧盟修订了 1982 年颁布的《工业活动中重大事故危险法令》。2001 年 2 月欧盟发布了《未来化学品政策战略白皮书》。2004 年 1 月欧盟向 WTO/TBT 委员会通告了“关于化学品注册、评估、许可和限制，建立欧洲化学品管理局并修订 1999/45/EC 指令和法规（EC）（有关持久性有机污染物）的欧洲议会和理事会法规提案”的文本。2007 年 6 月 1 日，欧洲委员会开始全面实施新的化学品管理政策——化学品注册、评估和许可制度。此外，日本、韩国、加拿大、墨西哥、泰国和菲律宾等也相继建立了危险化学品安全管理体系。

4. 联合国

1954 年，根据《关于危险品运输问题的提案》，联合国召集了危险品运输专家委员会。随后，该委员会提交了《关于危险货物运输的建议书》。20 世纪 60 年代后期，联合国创立了国际有害化学品登录制度及国际化学安全计划。此后，联合国危险货物运输专家委员会编写了《关于危险货物运输的建议书·规章范本》、国际海事组织制订了《国际海运危险货物规则》、国际航空组织制订了《空运危险货物安全运输技术》、欧洲铁路运输中心局制订了《国际铁路运输危险货物技术规则》、欧经会（ECE）制订了《国际公路运输危险货物协定》和《国际内河运输危险货物协定》，这六部规范目前已被世界各国普遍采用。

为解决危险废物越境转移的环境问题，联合国环境规划署（UNEP）制定了《控制危险废物越境转移及其处置的巴塞尔公约》。1992 年 6 月，里约地球峰会通过了《21 世纪行动计划》。1998 年 9 月，联合国粮农组织和联合国环境规划署通过了《关于在国际贸易中对某些危险化学品和农药采用事先知情同意程序的公约》。在联合国环境规划署第七届理事会特别会议后联合国危险物品运输和全球化学品统一分类标记系统专家委员会制订了 GHS 系统，并在世界范围推广使用。2006 年，140 多个国家采纳了《国际化学品管理办法》，并通过了《国际化学品管理战略方针》。

到目前为止，美国、欧盟和日本等发达国家都先后制订了较完善的化学品安全管理法规和监控体系，各国正根据可持续发展的目标，调整化学品管理方针、政策和战略，进一步强化和完善本国的化学品安全立法。发展中国家虽然也制定了相应的化学品管理法规，但是和发达国家相比，仍存在一定的差距。

（二）我国危险化学品安全管理体系

目前我国的一些主要化工产品产量已位列世界前列，如化肥、燃料产量位居世界第一；农药、纯碱产量居世界第二；硫酸、烧碱居世界第三；合成橡胶、乙烯产量位居世界第四；原油加工能力居世界第四。石油和化学工业已经成为国内工业的支柱产业之一。随着经济的发展和科学的进步，石油和化学工业还将会快速发展。危险化学品生产的快速发展、品种的增加，对危险化学品的安全管理提出了更高的要求。

1. 我国危险化学品安全管理机构及职责

我国政府历来十分重视危险化学品的安全管理工作，设立专门机构，对行业的安全生产工作进行管理。为进一步加大对危险化学品的安全管理力度，在 2003 年机构调整中，国家安全生产监督管理局专门设立危险化学品安全监督管理司，具体负责有关危险化学品的安全监督管理工作。主要包括：

① 依法负责危险化学品生产和储存企业的设立及改建和扩建的安全审查、危险化学品包装物和容器专业生产企业的安全审查和定点、危险化学品经营许可证的发放、国内危险化学品等级工作以及监督检查。

② 负责烟花爆竹生产经营单位贯彻执行安全生产法律、法规情况及其安全生产条件、设备设施安全和作业场所职业卫生情况。

③ 组织查处不具备安全生产基本条件的生产经营单位。

④ 组织相关的大型建设项目安全设施的设计审查和竣工经验。

⑤ 指导和监督相关的安全评估工作。

⑥ 参与调查处理相关的特别重大事故，并监督事故查处的落实情况。

⑦ 指导协调或参与相关的事故应急救援工作。

2. 我国危险化学品安全管理体系

1994 年，化工部颁布了《化学事故应急救援管理办法》。1996 年，化工部和国家经贸委联合印发了《关于组建“化学事故应急救援系统 ”的通知》，成立了全国化学事故应急救援指挥中心和按区域组建的 8 个化学事故应急救援抢救中心。同年，劳动部和化工部联合颁发了《工作场所安全使用化学品规定 》。随后，“化学事故应急救援系统 ”更名为“国家经贸委化学事故应急救援抢救系统 ”。中石油、中石化和中海油三大集团公司都各自组建了事故应急救援体系。1999 年 10 月，国家经贸委颁布了《关于开展危险化学品登记注册工作的通知》。随后，公安部、交通部、国家经贸委、国家环保局和国家质量监督局联合发布了《关于加强化学危险品管理的规定的通知》。2000 年 9 月国家经贸委颁布了《危险化学品登记注册管理规定》。

2002 年，国务院通过了《危险化学品安全管理条例》；同年《中华人民共和国安全生产法》的实行标志着我国危险化学品安全生产和管理进入了新阶段。此后，《危险化学品登记管理办法 》《危险化学品经营许可证管理办法 》《危险化学品包装物、容器定点生产管理办法 》等相继实施。2005 年，国家质量检验检疫局和国家标准化管理委员会批准发布了《危险货物品名表 》和《危险货物分类和品名编号》两项标准。随后，国家环保总局发布了《关于在有毒化学品进出口环境管理登记过程的违规行为的公告》。国家环保总局、海关总署发布了《关于修订中国严格限制进出口有毒化学品目录的公告》。目前我国有关危险化学品安全管理的法律法规、规范已达 40 多部。此外，我国也积极参与了一系列国际行动和国际公约，如 POP 公约、PIC 公约、IFCS、全球汞评估等，并实施了农药登记、化学品首次进口和有毒化学品进出口登记、危险废物转移登记、合格实验室（GLP）认证等管理措施，取得了一定的成效。

为加强对危险化学品的安全管理，2011 年 12 月 1 日我国颁布实施了《危险化学品安全管理条例》（中华人民共和国国务院令第 591 号）。该条例明确了对危险化学品从生产、储存、经营、运输、使用和废弃物处置 6 个环节进行全过程监督管理，同时进一步明确了国家 10 部门的监督管理责任。修订后的条例，总结原条例实施以来危险化学品安全管理的实践经验，针对危险化学品安全管理中的新情况、新问题，对危险化学品生产、储存、经营、运输、使用等环节的安全管理制度和措施做了全面的补充、修改和完善。

目前我国政府在危险化学品安全管理法规的制定、安全管理政策的实施和危险化学品国际合作等方面已经初步形成了危险化学品安全管理体系。

二、危险化学品管理相关法律法规

我国的危险化学品安全管理相关法律法规体系由四个层面构成：法律（人大立法）、行政法规、部门规章（部/委/局令）、相关标准（国标/行标/地标/企标）。

（一）法律

1.《中华人民共和国安全生产法》

2014 年 8 月 31 日第十二届全国人民代表大会常务委员会第十次会议通过全国人民代表大会常务委员会关于修改《中华人民共和国安全生产法》（以下简称《安全生产法》）的决定，自 2014 年 12 月 1 日起施行。新修订的《安全生产法》对危险化学品监督管理、重大危险源管理及事故应急管理等方面作了明确规定。

（1）危险化学品监督管理

《安全生产法》第三十二条规定：生产、经营、运输、储存、使用危险物品或者处置废弃危险化学品，由有关部门依照有关法律、法规的规定和国家标准或者行业标准审批并实施监督管理。

生产经营单位生产、经营、运输、储存、使用危险物品或者处置废弃危险物品，必须执行有关法律、法规和国家标准或者行业标准，建立专门的安全管理制度，采取可靠的安全措施，接受有关主管部门依法实施的监督管理。

（2）重大危险源的安全管理

《安全生产法》第三十七条对重大危险源的安全管理作了如下规定。

生产经营单位对重大危险源应当登记建档。登记的内容包括：重大危险源的名称、地点、性质、可能造成的危害等。

生产经营单位对重大危险源应当进行定期检测、评估、监控。检测是指通过一定的技术手段，利用仪器对重大危险源的一些具体指标、参数进行测量；评估是指对重大危险源的各种情况进行综合的分析、判断，掌握其危险程度；监控则是对重大危险源进行观察和控制，防止其引发危险。

生产经营单位应当根据本单位重大危险源的实际情况，制定相应的应急预案，并进行必要的演练。在出现紧急情况时，做到心中不慌，有条不紊，采取适当的措施，避免生产安全事故的发生或者降低事故的损失。

（3）危险物品容器、运输工具以及特种设备生产

《安全生产法》第三十四条规定：生产经营单位使用的危险物品的容器、运输工具，以及涉及人身安全、危险性较大的海洋石油开采特种设备和矿山井下特种设备，必须按照国家有关规定，由专业生产单位生产、并经取得专业资质的检测、检验机构检验、检测合格，取得安全使用证或安全标志，方可投入使用。检测、检验机构对检测、检验结果负责。

（4）危险化学品事故应急救援

《安全生产法》第七十九条规定：危险物品的生产、经营、储存单位以及矿山、金属冶炼、城市轨道交通运营、建筑施工单位应当建立应急救援组织；生产经营规模较小的，可以不建立应急救援组织，但应当指定兼职的应急救援人员。

危险物品的生产、经营、储存、运输单位以及矿山、金属冶炼、城市轨道交通运营、建筑施工单位应当配备必要的应急救援器材、设备和物资，并进行经常性维护、保养，保证正常运转。

2.《中华人民共和国消防法》

2008 年 10 月 28 日第十一届全国人民代表大会常务委员会第五次会议对原《消防法》进行了重新修订，2009 年 5 月 1 日起施行。新消防法针对危险化学品生产、储存场所设置、仓库安全管理等作了明确规定。

（1）易燃易爆危险物品场所设置

随着我国现代化建设的发展，炼油厂、石油化工厂、石油库、易燃易爆危险物品仓库和装卸码头、烟花爆竹生产工厂等生产、储存、装卸易燃易爆危险物品的场所迅速发展，这些场所具有很大的火灾危险性，在城市中所处的位置相当重要，如果位置设置不当，一旦发生火灾，将影响周围建筑和场所安全，造成巨大的财产损失和人员伤亡。

《消防法》第二十二条规定：生产、储存和装卸易燃易爆危险物品的工厂、仓库和专用车站、码头，必须设置在城市的边缘或者相对独立的安全地带。易燃易爆气体和液体的充装站、供应站、调压站，应当设置在合理的位置，符合防火防爆要求。

第十九条规定：生产、储存、经营易燃易爆危险品的场所不得与居住场所设置在同一建筑物内，并应当与居住场所保持安全距离。

（2）易燃易爆危险物品及储存消防安全管理

《消防法》第二十三条规定：生产、储存、运输、销售或者使用、销毁易燃易爆危险物品的单位、个人，必须执行国家有关消防安全的规定。

生产易燃易爆危险物品的单位，对产品应当附有燃点、闪点、爆炸极限等数据的说明书，并且注明防火防爆注意事项，对独立包装的易燃易爆危险物品应当贴附危险品标签。

进入生产、储存易燃易爆危险物品的场所，必须执行国家有关消防安全的规定。禁止携带火种进入生产、储存易燃易爆危险物品的场所。禁止非法携带易燃易爆危险物品进入公共场所或乘坐公共交通工具。

易燃易爆危险物品具有较大的火灾危险性和破坏性，如果在生产、储存、运输、销售或者使用等过程中不严加管理，极易造成严重灾害事故。在公安机关内部，通常将民用爆炸物品划归为治安管理范畴，将易燃易爆化学物品划归为消防监督管理的范畴。

3. 其他法律

与危险化学品安全管理相关的法律还有《中华人民共和国职业病防治法》（国家主席令第 52 号）、《中华人民共和国刑法》（国家主席令第 83 号）、《中华人民共和国特种设备安全法》（国家主席令第 4 号）等。

（二）行政法规

1.《危险化学品安全管理条例》

原《危险化学品安全管理条例》（国务院令第 344 号）是 2002 年 3 月 15 日起施行的。近年来，由于相关部门在危险化学品安全管理方面的职责分工发生了变化，暴露出一些薄弱环节，为了适应出现的新情况新问题，与《全球化学品统一分类和标签制度》（GHS）接轨，更加有效地加强对危险化学品的安全管理，2011 年 2 月 16 日国务院第 144 次常务会议对《危险化学品安全管理条例》（以下简称《条例》）进行了修订，自 2011 年 12 月 1 日起施行。

《条例》增设了有关使用安全的制度和措施，明确了危险化学品安全管理的范围、责任和要求，各有关部门职责分工更清晰，监管措施可操作性更强。

（1）明确了危险化学品安全监管的部门职责

《条例》第六条明确地规定了安监、公安、质监、环保、交通运输、卫生、工商、邮政等 8 个部门的监管职责。

① 安全生产监督管理部门负责危险化学品安监管理综合工作，组织确定、公布、调整危险化学品目录；新建、改建、扩建生产、储存危险化学品（包括使用长输管道输送危险化学品，下同）的建设项目进行安全条件审查；核发危险化学品安全生产许可证、危险化学品安全使用许可证和危险化学品经营许可证；负责危险化学品登记工作。

② 公安机关负责危险化学品的公共安全管理，核发剧毒化学品购买许可证；剧毒化学品道路运输通行证；负责危险化学品运输车辆的道路交通安全管理。

③ 质量监督检验检疫部门负责核发危险化学品及其包装物、容器（不包括储存危化品的固定式大型储罐）生产企业的工业产品生产许可证，并依法对其产品质量实施监督；负责对进出口危险化学品及其包装实施检验。

④ 环境保护主管部门负责废弃危险化学品处置的监督管理。组织危险化学品的环境危害性鉴定和环境风险程度评估，确定实施重点环境管理的危险化学品；负责危险化学品环境管理登记和新化学物质环境管理登记；依照职责分工调查相关危险化学品环境污染事故和生态破坏事件，负责危险化学品事故现场的应急环境监测。

⑤ 交通运输主管部门负责危险化学品道路运输、水路运输的许可以及运输工具的安全管理，对危险化学品水路运输安全实施监督；负责危险化学品道路运输企业、水路运输企业驾驶人员、船员、装卸管理人员、押运人员、申报人员、集装箱装箱现场检查员的资格认定。

⑥ 铁路主管部门负责危险化学品铁路运输的安全管理，负责危险化学品铁路运输承运人、托运人的资质审批及其运输工具的安全管理。

⑦ 民用航空主管部门负责危险化学品航空运输以及航空运输企业及其运输工具的安全管理。

（2）健全完善了危险化学品建设项目“三同时”制度及与有关法律、行政法规的衔接

《条例》第十二条规定：新建、改建、扩建生产、储存危险化学品的建设项目，必须由安全监督部门进行安全条件审查。同时，与《港口法》《安全生产许可证书》《工业产品许可证条例》进行了衔接。

（3）完善危险化学品生产、使用、经营、运输安全许可制度

① 针对使用危险化学品从事生产的企业事故多发情况，为从源头上进一步强化使用危

险化学品的安全管理，《条例》第十四条规定：危险化学品生产企业进行生产前，应当依照《安全生产许可证条例》的规定，取得危险化学品安全生产许可证。生产列入国家实行生产许可证制度的工业产品目录的危险化学品的企业，应当依照《中华人民共和国工业产品生产许可证管理条例》的规定，取得工业产品生产许可证。

② 第二十九条规定：使用危险化学品从事生产并且使用量达到规定数量的化工企业（属于危险化学品生产企业的除外，下同），应当依照本条例的规定取得危险化学品安全使用许可证。

前款规定的危险化学品使用量的数量标准，由国务院安全生产监督管理部门会同国务院公安部门、农业主管部门确定并公布。

③ 第三十三条规定：国家对危险化学品经营（包括仓储经营，下同）实行许可制度。未经许可，任何单位和个人不得经营危险化学品。

依法设立的危险化学品生产企业在其厂区范围内销售本企业生产的危险化学品，不需要取得危险化学品经营许可。

④ 第四十三条规定：从事危险化学品道路运输、水路运输的，应当分别依照有关道路运输、水路运输的法律、行政法规的规定，取得危险货物道路运输许可、危险货物水路运输许可，并向工商行政管理部门办理登记手续。

危险化学品道路运输企业、水路运输企业应当配备专职安全管理人员。

（4）危险化学品登记制度

第六十六条规定：国家实行危险化学品登记制度，为危险化学品安全管理以及危险化学品事故预防和应急救援提供技术、信息支持。

第六十七条规定：危险化学品生产企业、进口企业，应当向国务院安全生产监督管理部门负责危险化学品登记的机构（以下简称危险化学品登记机构）办理危险化学品登记。

危险化学品登记包括下列内容：分类和标签信息；物理、化学性质；主要用途；危险特性；储存、使用、运输的安全要求；出现危险情况的应急处置措施。

（5）危险化学品事故应急救援预案、安全条件评价

第七十条规定：危险化学品单位应当制定本单位危险化学品事故应急预案，配备应急救援人员和必要的应急救援器材、设备，并定期组织应急救援演练。

危险化学品单位应当将其危险化学品事故应急预案报所在地设区的市级人民政府安全生产监督管理部门备案。

第二十二条规定：生产、储存危险化学品的企业，应当委托具备国家规定的资质条件的机构，对本企业的安全生产条件每3年进行一次安全评价，提出安全评价报告。安全评价报告的内容应当包括对安全生产条件存在的问题进行整改的方案。

生产、储存危险化学品的企业，应当将安全评价报告以及整改方案的落实情况报所在地县级人民政府安全生产监督管理部门备案。在港区内储存危险化学品的企业，应当将安全评价报告以及整改方案的落实情况报港口行政管理部门备案。

2. 其他行政法规

与危险化学品管理相关的其他行政法规还有《监控化学品管理条例》（国务院令第190号）、《安全生产许可证条例》（国务院第397号令）、《易制毒化学品管理条例》（国务院令第445号）、《生产安全事故报告和调查处理条例》（国务院令第493号）、《特种设备安全监察条例》（国务院令第549号）等。

（三）部门规章

1.《危险化学品重大危险源监督管理暂行规定》

《危险化学品重大危险源监督管理暂行规定》（以下简称《暂行规定》）已经2011年7月22日国家安全监督管理总局局长办公会议审议通过，并于8月5日以国家安全监督管理总局令第40号公布，自2011年12月1日起施行。

《暂行规定》共6章、36条，包括总则、辨识与评估、安全管理、监督检查、法律责任、附则及2个附件。《暂行规定》紧紧围绕危险化学品重大危险源的规范管理，明确提出了危险化学品重大危险源辨识、分级、评估、备案和核销，登记建档、监测监控体系和安全监督检查等要求，是多年来危险化学品重大危险源管理实践经验的总结和提炼。

（1）危险化学品重大危险源的辨识

《暂行规定》中所称的危险化学品重大危险源，是指根据《危险化学品重大危险源辨识》（GB 18218—2009）标准辨识确定的危险化学品的数量等于或者超过临界量的单元。当危险化学品单位厂区内存在多个（套）危险化学品的生产装置、设施或场所并且相互之间的边缘距离小于500m时，都应按一个单元来进行重大危险源辨识。

《危险化学品重大危险源辨识》是在《重大危险源辨识》（GB 18218—2000）的基础上修订而来的。同原标准相比，新标准大大拓宽了危险化学品重大危险源的辨识范围。原标准只给出4大类142种危险物质的辨识范围；而新标准采用了列出危险化学品名称和按危险化学品类别相结合的辨识方法，新标准中表1具体列出了78种危险化学品，表2中按危险类别将危险化学品分为爆炸品、气体、易燃液体、易燃固体、易于自燃的物质、遇水放出易燃气体的物质、氧化性物质、有机过氧化物和毒性物质9类。

（2）危险化学品重大危险源的监测监控

安全监控系统或安全监控设施是预防事故发生、降低事故后果严重性的有效措施，也是辅助事故原因分析的有效手段，因此对危险化学品重大危险源建立必要的安全监控系统或设施具有重要意义。《暂行规定》要求，危险化学品单位应当根据构成重大危险源的危险化学品种类、数量、生产、使用工艺（方式）或者相关设备、设施等实际情况，建立健全安全监测监控体系，完善控制措施。譬如，重大危险源配备温度、压力、液位、流量、组分等信息的不间断采集和监测系统，以及可燃气体和有毒有害气体泄漏检测报警装置，并具备信息远传、连续记录、事故预警、信息存储等功能；一级或者二级重大危险源应具备紧急停车功能。记录的电子数据的保存时间不少于30天。

特别针对危害性较大，涉及毒性气体、液化气体、剧毒液体的一级或者二级重大危险源，应当依据《石油化工安全仪表系统设计规范》、《过程工业领域安全仪表系统的功能安全》等标准，配备独立的安全仪表系统（SIS）。

（3）危险化学品重大危险源的分级管理

《暂行规定》要求对重大危险源进行分级，由高到低分为四个级别，一级为最高级别。分级目的是为对重大危险源按危险性进行初步排序，从而提出不同的管理和技术要求。

《暂行规定》中提出的重大危险源分级方法，是在近年来开展的专题研究和大量试点验证工作的基础上提出的。在起草过程中，充分吸纳了国内部分省市的一些行之有效的做法。最终，考虑各种因素，提出采用单元内各种危险化学品实际存在量（在线量）与其在《危险化学品重大危险源辨识》中规定的临界量比值，将经校正系数校正后的比值之和R作为分级指标。事实证明，该方法简单易行、便于操作、一致性好，避免了原来依靠事故后果分级的比较复杂的方法。

（4）危险化学品重大危险源的可容许风险标准与安全评估

《暂行规定》提出通过定量风险评价确定重大危险源的个人和社会风险值，不得超过本规定所列示的个人和社会可容许风险限值标准。超过个人和社会可容许风险限值标准的，危险化学品单位应当采取相应的降低风险措施。

对于那些容易引起群死群伤等恶性事故的危险化学品，例如毒性气体、爆炸品或者液化易燃气体等，是安全监管的重点。因此，《暂行规定》中规定，如果其在一级、二级等级别较高的重大危险源中存量较高时，危险化学品单位应当委托具有相应资质的安全评价机构，采用更为先进、严格并与国际接轨的定量风险评价的方法进行安全评估，以更好地掌握重大危险源的现实风险水平，采取有效控制措施。

（5）危险化学品重大危险源的备案登记与核销

《暂行规定》规定，危险化学品单位新建、改建和扩建危险化学品建设项目，应当在建设项目竣工验收前完成重大危险源的辨识、安全评估和分级、登记建档工作，向所在地县级人民政府安全生产监督管理部门备案。另外对于现有重大危险源，当出现重大危险源安全评估已满三年、发生危险化学品事故造成人员死亡等6种情形之一的，危险化学品单位应当及时更新档案，并向所在地县级人民政府安全生产监督管理部门重新备案。

《暂行规定》要求，县级人民政府安全生产监督管理部门行使重大危险源备案和核销职责。为体现属地监管与分级管理相结合的原则，对于高级别重大危险源备案材料和核销材料下一级别安监部门也应定期报送给上一级别的安监部门。

2.《危险化学品登记管理办法》

新修订的《危险化学品登记管理办法》（以下简称《办法》）已经2012年5月21日国家安全监督管理总局局长办公会议审议通过，并于7月1日以国家安全监督管理总局令第53号公布，自2012年8月1日起施行。

（1）调整了危险化学品登记的主体

根据《危险化学品安全管理条例》第六十七条第一款“危险化学品生产企业、进口企业应当向国务院安全生产监督管理部门负责危险化学品登记的机构办理危险化学品登记”的规定，《办法》第二条将危险化学品登记的主体调整为危险化学品生产企业、进口企业。危险化学品储存单位、使用单位不再进行登记。

（2）细化了危险化学品登记的具体内容

《办法》第十二条将危险化学品登记的具体内容调整为——分类和标签信息，物理、化学性质，主要用途，危险特性，储存、使用、运输的安全要求，应急处置措施等六个方面，并根据加强危险化学品安全管理需要，对各项内容进行了适当细化。

① 分类和标签信息，主要包括危险化学品的危险性类别、象形图、警示词等信息。

② 物理、化学性质，主要包括危险化学品的熔点、沸点、闪点、爆炸极限等性质。

③ 主要用途，包括企业推荐的产品合法用途、禁止或者限制的用途。

④ 危险特性，包括危险化学品的物理危险性、环境危害性和毒理特性。

⑤ 储存、使用、运输的安全要求，包括储存的温度和湿度条件、使用时的操作条件、作业人员防护措施等。

⑥ 应急处置措施，主要包括危险化学品在生产、使用、储存、运输过程中发生火灾、爆炸、泄漏、中毒、窒息、灼伤等化学品事故时的应急处理方法，应急咨询服务电话等。

(3) 完善了危险化学品登记的程序

《办法》第十三条规定了危险化学品登记的程序。首先，登记企业通过登记系统提出申请，经登记办公室审查合格后，填写并上报登记材料；其次，登记办公室和登记中心依次对登记材料进行审查，符合要求的，由化学品登记中心通过登记办公室向登记企业发放危险化学品登记证。

《办法》第十四条规定了危险化学品登记需要提交的材料。包括危险化学品登记表，生产企业的工商营业执照、进口企业的证明证书，"一书一签"，有关应急咨询服务电话号码或者应急咨询服务委托书，有关产品标准编号。

《办法》第十五条规定了危险化学品登记的登记内容变更手续。首先，登记企业通过登记系统填写危险化学品登记变更申请表并上报变更后的登记材料；其次，登记办公室和登记中心依次对企业上报的登记材料进行审查，符合要求的，通过登记办公室向登记企业发放登记变更后的危险化学品登记证或变更书面证明文件。

《办法》第十六条规定了危险化学品复核换证的程序。首先，登记企业通过登记系统填写危险化学品复核换证申请表并上报《办法》第十四条规定的登记材料；登记机构按照《办法》第十三条第一款第三项、第四项、第五项规定的程序办理复核换证手续。

(4) 规范了登记企业的应急咨询服务

《办法》第二十二条第一款规定了登记企业自行设立的应急咨询服务电话应具备的条件，一是要有专职人员 24h 值守，主要是确保一旦发生事故，能够及时联系到企业；二是该电话必须是国内的服务电话，主要是确保如果需要企业赴现场协助救援，企业可以快速响应；三是服务电话必须是固定电话，若是移动电话，如果一旦发生事故，则不能保证接听电话人员能够及时响应，并向事故现场提供准确、有价值的应急信息，会贻误处置时机；四是专职值守人员应当熟悉本企业危险化学品的危险特性和应急处置技术，能准确回答有关咨询问题。

对危险化学品登记企业不能提供《办法》第二十二条第一款规定应急咨询服务的，《办法》第二十二条第二款、第三款规定了登记企业应当委托登记机构代理应急咨询服务。

登记机构的应急咨询服务，应当建有完善的化学品应急救援数据库，配备在线数字录音设备和 8 名以上专业人员，能够同时受理 3 起以上应急咨询，准确提供化学品泄漏、火灾、爆炸、中毒等事故应急处置有关信息和建议等。

(5) 增加了监督管理要求

为督促企业及时如实登记危险化学品，更好地为危险化学品安全管理、应急救援提供技术支撑，《办法》增加了监督管理一章。一是规定安全监管部门将危险化学品登记情况纳入危险化学品安全执法检查内容。二是规定登记办公室要及时向省级安全监管部门提供危险化学品登记信息和有关情况。三是规定化学品登记中心要定期向同级工业和信息化、环境保护、公安、卫生、交通运输、铁路、质量监督检验检疫等部门提供危险化学品登记的有关信息和资料，并向社会公告。

3. 其他部门规章

与危险化学品管理相关的其他部门规章还有《劳动防护用品监督管理规定》(安监总局 1 号令)、《安全生产违法行为行政处罚办法》(安监总局 15 号令)、《生产安全事故应急预案管理办法》(安监总局 17 号令)、《危险化学品经营许可证管理办法》(安监总局 55 号令)、《危险化学品安全使用许可证实施办法》(安监总局 57 号令)、《油气罐区防火防爆十条规定》

（安监总局 84 号令）等。

（四）规范性文件

与危险化学品安全管理相关的规范性文件有《国家安全监管总局关于危险化学品经营许可有关事项的通知》（安监总厅管三函〔2012〕179 号）、《国家安全监管总局关于加强化工过程安全管理的指导意见》（安监总管三〔2013〕88 号）、《国家安全监管总局关于公布首批重点监管的危险化工工艺目录的通知》（安监总管三〔2009〕116 号）等。

思考题

1.《170 号公约》的宗旨是什么？其重要性在哪些方面得到体现？
2.《中华人民共和国安全生产法》中与危险化学品安全管理相关的规定有哪些？
3.《危险化学品安全管理条例》提出的全面管理体系包含哪些内容？

第三节　危险化学品事故概述

学习目标

1. 了解危险化学品事故的概念、分类。
2. 熟悉危险化学品事故特点。
3. 掌握危险化学品事故救援的主要任务。

我国是化学品生产和使用大国，石油化工是我国国民经济的重要支柱行业。目前，我国可生产 45000 种化学品，其中有 3823 种属于政府严格监管的危险化学品，335 种被列入剧毒化学品目录实施管理；截至 2015 年底，拥有危险化学品从业单位 29 万家，其中生产单位 18208 家、储存单位 5500 家、经营单位 265000 家、运输单位 5800 家、使用单位 58000 家、废弃处置单位 260 家；从业人员超过 1000 万人。涉及剧毒化学品的从业单位 16000 家，危险化学品从业单位数量超过 1 万家的省区有江苏、浙江、山东、广东、四川等。

危险化学品具有易燃易爆、有毒有害及腐蚀等特性，在其生产、储存、运输、经营、使用过程中极易发生具有严重破坏性的火灾、爆炸、毒物泄漏的重特大事故，造成重大人员伤亡、财产损毁和环境污染。

据国家安全生产监督管理总局的事故统计分析，2016 年全国发生各类危险化学品事故 1058 起，死亡 1375 人，受伤 4335 人。从事故发生的环节来看，生产和运输环节发生事故概率高，伤亡大，其中：生产环节伤亡事故 404 起，死亡 628 人，受伤 1058 人；运输环节伤亡事故 375 起，死亡 347 人，受伤 575 人。

总体来说，危险化学品事故突发性强、扩散迅速、持续时间长、涉及面广，坚持“以人为本、安全发展”的制度原则，在充分利用现有资源的基础上，加大救援装备开发，加强应急救援队伍管理，提高应急救援人员素质，完善协调联动机制，有效提高应对事故灾难的能力，全面提高应急管理和救援工作水平，减少危险化学品行业突发事件的损失，从而促进我国经济和社会的全面协调可持续发展。

一、危险化学品事故的定义

危险化学品事故是指一切由危险化学品造成的对人员和环境危害的事故。危险化学品事故后果通常表现为人员伤亡、财产损失和环境污染。

从消防应急救援的角度看，危险化学品事故是一类与危险化学品有关的单位，在生产、经营、储存、运输、使用和废弃危险化学品处置等过程中由于某些意外情况或人为破坏，发生危险化学品大量泄漏或伴随火灾爆炸，在较大范围内造成较为严重的环境污染，对国家和人民生命财产安全造成严重危害的事故。

（一）危险化学品事故的界定

危险化学品事故界定的条件是事故中产生危害的物质是否是危险化学品，这些危险化学品是否是事故发生前已经存在的。如果是危险化学品，可以界定为危险化学品事故。某些特殊的事故类型，如矿山开采过程中发生的有毒有害气体中毒，爆炸事故不属于危险化学品事故。危险化学品事故有两个基本条件：

① 危险化学品发生了意外的、人们不希望的变化，包括化学变化、物理变化以及与人身作用的生物化学变化和生物物理变化等。

② 危险化学品的变化造成了人员伤亡、财产损失、环境破坏等事故后果，且往往伴随着次生或衍生事故的发生，如果不加以控制或控制措施不当，这些次生或衍生事故往往会导致更加严重的后果。

（二）危险化学品事故的特征

① 事故中产生危害的危险化学品是事故发生前就已经存在的，而不是在事故发生时产生的，危险化学品在事故起因中起着重要作用。

② 危险化学品的性质直接影响到事故形成的概率和事故后果，危险化学品的能量是事故中的主要能量。危险化学品性质包括毒性、腐蚀性、爆炸品的爆炸性、压缩气体或液化气体的蒸汽压力、易燃性和阻燃性、易燃液体的闪点、易燃固体的燃点和可能散发的有毒气体和烟雾、氧化剂和过氧化物等。

③ 危险化学品发生了意外的、失控的、人们不希望的物理或化学变化。

二、危险化学品事故分类

对于危险化学品事故的类型，国内外至今尚无统一的划分标准。但通常可按以下几种方法分类。

（一）按事故伤害方式进行分类

1. 火灾事故

危险化学品中易燃气体、易燃液体、易燃固体、遇湿易燃物品等在一定条件下都可发生燃烧。易燃易爆的气体、液体、固体泄漏后，一旦遇到助燃物和点火源就会被点燃引发火灾。火灾对人的影响方式主要是暴露于热辐射所致的皮肤伤害，燃烧程度取决于热辐射强度和暴露时间。热辐射强度与热源的距离平方成反比。

危险化学品火灾时另一个需要注意的致命影响是燃烧过程中空气含氧量的耗尽和火灾产

生的有毒烟气，会引起附近人员的中毒和窒息。

2. 爆炸事故

危险化学品爆炸事故包括爆炸品的爆炸，易燃气体、易燃液体蒸气爆炸，易燃固体、自燃物品、遇湿易燃物品的爆炸等。爆炸的主要特征是能够产生冲击波。冲击破的作用可因爆炸物质的性质和数量以及蒸气云封闭程度、周围环境而变化。爆炸的危害作用主要是冲击波的超高压引起，爆炸初始冲击波的压力可达 100～200MPa，以每秒几千米的速度在空气中传播。当冲击波大面积作用于建筑物时，波阵面上的压力在 0.02～0.03MPa 内就能对大部分砖木结构的建筑造成严重破坏。在无掩蔽情况下，人员无法承受 0.02MPa 的冲击波作用。

3. 中毒和窒息事故

危险化学品中毒和窒息事故主要指因吸入、食入或接触有毒有害化学品或化学品反应的产物，而导致人体中毒和窒息的事故，具体包括吸入中毒事故、接触中毒事故（中毒途径为皮肤、眼睛等）、误食中毒事故、其他中毒和窒息事故。

有毒物质对人的危害程度取决于毒物的性质、毒物的浓度、人员与毒物接触的时间等因素。

4. 灼伤事故

危险化学品灼伤事故主要指腐蚀性危险化学品意外与人接触，在短时间内即在人体被接触表面发生化学反应，造成皮肤组织明显破坏的事故。常见的腐蚀品主要是酸性腐蚀品、碱性腐蚀品。

化学品灼伤与物理灼伤（如火焰烧伤、高温固体或液体烫伤）原理不同，危害更大。物理灼伤是高温造成的伤害，致使人体立即感到强烈的疼痛，人体肌肤会本能的避开。化学品灼伤有一个化学反应过程，大部分开始并不会有疼痛感，经过几分钟、几小时甚至几天才表现出严重的伤害，并且伤害还会不断加深。

5. 泄漏事故

危险化学品泄漏事故是指危险化学品在生产、储运、使用、销售和废弃处置过程中发生外泄造成的灾害事故。通常会造成财产损失和环境污染，如果泄漏后未能及时有效的得到控制，往往会引发火灾、爆炸、中毒事故。

6. 其他危险化学品事故

其他危险化学品事故是指不能归入上述 5 类的危险化学品事故，主要是指危险化学品发生了人们不希望的意外事件，如危险化学品管体倾倒、车辆倾覆等，但没有发生火灾、爆炸、中毒和窒息、灼伤、泄漏的事故。

（二）按事故严重程度分类

按照事故的严重程度和影响范围，将危险化学品事故分为特别重大事故、重大事故、较大事故、一般事故。

1. 特别重大事故

指造成 30 人以上死亡、或 100 人以上中毒、或疏散转移 10 万人以上、或 1 亿元以上直接经济损失的事故。

2. 重大事故

指造成 10～29 人死亡、或 50～100 人中毒、或 5000～10000 万元直接经济损失的事故。

3. 较大事故

指造成 3～9 人死亡、或 30～50 人中毒、或直接经济损失较大的事故。

4. **一般事故**

指造成 3 人以下死亡、或 30 人以下中毒，有一定社会影响的事故。

三、危险化学品事故的特点

危险化学品事故与其他事故相比有以下突出特点：

（一）易发性和突发性

由于危险化学品固有的易燃、易爆、腐蚀、毒害等特性，导致危险化学品事故易发。且往往在没有明显先兆的情况下突然发生，在瞬间或短时间内就会造成重大人员伤亡和财产损失，而不需要一段时间的酝酿。

（二）严重性和长期性

1. **严重性**

危险化学品事故往往会造成严重的人员伤亡和财产损失，特别是有毒气体大量意外泄漏的灾难性中毒事故，以及爆炸品或易燃易爆气体、液体的灾难性爆炸事故，事故造成的后果往往非常严重。一个罐体的爆炸会造成整个罐体的连环爆炸，一个罐区的爆炸可能殃及生产装置，进而造成全厂性爆炸。北京东方化工厂就发生过类似的大爆炸。一个化工厂由于生产工艺的连续性，装置布置紧密，会在短时间内发生厂毁人亡的恶性爆炸，如江苏射阳一化工厂就发生过这样的爆炸。

2. **长期性**

事故发生后，泄漏的毒气或蒸气随风扩散，进而污染空气、地面、道路和生产、生活设施，短时间内危害范围可达数十甚至数百平方公里，被污染的空气所到之处都能造成不同程度的危害，如重庆天原化工厂氯气泄漏事故造成 9 人死亡，3 人受伤，15 万名群众被疏散。泄漏的有毒液体，没有或无法在短时间内得到有效控制，沿地面流淌，污染地面和水源，若流入河流，其污染和危害的范围更大。

事故造成的后果也往往在长时间内得不到恢复，具有事故危害的长期性。危险化学品事故发生后，人员严重中毒，常常会造成终身难以消除的后果；会对空气、地面、水源物体等造成污染，且这种污染能持续较长时间，少则几小时，多则数日、数月，这给事故的处理带来了很大难度，伤害持续时间长。如 1986 年 11 月 1 日的瑞士巴塞尔市赞多兹化工厂化学品仓库火灾，约 30t 农药和化工原料流入莱茵河，含有大量磷硫和汞化合物的危化品使 240km 长的河道变成死水，有关专家指出：该事故将使该市经济因污染治理工作而至少倒退 15 年，并对河流生态造成长期影响。

（三）延时性和累积性

危险化学品事故中毒的后果，有时在当时并没有明显地表现出来，而是在几小时甚至几天后严重起来。尤其是有些低毒或小剂量毒性物质，初次接触无任何不适反应，但多次或反复接触当量的毒性物品并积累到一定程度就会发生质的变化，最终出现危险化学品的慢性中毒。

（四）社会性

由于危险化学品事故具有突然性、持续时间长、受害范围广、急救和洗消困难的特点，为消除和控制事故产生的影响和危害，势必影响有关企业的生产、居民生活和交通等正常活动。尤其是一些国际性大城市，一旦发生特大危险化学品事故，必然会在国际上产生强烈反响，在政治、经济、文化交流等方面带来严重后果。

危险化学品事故的后果会对社会稳定造成严重的影响，常常给受害者、亲历者造成不亚于战争留下的创伤，在很长时间内都难以消除痛苦与恐怖。同时，一些危险化学品泄漏事故还可能对子孙后代造成严重的生理影响。如 1976 年 7 月意大利赛维索的一家化工厂爆炸，爆炸所产生的剧毒化学品二噁英向周围扩散。这次事故使许多人中毒，附近居民被迫迁走，半径 1.5km 范围内的植被被铲除深埋，数公顷的土地均被铲掉几厘米厚的表土层。但是由于二噁英具有致畸和致癌作用，事隔多年后，当地居民的畸形儿出生率大为增加。

（五）救援困难，组织指挥任务艰巨

危险化学品事故发生后，救援行动将围绕切断（控制）事故源、控制污染区、抢救中毒人员、采样检测、组织污染区居民防护和撤离、对污染区实施洗消等任务展开，对参战救援人员安全防护等级要求高，参与救援的部门多，现场救援力量协调、组织指挥难度大，要求高。同时，为了有效地实施救援，还必须对参加救援的队伍实行统一的组织指挥，还要做好通信、交通、运输、急救、气象、生活、物资等各项保障，组织指挥难度大，稍有不慎极易造成严重后果。1997 年 5 月 4 日，重庆市长寿化工总厂污水处理车间发生火灾后，由于未掌握污水处理池已于事故前排空以及池内仍有二甲苯等残液及其挥发的大量爆炸性气体混合物的情况，以致在扑灭回流槽火焰时，火焰经回流管道窜至污水处理池，使污水处理池爆炸，7 名消防指战员和 5 名该厂技术人员当场死亡。同时，对危险化学品事故的处理及危害的消除是一项复杂的社会系统工程，洗消工作涉及的面积大、物体多、人员多，需要的洗消力量多，从各级党委、政府到各有关部门、单位（包括军、警）都得紧急动员起来，密切协同，才能有效地消除其后果。

从以上特点可以看出危险化学品事故类型多样、介质特殊、现场环境复杂，致使危险化学品事故救援现场具有很多不确定因素，制约着指挥决策方案的快速形成，已有的方案、经验、措施、方法、手段往往不具备完全对应借鉴。因此，危险化学品事故应急处置与传统的灭火救援决策指挥在理念思维、处置原则、方法手段、控制措施等方面有较大区别。

四、危险化学品事故的成因

危险化学品事故可能发生在危化品生产、经营、储存、运输、使用和废弃处置等过程中，发生机理常常非常复杂，许多火灾、爆炸事故并不是简单地由泄漏的气体、液体引发的，而往往是由腐蚀或化学反应引发的，事故的原因往往很复杂，并具有相当的隐蔽性。一般而言，危化品事故通常由以下原因引起。

（一）自然原因

自然界的地震、海啸、火山爆发、台风、洪水、山体滑坡、泥石流、雷击以及太阳黑子周期性的爆发，引起的地球大气环流变化等自然灾害，都会对化工企业造成严重的影响和破坏，由此导致的停电、停水，使化学反应失控而导致的火灾、爆炸以及有毒有害物质外泄。1992 年 8 月，美国德克萨斯州一个大型石化企业因遭受雷击，引起储罐连续爆炸，大量可燃物质外泄，仅火灾就持续了 24h 以上，损失惨重。1994 年 1 月 17 日凌晨，美国洛杉矶西部约 40km 的圣费南多河谷发生 6.6 级大地震，地震发生后，整个地区发生 100 多起火灾，原因是地震造成地下煤气管道爆炸引起泄漏，整个城市到处是浓烟、烈火和燃烧后散发的气味。

（二）人为及技术的原因

1. 勘测、设计方面存在缺陷

从地形、气象因素看，由于选址不当，将重要的化工设施建在居民密集区、地质断裂带、易滑坡地带、雷击区、大风地带等；从生产、储运方面看，易燃、易爆、有毒、腐蚀的化学品生产车间与仓库货储罐（槽）等在布局方面未严格执行有关安全技术规范、规定，间距不足，还有混装、混存、混运等现象；从工艺设计上看，易发生跑、冒、滴、漏的设施（设备）质量不符合要求，或处于上风（上方）位置，且离电源、火源、高温源距离不足。这些都将大大增大危险化学品事故发生概率。据美国化工事故原因分析报告称：属于储罐设计缺陷、阀门质量所造成的事故，分别占事故总数的36％和17％。

2. 设备老化、带故障运转

化工生产、储存、运输过程中一般具有不同程度的压力、温度甚至高温、高压，产品、原料、中间体不少具有腐蚀性强等特点，容易导致管道、阀门、泵、塔、储罐等设备老化，若发现、抢修不及时就会造成严重后果。据有关资料介绍，1963～1981年，日本发生的110起较严重的危险化学品事故中，50％是由于设备老化、管道破裂或阀门被腐蚀造成的。

3. 违反操作规程

近几年，私营化工企业急剧增多，为了节约运营成本，许多化工企业人员素质不高，甚至未经过严格、系统培训。加之规章制度不落实，管理混乱，从而导致危化品事故频发。2004年4月20日，位于北京怀柔区的京都黄金冶炼厂，因两名当班工人违法规定，同时离岗用餐，导致20t含氰化物的液体泄漏，造成3人死亡，8人中毒的严重事故。

一些危险化学品运输单位不按规定申办准运手续，驾驶员、押运员未经专门培训，运输车辆达不到规定的技术标准，超限超载，混装混运，不按规定路线、时段运行，甚至违章驾驶等，都极易引发交通事故而导致化学品泄漏。据统计，近几年在运输过程中发生的危化品泄漏事故约占事故总数的30％。

4. 人为破坏或战争

举世震惊的日本东京地铁“沙林毒气事件”就是由邪教组织“奥姆真理教”所为，此事件共造成10人死亡，75人严重中毒，5500余人被送到234家医院抢救。特别是在战争中，交战双方往往会将对方的危化品生产、储存场所作为攻击和敌对破坏的目标，致使危化品泄漏。还有些被联合国裁军委员会称之为“双用途毒剂”的化合物，如氰氢酸、光气、氯气、磷酰卤类等，和平时期是化工原料，战时即可迅速转化为军工生产而作为军用毒剂用于战争，这类化学物质一旦泄漏，其杀伤威力不低于使用化学武器。1997年7月24日，美国国防部承认：美国军队在1991年海湾战争中，有98900多名士兵受到了因爆破伊拉克化学武器库后释放的神经毒气的伤害。

（三）其他原因

不少危险化学品的生产、储存过程中，因某些预想不到的原因，如车祸、飞机失事、海啸事故、火灾殃及等而引发事故。

五、危险化学品事故救援的主要任务

危险化学品事故应急救援的目标是通过有效的应急救援行动，尽可能地降低事故的后果，包括人员伤亡、财产损失和环境破坏等。其基本任务具体包括以下几个方面。

（一）抢救受害人员

抢救受害人员是应急救援中的首要任务，在应急救援行动中，及时、有序、有效地实施现场急救与安全转运伤员是降低死亡率，减少事故损失的关键。有毒有害物质对人体伤害作用快、毒害大，现场的早期急救是挽救中毒人员生命或减轻毒伤程度的最有效措施。

（二）指导群众防护，组织群众撤离

由于危险化学品事故发生突然、扩散迅速、涉及范围广、危害大，应及时指导和组织群众采取各种措施进行自身防护，并向上风向迅速撤离出危险区或可能受到危害的区域，在撤离过程中应积极组织群众开展自救和互救工作。

（三）控制危险源

化学危险品事故应急救援的主要任务是尽快控制危险源，防止危险源区扩大或加剧，要及时有效地采取闭阀、堵漏及其他抢险措施等手段，防止有毒有害物质的迅速外泄，缩小污染范围，减轻污染程度，把事故危害降到最低限度。特别对发生在城市和人口稠密地区的化学事故，应尽快组织工程抢险队和事故单位技术人员一起及时堵源，控制事故扩散。

（四）做好现场洗消、消除危害后果

对事故外泄的有毒有害物质和可能对人和环境继续造成危害的物质，应及时组织人员予以清除，消除危害后果，防止对人的继续危害和环境的污染。对受污染的空气、土壤、水源、食品、用品进行处理；对受污染的地面及建筑物进行消毒；对人员及器材装备进行全面洗消，防止对人的继续危害和环境的污染。

思考题

1. 危险化学品事故如何进行分类？
2. 危险化学品事故的主要特点有哪些？
3. 危险化学品事故救援的主要任务是什么？

第二章

危险化学品事故救援处置程序

危险化学品事故往往具有突发性、多样性，以及影响面广、人员伤亡损失大等特点，应急救援工作必须针对这些特点迅速、准确、有效地开展。其事故救援处置程序与行动，是进行科学、正确、高效应急救援指挥活动的保证，指挥员必须依照规范的处置程序与行动，准确判断灾情，科学做出决策，合理调集力量，有序地展开救援工作，最大限度地保护国家和人民生命财产的安全。

危险化学品事故救援处置程序是消防队伍接到危险化学品事故处置任务后，受理灾情、下达任务、实施救援、任务结束的行动过程，是反映事故处置运作规律的相对稳定的基本阶段和步骤，是指挥员在应急救援指挥中必须遵循的基本运作顺序。指挥员在情况危险、复杂多变的危险化学品事故现场，必须依据事故类型特点和发生变化规律，按程序实施指挥。危险化学品事故处置程序通常包括：接警出动、初期管控、侦检和辨识危险源、安全防护、信息管理、现场处置、全面洗消、清场撤离等八个环节。

第一节　接警出动

学习目标

1. 了解接警出动的概念。
2. 熟悉接警出动的内容。

接警出动是指消防队伍接到灾害报告后，立即启动相应级别的应急救援预案，调集救援力量迅速赶赴灾害事故现场的行动过程。作为危险化学品事故应急救援行动的开始和基础条件，接警出动的目的是以最快的速度展开行动，以控制危害发展，控制危险化学品事故对人员的伤害程度，控制次生灾害，控制造成新的险情的条件，控制可能引发的特大灾情。接警出动的内容主要包括：受理报警、调集力量、赶赴现场。

一、受理报警

危险化学品事故信息，是指挥员开展救援工作的重要依据，能否及时、准确、全面地了解和掌握灾情信息，直接关系到指挥员对应急救援行动的力量调集、技战术措施的确定、作战任务的部署以及安全保障的落实。

（一）受理报警的内容

受理危险化学品事故时，应与政府、相关部门以及受灾单位保持不间断的联系，并及时掌握以下情况。

① 危险化学品事故发生的地区、区域或单位。

② 危险化学品事故的性质、泄漏程度、波及范围。

③ 危险化学品事故现场人员中毒及伤亡情况，需要抢救或疏散的人员位置、数量。

④ 危险化学品事故的发展变化趋势及可能造成的次生灾害。

⑤ 危险化学品事故现场环境、水源及气象情况，通往现场的道路交通情况等。

⑥ 需要调集的消防队伍和社会应急救援力量。

⑦ 需要到场的政府、上级和相关部门领导及专家、工程技术人员。

由于危险化学品事故信息的来源渠道较广，指挥员应对其认真甄别，分析判断，并重视以下渠道来源的信息。

① 报警人及现场知情人提供的相关信息。

② 现场工程技术人员提供的相关信息。

③ 直观感觉和现场侦察提供的信息。

④ 消防指挥中心及化学灾害事故辅助决策系统提供的信息。

（二）受理报警的方法

1. 询问

向报警人询问灾害事故的有关情况，应问清事故地点、灾情信息以及报警人相关信息。

2. 听

听报警人对灾害事故实际情况的描述，要听清和辨别灾害事故发生的地点、危害程度或规模等关键性内容。

3. 记录

完整简要地记录下报警内容。

另外，还可以通过查阅应急救援预案及事故单位图纸、使用仪器检测等方式来获取相关信息。

（三）受理报警的要求

① 向报警人询问时，应沉着冷静、语言规范、态度热情有耐心。

② 听取报警信息时，应仔细认真。

③ 记录报警内容时，应准确不出差错。

二、力量调集

力量调集是应急救援行动的开始和基础条件。由于危险化学品事故突发性强、危害范围大，这就要求力量调集快速响应，力争主动，以最大限度地控制灾情发展。

（一）力量调集的内容

1. 调集相应的器材装备

处置危险化学品事故，应重点调集防化救援车、洗消车、抢险救援车、水罐车等消防车辆，以及防护、侦检、警戒、堵漏、输转、洗消等特种器材、设备和药剂。同时，还应做好水源与药剂的补给，否则将会限制战斗力的发挥。既要防止因调派兵力不足不能控制现场，再次请求指挥中心调派增援力量而延误战机，又要防止不加区分盲目调派，使得兵力过剩导致综合战斗力下降。

2. 调集社会联动力量

消防指挥员应根据危险化学品事故严重程度，视情况及时向政府报告，建议启动政府应急预案，联动调集公安、石化、卫生、环保、电力、水利、交通和气象等相关部门的人员和装备力量，迅速赶赴现场参加救援。

（二）力量调集的方法

在进行人员、车辆、器材装备等力量调集时，应注意加强第一出动和就近就地调集。

1. **加强第一出动**

《孙子兵法》云："善用兵者，役不再籍，粮不三载。"在接到危险化学品事故报警的第一时间，一次性调集足够的执勤力量、相应的车辆与器材装备，针对性与实用性要强，在处置力量和能力上形成绝对优势，从而有效地控制和消除危险源。

2. **就近就地调集**

优先调集辖区中队，视情况调集特勤中队和邻近中队等处置力量，同时根据现场情况适时调集增援中队到场。对现有救援力量进行科学合理安排，切实提高救援效率，避免出现有的救援力量和物资还在路上、前方救援行动却已结束的情况。

（三）力量调集的要求

应根据报警人提供的危险化学品事故信息、事故处置预案、上级领导部门的指示、灾情的发展变化情况等，本着"满足需要，略有备用"的原则，科学合理地调派救援力量。既要满足应急救援的实际需要，又不造成较大浪费，也不影响应急救援战斗行动。

三、赶赴现场

赶赴现场途中，在保证安全的前提下，应选择最佳路线，疏导道路交通，掌握开进速度并协调开进行动，指导队伍处置开进中遇到的路障和险情，同时要防止误入险区发生意外。到达现场后应选择安全合理的位置停放车辆。

（一）登车出动要迅速

听到出动信号，必须按规定着装登车，首车驶出车库时间一般不得超过 1min。中队值班干部应当检查登车情况，并随首车出动。

（二）安全行车摆第一

在出警途中驾驶员要根据所驾驶车辆的性能、路况及天气情况等因素，调整好行车速度。杜绝开英雄车、特权车，不盲目超速行驶。2003 年 6 月 26 日，某市消防大队在接警出动途中，由于车速过快，致使水罐车与 1 辆大客车相撞，造成驾驶员与 1 名战士当场牺牲，3 名战士受伤。

（三）路线选择要合理

随着城市的发展，城市人口增多，人均机动车拥有量也飞速增长，使得交通拥堵时常发生。同时，洪水、雨雪天气、地震等自然灾害也会导致道路通行能力下降。因此，赶赴危险化学品事故现场前，消防救援人员应提前规划好行车路线，并在行驶过程中根据实时路况及时调整行车路线，尽量从事故现场两侧到达现场。

另外，赶赴现场时还应注意以下事项。

① 与指挥中心、报警人保持联系，不间断地了解灾害事故现场情况，并做好相关记录。并通过相关辅助决策系统查询待处置危险化学品的理化性质及处置措施，做到心中有数。

② 询问现场知情人或通过指挥中心信息推送，了解灾害事故类型和危险品名称、性质、数量、泄漏部位、范围及人员被困等主要信息。

③ 若为增援力量，应在出动途中与指挥中心和现场指挥部保持通信联络，报告行车路线、到达时间、所到位置，请示进入事故现场的行车路线、方向和任务，了解事故现场情况，并根据指挥部的要求，到达指定位置。

思考题

1. 接警出动包含哪些内容？
2. 受理报警的方法有哪些？
3. 力量调集要注意些什么？
4. 赶赴现场的注意事项有哪些？

第二节　初期管控

学习目标

1. 了解初期管控的概念。
2. 熟悉初期管控的内容。
3. 熟悉搭建简易洗消点的方法。

初期管控是指根据初期侦查情况，设置集结区，划定事故现场人员疏散距离，将危险区域人员疏散至上风向安全区域（优先疏散下风向人员），并进行简易洗消的一系列救援行动。

到达现场后，指挥员通过目测、仪器侦察等方式进行初期侦察，第一时间了解掌握危险化学品事故现场的气象条件、事故情况及人员被困等主要信息后，设置队伍集结区、开展初期警戒、搭建简易洗消点。目的是为了保障救援人员安全、控制危险化学品事故蔓延扩大、避免造成更大的人员伤亡。初期管控的内容包括：初期侦察、队伍集结、初期警戒与疏散、搭建简易洗消点等四个内容。

一、初期侦察

救援力量到达现场后，派出侦检组开展初期侦察，以便后续工作开展。初期侦察主要包括：询问知情人、测定气象数据、查看事故情况等内容。

（一）询问知情人

通过询问现场知情人，了解危险化学品事故类型和危险品名称、性质、数量、泄漏部位、范围及人员被困等主要信息。

（二）测定气象数据

利用电子气象仪等工具，测定事故现场的风力、风向、温度等气象数据。

（三）查看事故情况

通过直接观察或使用望远镜、无人侦察机等工具，查看事故车体、箱体、罐体、瓶体等的形状、标签、颜色。

二、队伍集结

队伍集结是指救援力量到场后，迅速对危险化学品事故现场进行外部观察，于上风或侧上风方向的安全区域集结人员、器材装备，建立指挥部，并尽可能在远离且可见危险源的位置停靠车辆。

（一）确定停车距离

根据初期侦察情况，选择上风或侧上风方向停靠车辆和集结人员。一般来说，对于小规模的泄漏或扩散，停车距离不小于300m；对于大规模的泄漏或扩散，停车距离不小于500m；对于液化天然气（LNG）低温储罐发生事故，停车距离不小于1000m。

（二）确定处置安全距离

根据不同事故类型保持处置安全距离。一般来说，对于小规模的泄漏或扩散，处置安全距离不低于100m；对于大规模的泄漏或扩散，处置安全距离不低于300m；有毒有害气体泄漏，处置安全距离不低于150m；对于液化天然气（LNG）低温储罐发生事故，处置安全距离不低于1000m。

停车距离、处置安全距离参照表2.1。

表2.1 不同事故类型车辆停放安全距离

序号	事故类型	情况描述	集结停车距离	处置安全距离
1	易燃可燃物泄漏、着火、爆炸	小规模泄漏（固体扩散或液体呈点滴状、细流式泄漏）	300m	100m
		储存液体的容器破裂且泄漏量较大，或储存气体的容器发生事故	500m	300m
		情况未知或未发生着火（爆炸）事故	500m	300m
2	有毒有害气体泄漏	小规模泄漏	300m	150m
		泄漏量较大	500m	150m
3	液化天然气（LNG）低温储罐、全/半冷冻低温储罐发生事故		1000m	1000m
4	危险化学品仓库或堆场发生事故	情况未知或未发生着火（爆炸）事故	500m	300m
		已发生着火或爆炸事故	300m	150m
5	LPG、CNG、LNG、汽车罐车发生事故	车辆受损未泄漏	300m	100m
		车辆受损泄漏	500m	150m
		情况未知或未发生着火（爆炸）事故	500m	150m

（三）特别提示

① 应选择上风或侧上风方向进入现场，车辆停放在现场的上风或侧上风方向，避免浓烟或有毒有害气体对消防救援人员造成伤害，避开低洼地带。

② 在有爆炸危险的现场，车辆停放要与事故核心区保持适当的安全距离，车头朝向撤离方向，尽可能停放在地势较高且便于撤离、转移的位置，避免因突发性爆炸对人、车造成损害。

③ 救援车辆停放在坚硬的地面，且无悬挂物、无坠落物的位置，避免路面坍塌或坠物对人、车造成损害。

三、初期警戒与疏散

初期警戒是维持危险化学品事故现场应急救援秩序、防止事故范围扩大和程度加剧、保障应急救援顺利进行而采取的处置措施，目的在于控制非救援人员、车辆进入灾害事故现场，防止人员中毒，防止爆燃或爆炸造成人员伤害，确保应急救援工作的顺利进行。

根据初期侦察获得的信息和数据，初步分析、判断可能引发爆炸、燃烧的各种危险源，划定初期警戒区域，并对相关人员进行疏散及送医救治。警戒工作视情由消防队伍、公安民警或武警部队等负责实施，警戒命令由现场指挥部或指挥员统一发布。

（一）划定初始警戒距离

根据初期侦察情况，划定事故现场初始警戒距离，初始警戒距离可参考集结停车距离。

（二）设置出入口

在警戒区上风向设置出入口，严格控制人员和车辆出入。设立现场安全员，全程观察监测现场危险区域和部位可能发生的危险迹象，实时记录进入现场作业人员数量、时间和防护能力，制订危险情况下的紧急撤离计划，并不间断对以下内容进行核实：

① 现场是否还存在未知的化学物质。

② 现场个人防护装备是否充足。

③ 现场是否存在爆炸危险（含二次爆炸）。

④ 救援行动是否对周围环境造成污染。

（三）划定人员疏散距离

根据初期侦察情况，划定事故现场人员疏散距离。一般来说，对于小规模的泄漏或扩散，如气体轻微泄漏、液体滴漏细流、固体小规模扩散等，初始疏散距离不少于800m；对于大规模的泄漏或扩散，如气体重大泄漏形成气体云、液体大面积流淌扩散、固体大规模扩散等，初始疏散距离不少于1000m。

（四）积极疏散和抢救人命

在危险化学品事故现场开展初期警戒的同时，应积极疏散相关人员。将危险区域人员疏散至上风向安全区域，优先疏散下风向人员，并进行简易洗消。若发现伤员，应及时抢救至安全区交由医务人员处理。

（五）注意事项

1. 适时调整

以上停车距离、初始警戒和人员疏散距离等数据，仅作为事故发生后30min内处置参考，待后期侦检确定危险源具体物质、浓度范围、危害大小后，需进一步划定重危、轻危和安全等控制区域，并重新调整警戒。

2. 科学适度

由于警戒范围的划定涉及队伍集结、疏散人员的数量及安置、交通管制、警力投入等。警戒范围太小，达不到警戒的目的，威胁应急救援行动；警戒范围太大，则造成资源浪费，出现诸多隐患。为防止现场灾情变化，如大储量储罐发生大面积泄漏可能因警戒距离不足而出现更大的灾情，现场警戒范围应适当放大、留有余地。如2016年1月21日，某山区公路上发生一起液化石油气槽罐车侧翻泄漏事故，未造成人员伤亡。结合国内处置经验与美国交通部门 2012 年“紧急反应指南”，有专家建议此次事故警戒距离至少设置为 1219m。但事故现场指挥员考虑到泄漏发生在山区，道路蜿蜒曲折，周边居住人员较少，且事故发生在半山腰处，建议直线警戒距离至少为 1600m，下风和下坡方向适当扩大至 2000m，确保了警戒区域外人员的生命安全。

3. 标识明显

应设置醒目的警戒标识，尤其是在夜间，要尽可能地使用带有发光、照明等功能的警戒标识。

四、搭建简易洗消点

简易洗消点应设置在初始警戒区域外的上风方向，并在救援力量到场后 15min 内搭建完成，用于对初期疏散人员和救援人员紧急洗消。可以采用消防车或六米拉梯搭建简易洗消点。

（一）利用消防车搭建简易洗消点

利用消防车搭建简易洗消点可按如下步骤实施：

① 并排停放两辆水罐车，车内侧间距 3～5m。

② 利用警戒带在两车间搭建宽 1.5～2m 的简易洗消通道，并利用消防车出水枪形成雾状水幕。

③ 在通道两端分别设立人员出入口，安排专人引导。

④ 人员有序通过洗消区，完成洗消并撤离至安全区域，如图 2.1 所示。

（二）六米拉梯搭建简易洗消点

将 2 把六米拉梯呈“人”字形搭在一起，上下两端均用绳子系牢，并将连上水带的多功能水枪绑于 2 把拉梯顶端，即可搭建成简易洗消点，如图 2.2 所示。

图 2.1 利用消防车搭建简易洗消点

图 2.2 利用六米拉梯搭建简易洗消点

思考题

1. 初期管控的内容有哪些？

2. 停车距离及处置安全距离应如何确定?

3. 如何搭建简易洗消点?

第三节　侦检和辨识危险源

学习目标

1. 了解侦检和辨识危险源的概念及目的。
2. 了解侦检和辨识危险源的方法与要求。
3. 熟悉事故区域的标识及划分。

侦检和辨识危险源是指通过询问知情人、观察现场情况以及仪器检测，了解掌握灾情，对危险源和事故类型进行辨识判断的行动过程。该环节在危险化学品事故救援中很重要，因此，侦检和辨识危险源的工作应当认真、仔细，贯穿处置行动的始终，遵循先识别、后检测，先定性、后定量的原则，适时、动态地进行。

一、侦检和辨识危险源的作用

（一）为指挥决策提供重要依据

危险化学品泄漏事故现场，情况复杂，灾情瞬息万变，指挥员要做到科学正确的决策，就必须依赖侦察检测获取的信息支持。通过侦检和辨识危险源确定危险源种类、性质、浓度、危害范围、危害程度、泄漏状况及被困人员数量和位置，为划定重危区、中危区、轻危区和安全区等控制区域的划分提供参考，帮助指挥员准确、全面、完整地收集灾情资料，是制订科学合理的救援方案的基础，也是减少救援人员伤亡的基本保证。

（二）为救援行动提供重要保障

应急救援行动的每一个具体步骤、每一个操作过程，都需要有安全可靠的信息支持。无论是对危险化学品事故救援行动的全局影响，还是细小环节与部位的操作安全性，都需要通过侦察检测查明情况，并进行可靠的论证，从而提供必要的安全保障。如进行堵漏排险行动，要先查明泄漏的原因、泄漏口的大小与形状等，采取针对性的堵漏措施。如现场警戒区域的划分、人员疏散距离的确定等，就要根据危险化学品泄漏的浓度、范围等来决策。2013年4月16日，某高速路收费站入口处一辆液化天然气槽罐车发生泄漏，消防救援人员根据现场侦察情况，设立了三道警戒线：于事故中心方圆400m范围内设置第一道警戒线，严禁无关人员进入；于收费站前后1000m处设置第二道警戒线，禁止一切车辆通行；并在第三道警戒线以外疏导过往车辆，控制、消除一切危险源，确保了周围群众及救援人员的安全。

（三）为突发情况提供必要参考

在危险化学品事故的应急救援过程中，往往会出现意想不到的突发情况，如现场风向改变、泄漏量突然增大、突然发生燃烧或爆炸等，迫使救援方案改变或救援行动中止，为确保下一步救援的安全可靠，都需要通过侦察检测，提供必要的参考。

二、侦检和辨识危险源的目的

（一）辨明事故类型

针对危险化学品事故，通过询问、观察、检测以及送检等方法，应辨明事故类型，测定危险化学品浓度，并查明被困人员、道路水源、气象等其他情况。

1. 按危险化学品种类分

按 GB 13690 规定的常用危险化学品分类，危险化学品事故可分为：

① 爆炸品事故。

② 压缩气体和液化气体事故。

③ 易燃液体事故。

④ 易燃固体、自燃物品和遇湿易燃物品事故。

⑤ 氧化剂和有机过氧化物事故。

⑥ 有毒品事故。

⑦ 放射性物品事故。

⑧ 腐蚀品事故。

2. 根据运输车辆分

根据运输车辆不同，危险化学品事故可分为：高护栏车事故、全挂板车事故、半挂板车事故、罐式汽车事故、箱式汽车事故、罐式列车事故、箱式列车事故、高压气体长管半挂车事故。

3. 根据存储量分

根据存储罐体不同，危险化学品事故可分为：

（1）大体量存储

大体量存储的有固定顶罐事故、内浮顶罐事故、外浮顶罐事故、卧式罐事故、全压力球罐事故、全/半冷冻球罐事故、LNG 低温球罐事故等。

（2）小量或散装存储

小量或散装存储的有立式柱形容器事故、小型钢罐事故、塑料桶事故、木箱事故、纺织品袋事故、胶合板桶事故、纸盒类事故、无包装散货事故、民用可燃气体瓶事故、工业气体瓶事故、瓶装物品事故等。

（二）查明事故基本情况

1. 人员被困情况

查看是否有人员被困、被困人员数量、被困人员中毒情况、是否有活动能力等。

2. 危险化学品泄漏情况

（1）泄漏的原因

如容器超压破裂、管线腐蚀破裂、阀门未关闭、阀门接管折断、阀门填料老化、法兰面垫片失效等。

（2）泄漏的部位

如容器、管线、阀门、法兰面等。

（3）泄漏的性质

查看是属于可制止泄漏还是不可制止泄漏，对简单的泄漏，如通过关闭阀门可以止漏的情况，侦察人员应直接处理；若容器超压破裂，则无法止漏。

（4）确定泄漏程度

根据现场情况如泄漏面积、泄漏速度、危险化学品存量等确定泄漏量、泄漏发展趋势。

3. 周边情况

查看周边环境，弄清周围人员分布情况，判断危险化学品泄漏是否会造成大面积人员中毒，查明事故区域内有无火源或潜在火源，是否会引起连锁反应，查明水源及地形地物或障碍情况。

三、侦检和辨识危险源的方法与要求

（一）侦检和辨识危险源的方法

常用的侦检和辨识危险源方法主要有询问法、观察法、检测法。

1. 询问法

询问法是指接到报警或到达现场后，通过对知情人员询问的方式，了解灾害事故的相关情况。知情人一般有报警人、目击者、操作员、管理者和工程技术人员等。

2. 观察法

观察法是指在危险化学品事故现场，对事故现象进行外部观察与内部侦察，结合自己的专业知识和处置经验，对灾害事故的相关情况进行判断的方法。如通过观察危险化学品的外观、颜色、气味等特征，可初步判断出它们的类型、成分、浓度等；通过观察事故区域内动物活动、植物生长等情况，可了解事故对环境的影响程度。

3. 检测法

检测法是指使用特定功能的仪器设备，对危险化学品事故的相关信息进行数据收集、探测、化验的方法。如用多功能气体检测仪可以检测可燃气体、氧气、硫化氢、一氧化碳等气体的浓度，用有毒气体探测仪可以检测多种常规有毒气体的浓度等。对于现场不能判别性质与种类的危险化学品，应及时取样，送到专门的机构进行检测。

（二）侦检和辨识危险源的要求

1. 贯穿始终

侦检和辨识危险源的工作应贯穿于整个事故救援的始终，侦检小组定期检测，将检测结果报告指挥员，以及时扩大或缩小警戒区。如 2017 年 5 月 11 日某隧道内一辆液化天然气槽罐车发生侧翻，无人员被困。事故现场指挥部每隔 1h 安排侦检小组侦察油箱是否漏油、操作箱管线与阀门是否有泄漏、罐内压力表读数、罐体和管路是否有结霜与出汗等情况，为指挥员组织指挥提供决策依据。

2. 迅速

通过侦检应快速地反映事故因素的变化。侦检和辨识危险源需要在最短的时间内得出结果，为及时处置事故提供科学依据。通常，对事故预警所用检测方法的要求是快速显示分析结果，但在事故平息后为查明其原因则常常采用多种手段取证，此时注重的是分析结果的精确性而不是时间。

3. 准确

侦检和辨识危险源应准确查明危险化学品事故中有毒有害物质的种类，某些危险化学品在事故过程中会相互发生作用而形成新的危险源，对这类物质的检测更要准确谨慎；某些有毒有害物质即使泄漏浓度较低，也能够被及时地发现。

4. 简便

采用的侦检手段应当简捷，可根据侦检时机、侦检地点和侦检人员，采用灵活的检测手段。实施现场快速侦检时，通常应选用较简便的仪器。

四、标识并划分事故区域

根据侦察检测情况标识并划分事故区域，设立标志，在安全区外视情况设立隔离带。检查进入人员防护是否符合要求，严格控制各区域进出人员、车辆，防止未经检测和洗消合格染毒人员穿越隔离带进入安全区，维持现场秩序、疏散下风方向居民群众。

（一）危险区域划分

根据《危险化学品泄漏事故处置行动要则》（GA/T 970—2011），危险区类别分为重度危险区、中度危险区、轻度危险区。

1. 重度危险区

重度危险区也叫重危区，是指发生泄漏的地点附近，如车间或厂区的范围，小则几十米，大则上百米的范围。此区域毒剂蒸气的百分比浓度高于1%，地面可能有液体流淌，氧气含量较低，在该区域没有及时防护的人员，死亡的可能性较大。

该区域的特点是：

① 人员有严重的中毒症状，不经救治，30min人员有生命危险；

② 着隔绝式防化服方可进入。

这个区域救援的主要任务是切断毒源，抢救中毒人员。

2. 中度危险区

中度危险区也叫中危区，是指体积百分比浓度在1%等浓度线与总毒害剂量为1/5的半致死剂量等浓度线以内的区域。该区域中毒人员比较集中，多数都会有不同程度的中毒。

该区域的特点是：

① 人员有严重中毒症状，但经及时救治，一般无生命危险；

② 戴过滤防毒面具，不着防毒衣，能活动2～3h。

该区域的主要任务是抢救人员。

3. 轻度危险区

轻度危险区也叫轻危区，是指中度污染区的外围与毒剂浓度为允许浓度的等浓度线以内的区域。

该区域的特点是：

① 在此区域里的中毒伤员总数约为20%～30%，大部分为未中毒人员，因此可以进行自救互救，只需少数人员给予指导即可。

② 该区域的人员部分轻度中毒，脱离污染环境后，经一般救治，基本能自行恢复。

③ 人员可以利用简易防护器材进行防护，关键是根据毒物的种类，选好防毒口罩浸渍的药物。

（二）标识事故区域

在有毒气体或易燃易爆气体泄漏事故现场，现场指挥员应组织侦检小组，使用侦检仪器

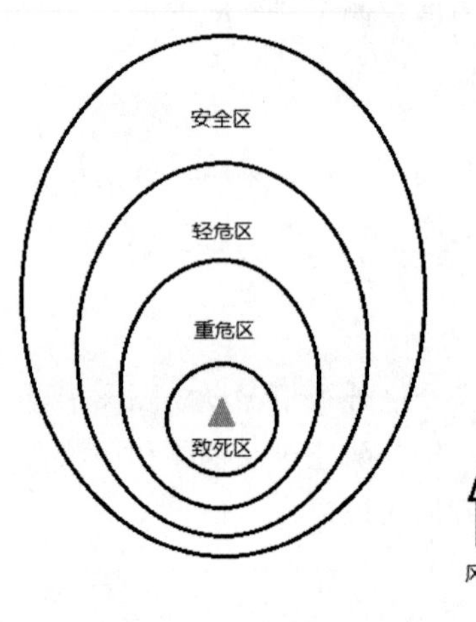

图 2.3 划分控制区

测出危险化学品种类、测定危险化学品浓度，并将侦检仪器二级报警点处标识为轻危区，将侦检仪器一级报警点处标识为重危区，将危险源附近标识为事故核心区。如图 2.3 所示。根据风向指示安全撤离方向，便于群众安全撤离。

（三）划分控制区

为了方便救援人员进行事故区域的辨识、根据不同的控制区采取相应的防护等级以及救援工作的顺利开展，根据救援行动的实际需要，警戒小组携带锥筒及危险区域标识牌，在侦检小组设置的事故区域标识的基础上，划分出安全区、轻危区、重危区和事故核心区。划分控制区命令由事故救援总指挥部统一发布，由公安部门和武警部队负责实施。

五、灾情评估

针对危险化学品事故，现场指挥部应根据侦检和危险源辨识的结果，分析、判断可能引发爆炸、燃烧的各种危险源，确认现场及周边污染情况，评估灾情等级，确定处置方案。

（一）环境信息

通过气象信息、地面类型、交通道路情况、地形地物、警戒范围内的电源火源、邻近建（构）筑物（含罐体、管线等)、环境气味等环境信息，掌握危险化学品事故现场的基本情况，填写《环境信息表》，如表 2.2 所示。

表 2.2 环境信息表

气象信息	风力： 风向： 温度：
地面类型	土□ 泥□ 柏油□ 沙□ 其他□
交通道路	
沟渠、河流	
地形地物	
电源火源（警戒范围内）	
邻近建（构）筑物（含罐体、管线等）	
环境气味	臭鸡蛋味□ 肥皂味□ 鱼腥味□ 苦杏味□ 油漆味□ 蒜味□ 芳香味□ 酒精味□ 芥末味□ 樟脑味□ 其他□

（二）灾情信息

根据事故类型、危险源类别、泄漏物质扩散与否、是否发生火灾与爆炸等灾情信息，判断危险化学品事故的灾情，填写《灾情信息表》，如表 2.3 所示。

（三）伤员信息

根据现场人数、受伤人数、被困人数、中毒人数、接触到危险源的人数等伤员信息，掌握危险化学品事故造成的危害程度，填写《伤员信息表》，如表 2.4 所示。

表 2.3　灾情信息表

事故类型	交通事故□　固定储存装置□　输气管、输油管(管道类)□ 大型管道、沟渠□　生产装置□　其他□		
危险源物质名称		储量大小	
危险源类别	易燃气体□　毒性气体□　易燃液体□　易燃固体、易于自燃的物质□　遇湿易燃物品□　氧化剂和有机过氧化物□　有毒品□　腐蚀品□　爆炸品□　放射性物质□　其他□		
泄漏或扩散	是□　否□		
泄漏状态	固态□　液态□　气态□		
泄漏严重程度	滴漏□　细流□　有缺口□ 大概的扩散数量____液体面积____固体数量____		
泄漏位置	人孔□　阀门□　法兰□　管道□　其他□		
当前泄漏状态	已停止□　流动形式:继续在流□　不规律□		
是否发生了火灾	有□　无□　邻近建(构)筑物(含槽、罐、桶等容器)受火势威胁□　固体□　液体□　气体□　烟雾、火苗颜色________火势大小________		
是否发生了爆炸	有□　无□		

表 2.4　伤员信息表

现场人数	
受伤人数	
被困人数	
中毒人数	
接触到危险源的人数	

(四) 风险评估

根据危险化学品事故的环境信息、灾情信息、伤员信息，对灾害等级、灾情发展态势、对民众生活威胁和疏散需求的紧迫性进行风险评估。结合类似处置案例，进行事故发展趋势及潜在风险评估和行动方案安全评估，制定指挥决策，研究处置方案，合理调派救援力量，积极展开救援工作。填写《风险评估表》，如表 2.5 所示。

表 2.5　风险评估表

灾害等级	火灾事故	一级□　二级□　三级□　四级□　五级□
	应急救援	一级□　二级□　三级□　四级□
灾情发展态势		逐渐变小□　趋于稳定□　逐渐增大□
对民众生活威胁和疏散需求的紧迫性		存在□　不存在□

思考题

1. 侦检和辨识危险源的方法有哪些？
2. 如何对事故区域进行标识及划分？

第四节　安全防护

学习目标

1. 了解安全防护的概念。
2. 熟悉安全防护的原则及划分。
3. 熟悉常见的防护手段。

安全防护是指根据危险化学品事故现场实际情况的危险性及划定的危险区域，确定处置人员的防护等级，并按等级佩戴个人防护装备。救援人员可以依托器材装备，运用技战术手段进行防护。

一、安全防护原则

安全防护应遵循以下原则：

① 泄漏介质不明时，采取最高级别防护。

② 泄漏介质具有多种危害性质时，应全面防护。

③ 没有有效防护措施，处置人员不应暴露在危险区域。

④ 不同区域人员之间应避免交叉感染。

二、防护等级划分

根据危险化学品的危害性，将危险化学品事故防护等级划分为三级，分别是一、二、三级，一级最高，三级最低。为保障救援人员的安全，应根据危险化学品性质、事故类型、事故严重程度等，针对性地穿着化学防护服。

（一）一级防护

一级防护为最高级别防护，适用于皮肤、呼吸器官、眼睛等需要最高级别保护的情况。

① 泄漏介质对人体的危害未知或怀疑存在高度危险时。

② 泄漏介质已确定，根据测得的气体、液体、固体的性质，需要对呼吸系统、体表和眼睛采取最高级别防护的情况。

③ 事故处置现场涉及喷溅、浸渍或意外地接触可能损害皮肤或可能被皮肤吸收的泄漏介质时。

④ 在有限空间及通风条件极差的区域作业，是否需要一级防护不确定时。

（二）二级防护

二级防护适用于呼吸需要最高级别的保护，但皮肤保护级别要求稍低的情况。

① 泄漏介质的种类和浓度已确定，需要最高级别的呼吸保护，而对皮肤保护要求不高时。

② 当空气中氧含量低于 19.5%时。

③ 当侦检仪器检测到蒸汽和气体存在，但不能完全确定其性质，仅知不会给皮肤造成严重的化学伤害，也不会被皮肤吸收。

④ 当显示有液态或固态物质存在，而它们不会给皮肤造成严重的化学伤害，也不会被皮肤吸收时。

（三）三级防护

三级防护适用于空气传播物种类和浓度已知，且适合使用过滤式呼吸器防护的情况。

① 与泄漏介质直接接触不会伤害皮肤也不会被裸露的皮肤吸收时。

② 泄漏介质种类和浓度已确定，可利用过滤式呼吸器进行防护时。

③ 当使用过滤式呼吸器进行防护的条件都满足时。

三、安全防护标准

进入危险化学品灾害事故现场的救援人员，必须根据现场实际情况和危险等级采取防护措施，严格操作规程。根据侦察检测情况，确定安全防护等级。为进入重危区、轻危区的救援人员配备呼吸防护装备、化学防护服等个人防护装备。根据《危险化学品泄漏事故处置行动要则》（GB/T 970—2011），不同防护等级对应的防护标准如表 2.6 所示。

表 2.6　防护标准

级别	形式	化学防护服装	呼　吸　器
一级	全身	一级化学防护服、全棉防静电内外衣	正压式空气呼吸器
二级	全身	二级化学防护服、全棉防静电内外衣	正压式空气呼吸器
三级		战斗服、无钉靴	简易滤毒罐、面罩或口罩、毛巾等

特别提示：

① 安全员对救援人员的安全防护进行检查，做好记录；

② 使用过滤式呼吸防护装备时，应根据泄漏介质种类选择相应的滤毒罐类别，并注意滤毒罐的使用时间。

四、防护手段

危险化学品事故现场，常见的防护手段有装备防护和药剂防护。

（一）装备防护

装备防护是指在危险化学品事故的处置中，穿着或佩戴相应的防护装备，以便形成最基本、最具保护效果的安全防护。2017 年 9 月 1 日，公安部、住房和城乡建设部、国家发改委发布并施行了《城市消防站建设标准》，规定了消防员个人防护装备的配备标准，并将消防员个人防护装备分为基本防护装备和特种防护装备两大类。针对危险化学品事故应急救援，个人防护装备主要包括：正压式空气呼吸器、强制送风呼吸器、消防过滤式综合防毒面具、二级化学防护服、一级化学防护服、特级化学防护服、核沾染防护服、防静电服、化学防护手套等。

1. 呼吸保护器具

呼吸保护器具主要有氧气呼吸器、正压式空气呼吸器、强制送风呼吸器、消防过滤式综合防毒面具，呼吸器及防毒面具可抵御危险化学品事故现场有毒、有害气体或蒸气对消防员的威胁。

2. 化学防护服

化学防护服保护穿着者的头部、躯干、手臂和腿等部位免受化学品的侵害。分为特级化学防护服、一级化学防护服和二级化学防护服。

（1）特级化学防护服

救援人员在化学灾害现场或生化恐怖袭击现场处置生化毒剂时，可着特级化学防护服。特级化学防护服具有气密性，对军用芥子气、沙林等的防护时间≥1h。可替代一级化学防护服使用。

（2）一级化学防护服

一级化学防护服为救援人员在处置气态化学品事故中穿着的化学防护服，是全密封连体式结构。由带大视窗的连体头罩（有防/除雾措施）、化学防护服、正压式消防空气呼吸器背囊、化学防护靴、化学防护手套等组成。同正压式消防空气呼吸器、冷却装备、消防员呼救器及通信器材等设备配合使用。一级化学防护服为躯干、头部、手臂和腿提供化学防护，是化学防护服的一个组成部分。一级化学防护服的颜色为黄色。

（3）二级化学防护服

二级化学防护服为救援人员在处置挥发性固态、液态化学品事故中穿着的化学防护服，是连体式结构，能完全覆盖使用者，也可采用一级防护服的结构。一般由化学防护头罩、化学防护服、化学防护手套构成，与外置正压式消防空气呼吸器配合使用。二级化学防护服的颜色为红色。

化学防护服整体气密性、抗水渗漏性、面料和其接缝部位抗化学品渗透性能应符合表2.7的规定。

表2.7　整体气密性、抗水渗漏性、抗化学品渗透性

级别	气密性/Pa	抗水渗漏性	平均渗透时间/min
一级	≤300	—	≥60
二级	—	20min后无渗漏现象	≥60

（二）药剂防护

药剂防护是指在危险化学品事故中，通过服用药物、使用药剂清洗等方式以实现个人安全防护。

1. 口服药物预防

某些剧毒化合物如氰化物和有机磷化合物等，由于毒性强烈、作用迅速，很低的浓度就能使人中毒。为防止防毒面具失效，在开展危险化学品事故救援时可以先口服预防药物。应注意，预防药物的作用是有限的，不能从根本上代替防毒面具的作用，只能作为一种辅助手段配合使用，从而达到强化防护的目的。

2. 药剂清洗防护

在危险化学品事故现场，某些具有强酸碱性、强腐蚀性、有毒物质会对人的眼睛、皮肤等部位造成灼伤、腐蚀或毒害，需及时使用有效的药剂进行清洗。

敌腐特灵是一种具有高逆渗透性的、多价位的两性化合物，具有极强的吸收性能，可同时与酸、碱、氧化剂、还原剂等腐蚀性化学物质及化学毒物发生反应，它能同侵入到人体的化学分子迅速结合，挟裹着它们从人体中排出，具有高效、快速的特点，是用水清洗无法比拟的。敌腐特灵洗消溶剂可以配合106mL的敌腐特灵微型便携式独立冲洗器使用，主要用于处置强酸碱与化学品灼伤口和创面。敌腐特灵眼部洗消剂，配合使用容量为5mL的个人用洗眼器和洗眼杯，对接触化学物的眼部实施无压力眼浴。一般在接触化学物品后1min以内使用，效果最佳。洗眼器与洗眼杯均可重复使用。

3. 洗消剂洗消防护

危险化学品事故救援现场，应对离开染毒区的所有人员、装备器材进行洗消，以防有毒有害物质扩散。事故处置完毕，要对染毒区域（包括染毒空气容易滞留的建筑物角落及低洼处）组织清洗以防再次中毒。

（三）监测防护

监测防护是指在危险化学品事故现场，救援人员用科学的手段对行动区域或救援对象的安全状况进行监视、监测或评估，并采取相应的处置措施，把握灾情程度，部署处置行动。具体来说，监测防护包含设立观察哨、仪器检测、取样送检。

1. 设立观察哨

发生危险化学品泄漏事故后，要不间断观察泄漏量及扩散情况。可以设立一个或多个观察哨，并将观察到的情况定时或不定时地向现场指挥员报告。观察哨应适当配备相应的仪器设备。一旦发现紧急险情，应及时向总指挥员报告，或视情况直接向受威胁区域的救援人员发出警报，督促其立即撤离，并向上级领导报告。

2. 仪器检测

对于危险化学品事故现场，尤其是有毒气体或可燃气体扩散的现场，在开展以下救援行动前，必须先组织环境检测，并根据浓度分布情况，采取相应的防范措施：

① 设立指挥部或确定停车位置。

② 设立水枪阵地。

③ 实施关阀、堵漏等。

采用仪器检测，应在不同风向点（上风、侧风和下风）、不同时间段、不同行动操作前进行，并及时把检测情况报告指挥员。

3. 取样送检

若遇有不明危险化学品，应及时取样送相关部门化验鉴定，并将鉴定结果告知现场指挥员，以采取相应的处置措施。

五、常见泄漏物质的防护要点

（一）有毒性泄漏介质的保护

根据泄漏介质毒性和人员所处危险区域，确定相应的防护等级，见表2.8。其中，深入事故现场内部实施侦检、控制泄漏等的处置人员，应采用一级防护，视情况使用喷雾水枪进行掩护。使用过滤式呼吸防护装备时，应根据泄漏介质种类选择相应的滤毒罐类别，并注意滤毒罐的使用时间。

表 2.8 不同危险区域对应的防护等级

毒性级别		危险区类别		
		重度危险区	中度危险区	轻度危险区
毒害品	剧毒	一级	一级	二级
	高毒	一级	一级	二级
	中毒	一级	二级	二级
	低毒	二级	三级	三级
	微毒	二级	三级	三级

（二）爆炸性泄漏介质的防护

① 进行排爆作业的处置人员应着排爆服，进行搜检作业的处置人员应着搜爆服。

② 爆炸性粉尘泄漏事故，处置人员应佩戴防尘面具，戴化学安全防护眼镜，穿紧袖防静电工作服、长筒胶鞋，戴橡胶手套。

③ 泄漏介质为气态时，应使用防爆器材。

④ 泄漏介质为压缩气体和液化气体时，处置人员应加强防冻措施。

（三）腐蚀性泄漏介质的防护

① 进入事故危险区域的处置人员，应视情况使用喷雾水枪进行掩护。

② 防护器材应具有防腐蚀性能，如抗腐蚀防护手套、抗腐蚀防化靴等。

③ 深入事故现场内部实施作业的处置人员应着封闭式防化服。

（四）特别提示

① 进入低温场所作业，应做好防冻措施避免冻伤。

② 进入易燃易爆场所作业，应携带无火花工具和防爆型通信电台。

③ 在可能发生爆炸、毒物泄漏、建筑物倒塌等危险情况下救援时，应当尽量减少一线作业人员，并加强安全防护。

④ 当现场出现爆炸、倒塌等险情征兆，而又不能及时控制或者消除，可能威胁参战人员的生命安全时，应当立即组织参战人员撤离到安全地带并清点人数，待条件具备时，再组织实施抢险救援战斗。

⑤ 需要采取工艺措施处置时，应当在单位专业技术人员的配合下组织实施，严禁盲目行动。

思考题

1. 安全防护的原则是什么？
2. 常见的防护手段有哪些？

第五节 信息管理

学习目标

1. 了解信息管理的概念。

2. 了解信息发布的内容。

信息管理是指为统一现场指挥，及时掌握作业区域内部和外部信息，在实时跟进救援进度的基础上，协调社会联动力量，所开展的信息管控及信息报告工作。危险化学品救援现场指挥部应统一现场指挥，及时掌握作业区域内部和外部信息，实时跟进救援进度，协调社会联动力量，发布灾情信息。

一、信息管控

危险化学品事故往往具有处置难度大、影响范围广的特点，因此，指挥部对救援过程中的舆情控制工作应高度重视，切实增强舆情意识，建立健全舆情的监测、研判、回应机制，落实回应责任，避免反应迟缓、被动应对。现场指挥部应强化信息管控，及时收发和更新内、外部各类信息（灾情动态、作战指令、社会舆情等），实时跟进救援进度，协调社会联动力量，不受外界媒体、群众等因素干扰。

（一）成立舆情控制小组

针对危险化学品事故的社会舆情，可以建立专门舆情监控小组，开展信息采集、信息分析和危机研判等工作，并与有关网络或传统媒体进行沟通与协调，在网络上组织发布正面消息引导舆论，撰写网络舆情评估与总结报告。

（二）收集信息

可以以搜索引擎、门户网站和论坛（BBS）三大渠道为信息源，以其他舆情发布渠道为辅，对舆情进行跟踪分析。利用搜索引擎以最快速度粗略统计网络关注的总量，通过门户网站的新闻排行和每日跟帖统计有效把握舆情演变情况，根据论坛发帖情况来分析舆情类型。

（三）分析研判

对社会舆情分析的质量高低，是舆情监控机制中极为关键的一环。

1. 注重时效

如果错过了决策的最佳或者关键时机，再有意义的信息价值也无从体现。

2. 把握总体态势

通过把海量零散的信息贯穿起来，拼出舆情信息的架构图，由点及面，由形及势，找出问题形成的原因，提出解决问题的对策和建议。

3. 分析研判

根据舆情分析，预测和判断事件的发展和走向，以期做到未雨绸缪。

（四）控制舆情

一方面要处理好各部门对现实危机的联动机制，采取有效措施减少事故带来的损害，另一方面要面对网络、传统媒体进行有效沟通与管理。

二、信息报告

开展危险化学品事故救援时，事故救援信息应坚持及时准确、全面规范、逐级上报的原则，及时、准确、客观、全面地向总指挥部和上级消防部门报告事故信息，不得迟报、漏报、误报或瞒报。事故现场救援信息报告由现场最高指挥员负责签发。信息报告的内容应包含以下内容：

① 事故基本情况，如事故发生单位的名称、地址、性质、产能等基本情况。

② 事故发生的时间、地点以及事故现场情况。

③ 事故的简要经过，包括应急救援情况，接警与力量调集情况。

④ 事故已经造成或者可能造成的伤亡人数。

⑤ 已经采取的措施、处置效果和下一步处置建议。

⑥ 其他应当报告的情况。

三、信息发布

事故处置结束后，要按照上级指示，确定新闻发布会的内容、时间和发言人，严禁未经批准擅自接受新闻媒体采访。

（一）建立权威信息发布平台

在单位内部要保证口径统一，任何言论必须通过统一的权威信息发布平台进行公布。第一时间发布权威信息，及时发出正面声音，做到关键时候不“失语”。对曲解的事实进行澄清，对偏激言论要正确地引导，对蓄意炒作要进行批驳。

（二）加强与传统媒体和网络媒体的沟通

事故发生后，社会上、网络上的声音纷繁复杂，并在一定情形下不断分化。此时应主动与媒体沟通，通过设置发布议程等方式分化负面言论，引导舆论向有利的方向发展。

（三）及时评估与总结

评估内容应包括事故基本情况、应对措施、对事故处置结束后一段时间内舆情走向的研判，并对前一阶段救援行动进行总结、反思与建议等，有效地建立或完善舆情信息工作的规划，对将来的工作进行指导。

思考题

1. 信息管理包含哪些内容？
2. 信息发布应注意些什么？

第六节　现场处置

学习目标

1. 了解现场处置的概念。
2. 熟悉现场处置的手段。

3. 熟悉不同介质泄漏的处置要点。

现场处置是指疏散与抢救中毒、被困人员，采取关阀断料、器具堵漏、倒罐输转、稀释中和、放空点燃等措施控制危险源的救援行动，是降低泄漏扩散、抑制危害程度、减少人员伤亡的控制手段。

一、疏散抢救人员

对危险化学品事故现场，应当使用防毒、救生等工具抢救中毒人员，并及时疏散染毒区周围的人员。

① 隔离泄漏污染区，限制人员出入。

② 组成疏散小组，进入泄漏危险区域，组织群众沿上风或侧上风方向的指定路线疏散。

③ 组成救生小组，携带救生器材迅速进入危险区域，采取正确救助方式（佩戴救生面罩、使用固定夹具等），将所有遇险人员转移至安全区域，脱去其染毒衣物。

④ 对救出人员进行登记、标识和现场救助。

⑤ 将需要救治人员送交医疗急救部门救治。

二、泄漏源处置

当危险化学品事故现场有易燃易爆或毒害物质泄漏、扩散，可能导致燃烧、爆炸和人员中毒等危险情况时，要根据专家组意见和现场救援力量及技术条件，及时采取关阀断料、器具堵漏、倒罐输转、稀释中和、放空点燃等措施，尽快排除险情。

（一）制止泄漏

1. 固体介质

盛装固体介质的容器或包装泄漏时，应采取堵塞和修补裂口的措施止漏。

2. 液态或气态介质

（1）关阀止漏

盛装或输送液态或气态的生产装置或管道发生泄漏，泄漏点处在阀门之后且阀门尚未损坏时，可协助技术人员或在技术人员指导下，使用喷雾水枪掩护，关阀止漏。

（2）器具堵漏

泄漏点处在阀门之前或阀门损坏，不能关阀止漏时，可使用各种针对性的堵漏器具和方法实施封堵泄漏口。

① 容器出入口、管线阀门法兰、输料管连接法兰间隙泄漏量较小时，应调整间隙消除泄漏。

② 阀门阀体、输料管法兰间隙较大时，应采用卡具堵漏。

③ 常压容器本体或输料管线出现洞状泄漏时，应采用塞楔堵漏或用气垫内封、外封堵漏；本体侧面、侧下不同规则洞状泄漏应采用磁压堵漏法堵漏；缝隙泄漏可采用胶粘法或强压注胶法堵漏。

④ 压力容器的人孔、安全阀、放散管、液位计、压力表、温度表、液相管、气相管、排污管泄漏口呈规则状时，应用塞楔堵漏；呈不规则状时应用夹具堵漏；需要临时制作卡具时，制作卡具的企业应具备生产资质。

（二）倒罐输转

不能有效堵漏时，由专业技术人员采取下列方法进行倒罐输转，消防部门负责掩护。

① 装置泄漏宜采用压缩机倒罐。

② 灌区泄漏宜采用烃泵倒罐或压缩气体倒罐。

③ 移动容器泄漏宜采用压力差倒罐。

④ 无法倒罐的液态或固态泄漏介质，可将介质转移到其他容器或人工池中。

（三）放空点燃

无法处理且能被点燃以降低危险的泄漏气体，可通过临时设置导管，采用自然方式或用排烟风机将其送至空旷地方，利用装设适当喷头烧掉。

1. 点燃原则

遇到下列情况时采用放空点燃。

① 泄漏扩散将会引起更严重灾害性后果时。

② 顶部受损泄漏，堵漏无效时。

③ 槽车在人员密集区泄漏，无法转移和堵漏时。

④ 泄漏浓度有限（浓度小于爆炸下限30%）、范围较小时。

2. 点燃准备

在放空点燃前应做好以下准备。

① 确认危险区域内人员已全部撤离。

② 灭火、掩护、冷却等防范措施准备就绪。

③ 现场设有排空火炬。

3. 点燃方法

① 铺设导火索点燃，在安全区内操作。

② 使用长竿点燃，在上风方向，穿着避火服，水枪掩护等。

③ 抛射火种点燃，在上风方向，安全区内使用信号枪、曳光弹等操作。

④ 使用电打火器点燃，在安全区内操作。

（四）气体置换

倒罐输转或放空点燃后应向储罐内充入惰性气体，置换残余气体。对无法堵漏的容器，当其泄漏至常压后也应用惰性气体实施置换。

三、不同泄漏介质的处置要点

根据不同的泄漏介质，结合现场泄漏、燃烧 、爆炸等不同情况，科学运用紧急停车、稀释防爆、关阀堵漏、冷却控制、堵截蔓延、倒料转输、切断外排、化学中和、泡沫覆盖、浸泡水解、放空点燃等方法进行处置。

（一）气体泄漏介质的处置

气体泄漏介质的处置方法如下。

1. 通风稀释

合理通风，加速扩散。

2. 稀释中和

用喷雾状水中和、稀释、驱散、溶解。使用喷雾水枪、屏封水枪，设置水幕或蒸汽幕，驱散聚集、流动的气体，稀释气体浓度，中和具有酸碱性的气体，防止形成爆炸性混合物或毒性气体向外扩散。

3. 收容处置废水

构筑围堤或挖坑收容处置过程中产生的大量废水。

（二）液体泄漏介质的处置

小量液体泄漏可通过沙土、活性炭、蛭石或其他惰性材料吸收，如果是可燃性液体也可在保证安全的情况下，就地焚烧。大量液体泄漏的一般处置措施如下。

1. 封闭下水道或沟口

用沙袋、内封式堵漏袋封闭泄漏现场的下水道口或排洪沟口。

2. 稀释蒸气

用雾状水或相应稀释剂驱散、稀释蒸气。

3. 覆盖

用泡沫或水泥等其他物质覆盖，降低蒸气危害。

4. 筑堤收容

用沙袋或泥土筑堤拦截，或挖坑导流、蓄积、收容；若是酸碱性物质，还可向沟、坑内投入中和（消毒）剂。

5. 收集转移

用泵将泄漏介质转移至槽车或专用收集器内，回收或运至废物处理场所处置。

（三）固体泄漏介质的处置

1. 固体泄漏介质的一般处置措施

（1）收集

小量泄漏或现场残留的固体介质，可用洁净的铲子将泄漏介质收集到洁净、干燥、有盖的容器中。

（2）筑堤收容

如大量泄漏，构筑围堤收容，然后收集、转移、回收或无害化处理后废弃。

（3）覆盖

无法及时回收需要避光、干燥保存的物质，可用帆布临时覆盖。

（4）固化

无法回收或回收价值不大的介质，可以用水泥、沥青、热塑性材料固化后废弃。

2. 易燃泄漏介质的处置方法

（1）小量泄漏

避免扬尘，并使用无火花工具将泄漏介质收集于袋中或洁净、有盖的容器中后，转移至安全场所，可在保证安全的情况下，就地焚烧。

（2）大量泄漏

构筑围堤或挖坑收容，可用水润湿，或用塑料布、帆布覆盖，减少飞散，然后使用无火花工具将泄漏介质收集转移至槽车或专用收集器内，回收或运至废物处理场所处置。

3. 遇湿易燃泄漏介质的处置方法

（1）小量泄漏

用无火花工具将泄漏介质收集于干燥、洁净、有盖的容器中，转移回收。对于化学性质特别活泼的物质须保存在煤油或液体石蜡中。

(2) 大量泄漏

不要直接接触泄漏介质，禁止向泄漏介质直接喷水。可用塑料布、帆布等进行覆盖。在技术人员和专家指导下清除。

4. 爆炸性泄漏介质的处置方法

(1) 小量泄漏

使用无火花工具将泄漏介质收集于干燥、洁净、有盖的防爆容器中，转移至安全场所。

(2) 大量泄漏

用水润湿，然后收集、转移、回收或运至废物处理场所处置。

5. 腐蚀性泄漏介质的处置方法

(1) 小量泄漏

将泄漏地面洒上沙土、干燥石灰、煤灰或苏打灰等，然后用大量水冲洗，冲洗水经稀释后放入废水系统。

(2) 大量泄漏

构筑围堤或挖坑收容，可视情况用喷雾水进行冷却和稀释；然后，用泵或适用工具将泄漏介质转移至槽车或专用收集器内，回收或运至废物处理场所处置。

四、处置行动要求

(一) 基本要求

1. 车辆停靠

应选择上风或侧上风方向进入现场，车停在上风或侧上风方向，避开低洼地带，车头朝向撤退方向。

2. 防止爆炸伤人

严禁人员和车辆在泄漏区域的下水道或地下空间的正上方及其附近、井口以及卧罐两端处停留。

3. 全程观察监测

安全员全程观察、监测现场危险区域或部位可能发生危险的迹象。

4. 稀释降毒

堵漏操作时，应以泄漏点为中心，在储罐或容器的四周设置水幕、喷雾水枪等对泄漏扩撒的气体进行围堵、驱散或稀释降毒。

5. 一线人员少而精

一线处置人员应少而精。采取工艺措施处置时，应掩护和配合事故单位和专业工程技术人员实施。

6. 及时撤离

当现场出现爆炸险情征兆威胁到处置人员的生命安全时，应当立即命令处置人员撤离到安全地带并清点人数，待条件具备时，再组织处置行动。

7. 防静电

对易燃易爆介质倒罐时应采取导线接地等防静电措施。

8. 防止污染

洗消污水的处理在环保部门的指导下进行。

（二）特殊要求

1. 有毒性介质泄漏

① 对有毒性泄漏介质处置，应在泄漏区设置毒品警告标志。

② 需要采取工艺措施处置时，处置人员应掩护与配合事故单位和专业工程技术人员实施。

③ 对参与处置人员的身体状况，应进行跟踪检查。

2. 爆炸性介质泄漏

① 对爆炸性泄漏介质处置，现场应禁绝火源、电源、静电源、机械火花。

② 高热、高能设备应停止工作；若泄漏区有非防爆电器开关存在则不应改变其工作状态。

③ 避免撞击和摩擦泄漏介质；避免现场的震动和扬尘。

④ 防止泄漏介质进入下水道、排洪沟等狭小空间。

3. 腐蚀性介质泄漏

① 对腐蚀性泄漏介质处置，应采取措施避免处置人员皮肤、眼睛、黏膜接触泄漏介质。

② 禁止泄漏介质与易燃或可燃物、强氧化剂、强还原剂接触。

③ 禁止直接对强酸强碱泄漏介质和泄漏点喷水。

思考题

1. 现场处置的内容有哪些？
2. 气体、液体、固体泄漏介质的处置要点分别是什么？

第七节 全面洗消

学习目标

1. 了解洗消的概念。
2. 熟悉洗消的步骤及内容。

洗消是通过机械、物理或化学的方法对化学事故现场遭受化学污染、放射性物质和生物毒剂污染的地面、设备、人员、环境进行消毒、清除沾染和灭菌而采取的技术过程，能使危险物失去毒害作用并防止其蔓延扩散。

危险化学品灾害事故处置完毕后，现场应及时成立洗消编队，佩戴空气呼吸器，着封闭式防化服，根据现场警戒区域的划分，在危险区外边缘处上风向设置洗消线，架设固定洗消帐篷对出危险区的参战人员、被救人员、装备进行洗消，同时还应组织人员采用机动洗消的方式对危险区内被严重污染的作业人员及时消毒。

一、人员洗消

人员洗消时需要大量的清水，有条件可以在现场建立洗消站，通过洗消装置或喷洗装置对人员进行喷淋冲洗。染毒人员洗消后经检测合格，方可离开洗消站。否则，染毒人员需要重新洗消、检测，直到检测合格，需要注意的是洗消剂对人体的刺激作用，应尽量选用刺激性小的洗消剂配合大量的清洁热水进行作业。人员洗消包括对公众和现场救援人员的洗消。

（一）公众洗消

1. 洗消站洗消

到达洗消站的受沾染公众采取固定洗消。洗消站洗消应包括以下步骤和内容。

① 在交通便利、场地平整的现场上风方向的轻度危险区边缘处，架设洗消帐篷，设立公众洗消站；洗消帐篷前设待洗区、接待处和衣物存放处，地面铺设耐磨、耐腐、防水隔离材料；洗消帐篷后部设检伤区和观察区。

② 在接待处对公众进行沾染的检测、伤情初步判断和分类。

③ 进入待洗区领取淋浴用品后进入洗消帐篷淋浴冲洗等候洗消，在洗消中，重症伤员应有医护人员监护。

④ 淋浴后进行检测，不合格者重新洗消，直至合格。

⑤ 合格后，洗消用品放入指定回收点，更换清洁的衣物。

⑥ 洗消后，伤者进行医疗救治。

2. 机动洗消

不能及时到洗消站的受沾染公众采取机动洗消，机动洗消应包括以下步骤和内容。

① 对受沾染的人员，利用喷雾水进行全身洗消。

② 对于皮肤局部受沾染的人员，除去受沾染部位衣物，用纱布或棉布吸去可见的毒液或可疑液滴，选用相应的消毒剂对沾染部位进行洗消。

③ 对于眼睛部位受沾染的人员，用眼睛冲洗器冲洗，或用水、敌腐特灵洗眼液等冲洗沾染部位。

3. 特别提示

① 对于一般伤员，脱去被污染衣物，用洗消剂或大量清水从头到尾彻底冲洗一遍，若使用洗消剂洗消，结束后还应使用清水进行二次洗消；眼睛、面部接触危险物，应使用大量清水或生理盐水至少清洗 15min。

② 对于无意识伤员，利用简易供氧器进行供氧，将被污染衣物去除，使用洗消剂和大量清水先对伤员正面进行洗消，然后侧翻固定清洗背面和侧面，若使用洗消剂洗消，结束后还应使用清水进行二次洗消，最后用毛巾擦拭干净。

（二）救援人员洗消

1. 洗消步骤

救援人员洗消应包括以下步骤和内容。

① 搭建救援人员洗消帐篷或设置洗消器具，地面铺设耐磨、耐腐、防水隔离材料。

② 救援人员身着防护服进入洗消帐篷或利用洗消器具进行冲洗，注意死角的冲洗。

③ 检测合格后进入安全区，脱去防护装具，放入塑料袋中密封，待处理。

④ 对于不能及时到洗消站洗消的救援人员，利用单人洗消圈、清洗机、喷雾器等装备

进行洗消。

2. **特别提示**

对于救援人员，利用洗消剂和大量清水进行全身洗消，再脱去染毒防护装备，进行全身二次洗消。应优先洗消头部和脸部，尤其是口、鼻、耳朵、头皮等部位。

（三）人体表面沾染洗消

① 对于有毒泄漏介质，先用纱布或棉布吸去人体表面沾染的可见毒液或可疑液滴；然后根据有毒性泄漏介质的特性，选用相应的洗消剂对皮肤进行清洗；再利用约40℃温水（可加中性肥皂水或洗涤剂）冲洗。

② 对于酸性腐蚀性泄漏介质，可利用约40℃温水（可加中性肥皂水或洗涤剂）冲洗；局部洗消可用清水、碳酸钠溶液、碳酸氢钠溶液、专用洗消液等洗消剂清洗。

③ 对于碱性腐蚀性泄漏介质，可利用约40℃温水（可加中性肥皂水或洗涤剂）冲洗；局部洗消可用清水、硼酸、专用洗消液等洗消剂清洗。

二、装备洗消

对染毒车辆器材（包括水带、参战人员的衣服、检测仪器等）的洗消尤其是车辆的洗消，可用高压清洗机、高压水枪等设施配合1%的$NaHCO_3$溶液实施自上而下、由里到外、从前到后的顺序冲洗。对忌水性的精密仪器，可用药棉蘸取洗消剂反复擦拭，经检测合格，方可离开洗消场。装备洗消包括对车辆和器材装备的洗消。

（一）车辆洗消

车辆洗消应包括以下步骤和内容。

① 利用洗消车、消防车或其他洗消装备等架设车辆洗消通道。

② 选择合理的洗消剂，配置适宜的洗消液浓度，调整好水温、水压、流速和喷射角度，对受污染车辆进行洗消。

③ 卸下车辆的车载装备，集中在器材装备洗消区进行洗消。

④ 对于不能到洗消通道洗消的受污染车辆，可利用高压清洗机或水枪就地对其实施由上而下的冲洗，然后对车辆隐藏部位进行彻底清洗。

⑤ 被洗消的车辆经检测合格后进入安全区。

（二）器材装备洗消

器材装备洗消应包括以下步骤和内容。

① 将器材装备放置在器材装备洗消区的耐磨、耐腐、防水的衬垫上。

② 将器材装备分为耐水和不耐水，精密和非精密仪器装备，登记。

③ 选择合适的洗消剂及其浓度。

④ 耐水装备可用高压清洗机或高压水枪进行冲洗。

⑤ 精密仪器和不耐水的仪器，用棉签、棉纱布、毛刷等进行擦洗。

⑥ 检测合格后方可带入安全区。

（三）器材装备溶洗去毒

利用浸以汽油、煤油、酒精等溶剂的棉纱、纱布等，溶解擦洗染毒物表面的毒物。但不宜用于类似未涂油漆木制品的多孔性的物体表面，以及能被溶剂溶解的塑料、橡胶制品等表面。擦洗过的棉纱、纱布等要集中处理。利用热水或加有普通洗涤剂（如肥皂粉等）后溶洗效果更好。

（四）车辆器材洗消程序

对染毒器材装备的洗消程序为：器材集中→高压水冲洗→部件拆开→高压水反复冲洗→检测合格→擦拭干净→装车→离开洗消场。对忌水精密仪器的洗消程序为：药棉蘸取洗消剂反复擦拭→检测合格→离开洗消场。对染毒车辆的洗消程序为：由上到下，由前到后，由外向内，检测合格后驶离洗消场，如图 2.4 所示。救援任务结束后，展开对污染区域的全面洗消，将染毒区划分多片，组织洗消力量利用喷雾水枪、消防车、洒水车等实施洗消，对于染毒严重的区域要采取不同方法和药剂反复洗消。常用方法有吸附法、机械转移法等物理洗消法和中和消毒法、氧化还原消毒法、催化消毒法等化学洗消方法。现场洗消完毕后要及时对地面残液进行转输、回收处理。

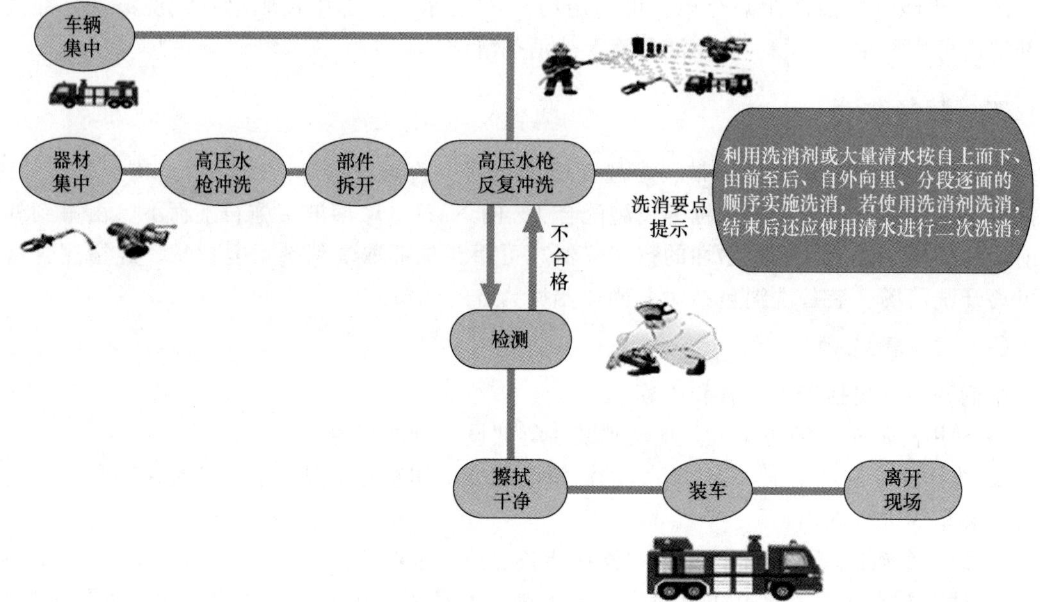

图 2.4　车辆器材洗消程序

三、地面和建筑物表面洗消

（一）地面和建筑物表面洗消步骤

对染毒区域的洗消要重复多次，并进行大气和土壤的含毒率测试，达到消毒标准后，方可停止洗消作业。地面和建筑物表面洗消应按以下步骤进行。

① 根据现场地形和建筑物分布特点，将现场划分成若干个洗消作业区域。

② 确定洗消方法，对洗消车、检测仪器与人员进行编组。

③ 对各洗消作业区域从上风向开始，逐片逐段实施洗消，直至检测合格。

污染场地应由环保部门或专业单位负责洗消和清理回收，消防部门协助。洗消污水的处理应在环保部门的检测指导下进行。

（二）物体表面沾染洗消

1. 化学消毒

对物体表面沾染的化学消毒方法如下。

① 对于有毒泄漏介质，将石灰粉、漂白粉、三合二等溶液喷洒在染毒区域或受污染物体表面，进行化学反应，形成无毒或低毒物质。

② 对于酸性腐蚀性泄漏介质，用石灰乳、氢氧化钠、氢氧化钙、氨水等碱性溶液喷洒在染毒区域或受污染物体表面，进行化学中和。

③ 对于碱性腐蚀性泄漏介质，用稀硫酸等酸性溶液喷洒在染毒区域或受污染物体表面，进行化学中和。

2. 冲洗稀释

利用高压水枪对污染物体喷洒冲洗，对染毒空气喷射雾状水进行稀释降毒或用水驱动排烟机吹散降毒。

3. 吸附转移

用吸附垫、吸附棉、消毒粉、活性炭、砂土、蛭石、粉煤灰等具有吸附能力的物质，吸附回收有毒物质后，转移处理。

4. 机械清除

利用铲土工具将地面的染毒层铲除。铲除时，应从上风方向开始。为作业便利，可在染毒地面、物品表面覆盖砂土、煤渣、草垫等，供处置人员暂时通过。也可采用挖土坑掩埋法埋掉染毒物品，但土坑应有一定深度，掩埋时应加大量消毒剂。

思考题

1. 常见的洗消方式有哪些？
2. 对救援人员进行洗消时应注意些什么？

第八节 清场撤离

学习目标

1. 了解清场撤离的概念。
2. 了解清场撤离的内容。

清场撤离是指危险化学品事故处置结束后，对事故现场进行全面、细致的检查清理，视情留有必要力量实施监护和配合后续处置，并向事故单位或上级主管部门移交现场的处置行动。撤离现场时，应当清点人数，整理装备。归队后，迅速补充油料、器材和灭火剂，恢复战备状态，并向上级报告。

一、检查清理现场

（一）检查危险源

危险化学品事故救援结束后，指挥员应率本救援队伍或各班战斗班长对现场进行全面细致的检查，排除隐患。仔细检查堵漏情况是否良好；继续使用仪器检测，确认无爆炸危险时，方可解除警戒。

（二）清理现场

危险化学品事故救援结束后，应采用冲洗、吹扫、吸附、覆盖等方式，对事故现场进行清理。

① 用喷雾水、蒸汽、惰性气体清扫现场内事故罐、管道、低洼、沟渠等处，确保不留残气（液）。

② 少量残液，用干砂土、水泥粉、煤灰等吸附，收集后作无害化处理。

③ 在污染地面上洒上中和或洗涤剂浸洗，然后用清水冲洗现场，特别是低洼、沟渠等处，确保不留残物。

④ 少量残留遇湿易燃泄漏介质可用干砂土、水泥粉等覆盖。

⑤ 协调社会联动力量对固体或液体危险化学品做好回收工作。

二、移交现场

清理现场后，将现场管理交由物权单位或事权单位，并由负责人签字。

① 指定专人对现场进行限定时间的监护。

② 妥善保管消防人员从事故现场抢救和疏散出来的物资，确保受灾单位和个人的财产得到保护。

③ 在采取有效措施前，禁止恢复供电、供气，限制无关人员进入事故现场，进入现场必须采取必要的防护等。

④ 对事故现场进行保护，以免现场遭到人为的破坏，影响事故原因调查和责任认定。

三、清点归队

救援行动结束后，各级指挥员要清点消防人员，部署整理器材工作，组织消防车辆、人员安全归队。

（一）清点人员和装备

在战斗结束后，现场最高指挥员应下达清点人员和装备的命令。参战人员要准确、迅速地完成清点和器材放置工作。各消防中队和战斗班没有接到命令前，不得自行收整器材、擅自返回。

① 各战斗班长接到上级下达清点人员和装备的命令后，班长负责清点本班（车）人员；战斗员将各自分工保管的装备归放到消防车上。对于在现场损坏或需要维修的器材，归队后予以更换。

② 各班清点完毕后，执勤队长集合本中队人员，进行人员、装备数量核对，如发现人员和装备缺失，要立即组织人员寻找。

③ 将使用过的水泵接合器、消火栓的出水阀和闷盖等拧紧，恢复原状。

④ 各消防中队执勤队长向上级指挥员报告清点人员、装备情况。

（二）归队

在清点完人员和装备，移交现场后，执勤队长应率领消防车辆、人员归队。归队有集中归队、分批归队两种形式。

① 归队前中队执勤队长和各班长要检查人员是否全部登车，随车器材放置是否牢固，器材箱门是否关闭等情况。

② 消防车通常应按出动队形原路返回，归队途中应注意行车安全，保持与消防通信指挥中心和其他出动车辆的通信联络畅通。

③ 归队途中若遇有事故现场，应立即进行救援，并报告消防通信指挥中心。若人员与器材装备不足时，应及时请求增援。

④ 归队后应及时向消防通信指挥中心报告。

四、恢复战备

归队后，执勤队长应立即组织人员按各自的任务分工，检查保养消防车辆，补充油、水、电、气和灭火剂，清洗消防车（泵），维护保养器材，恢复执勤战备状态。执勤队长应根据人员和车辆状况，充实或调整执勤号员，并对执勤战备状态的恢复情况进行检查。

① 归队后，消防车驾驶员应及时维护保养消防车辆，使消防车迅速恢复执勤状态。

② 战斗班长应组织战斗员和驾驶员及时完成灭火剂的补充。

③ 应对使用过的器材进行检查保养，损坏的进行维修，无法修复的予以更换。

④ 应按照落实责任、明确任务、快速高效、及时报告的要求恢复战备。

思考题

1. 清场撤离包含哪些内容？
2. 清场撤离的注意事项有哪些？

第三章 危险化学品事故救援处置关键技术

在危险化学品事故救援中，查明危险化学品的种类和泄漏情况是救援的前提，堵漏是制止泄漏最常用的方法，洗消是保证人员安全和防止毒源扩散的保证。因此，侦检、堵漏、洗消是危险化学品事故救援处置的三大关键技术。

第一节 侦检技术

学习目标

1. 掌握侦检的形式和内容。
2. 掌握危险源辨识与分析的方法。
3. 掌握侦检的组织实施方法。
4. 掌握常用侦检器材的性能和使用方法。
5. 能组织侦检实战化教学。

危险化学品种类繁多，在事故现场迅速查明危险化学品种类是事故处置的难点，也是重点。只有查明危险化学品的种类，才能知道其理化性质，指挥员才能根据现场实时侦检的数据，全面分析灾情信息、环境信息、伤员信息，然后结合类似处置案例，进行事故发展趋势及潜在风险评估和行动方案安全评估，决定危险化学品事故救援的措施和方法。因此，做好侦察检测是危险化学品事故救援的关键。

侦检是指在事故现场，针对泄漏危险化学品的种类、性质、浓度、危害范围和泄漏状况等进行的侦察和检测行动。侦检应贯穿于处置行动始终，遵循先识别后检测、先定性后定量的原则。

一、侦检的形式和内容

危险化学品事故现场可以采用询问知情人、危险源辨识、现场侦察、仪器检测、检索辅助决策系统等形式，查明现场情况。

（一）询问知情人

首批处置人员到场后，应向泄漏现场相关知情人，了解泄漏介质种类和性质，泄漏体的泄漏部位、容积、实际储量、压力和泄漏量大小，人员遇险和被困等与处置行动有关的信息。

1. 询问知情者

① 询问从泄漏中心跑出来，亲眼目睹泄漏发生，能说清楚泄漏情况的人员，危险化学品运输的驾驶员、押运员。

② 询问单位工程技术人员，能提供泄漏物质正确的品名和理化特性、储存总量、泄漏流量及有关技术情况的人员。

③ 咨询危险化学品处置专家。

④ 拨打危险化学品标签、安全技术说明书上的厂家应急电话。

⑤ 拨打国家化学事故应急响应 24 小时专线：0532-83889090，0532-83889191。

2. 内容

通过询问知情人，重点掌握以下情况。

① 被困人员情况。

② 泄漏物质名称、理化性质、数量、时间、部位、形式、范围。

③ 生产工艺流程及工艺处置措施。

④ 单位消防组织、消防水源及消防设施。

⑤ 周边单位、居民、地形、供电、火源等情况。

（二）现场侦察

通过现场外部侦察和内部侦察，达到以下目的。

① 搜寻被困人员。

② 确定泄漏物质名称、范围、蔓延方向、对邻近设施的威胁程度。

③ 确认设施、建（构）筑物险情。

④ 确认消防设施运行情况。

⑤ 确定救援主攻方向及攻防路线、阵地。

⑥ 现场及周边污染情况。

（三）仪器检测

使用检测仪器检测危险化学品的种类，测定泄漏物质浓度、危险程度及扩散范围，测定风向、风速等气象数据，确定扩散范围，划分危险区域。检测要贯彻灾害事故处置的始终。

现场检测的关键是要专业，即由特勤专业小组或其他专业检测人员进行；要精确，从收集到读数不能出差错，能准确反应扩散物质在不同区位的浓度；要熟练操作，平时训练有素，专业知识到位，操作准确精练，能把真实情况快速提供给现场指挥员。

（四）检索辅助决策系统

参照化学灾害事故处置辅助决策系统，科学划定泄漏物扩散范围；咨询专家，听取高层次专家意见，必要时在现场召开专家论证会。

二、危险源辨识与分析

救援力量到达现场后，指挥员通过危险源辨识了解危险化学品的种类，应迅速组织侦检人员采取编码标识、标志识别和仪器侦检等方法，确定危险源性质、范围、危害程度及被困人员数量和位置，划定重危、轻危和安全控制区域。

（一）事故类型识别

按事故发生的环节，可分为生产、储存、运输、使用、废弃等环节。装置泄漏介质，根据生产使用介质辨识；储存、销售和运输中的泄漏介质，按泄漏介质容器和包装标志辨识。

1. 运输

运输危险化学品的车辆主要有高护栏车、半挂板车、罐式汽车、箱式汽车、全挂板车、箱式列车、罐式列车、高压气体长管半挂车，如图 3.1 所示。

对于运输危险化学品的车辆应迅速查明以下内容：

① 运输公司、货物的名称。

② 大概的运输数量、储量。

③ 发货单、运输单、安全技术说明书，如图 3.2 所示。

图 3.1 运输车辆

物质安全资料表(MSDS)
Material Safety Data Sheet(MSDS)

1. 名称 Name:	胶粘剂 Adhesive
供应商 SUPPLIER	中部树脂化工有限公司 Zhong Bu (Centresin) Adhesive & Chemical Co., Ltd.
用途 USAGE	用于鞋材之接着 For bonding material of shoes

2. 物理特性

物质状态 Appearance	粘稠液体 Viscous liquid
气味 Odor	刺激性气味 Irritation odour
沸点 Boiling point	70–110℃
应避免之状况 Conditions to avoid	火源、热源 Source of ignition and heat
应避免之物质 Substances to avoid	氧化物，过氧化物，卤素 Oxidizing material, peroxides, halogens

3. 化学成分

合成树脂 Synthetic Resin(0–50%)
丁酮 MEK（0–90%）
丙酮 ACETONE（0–30%）
醋酸乙酯 ETHYL ACETATE（0–70%）
氯丁橡胶 Chloroprene Rubber (0–25%)

4. 健康危害及急救措施 Hazard For Health & First Aid Measures

	健康危害 Health Hazards	急救措施 First Aid
眼睛接触 Eye contact	会引起眼部不适，刺激。May cause irritation.	用大量清水冲洗，偶尔翻开眼睑，若刺激仍在，应立即送医。Immediately wash with water or saline solution. Seek medical attention promptly.
皮肤接触 Skin contact	有刺激感。May cause irritation.	去除污染衣物，以肥皂或温和清洁剂及水清洗，并立即送医。Remove contaminated clothing &/or shoes. Wash with mild detergent and large amount of water. Seek medical attention.
吸入 Inhalation	引起呼吸系统不适，头痛等。May cause irritation, headache, breathing difficulty, stomach pain.	移至空气清新处，若呼吸停止，应进行人工呼吸，保持温暖，尽速送医。Immediately remove to fresh air. Perform artificial respiration, keep patient warm and rest. Seek medical attention promptly.
吞食 Ingestion	引起呕吐，呼吸困难，头痛。May cause vomit, breathing difficulty, headache.	应立即送医，不要催吐。Do not induce vomiting. Seek medical attention promptly.
慢性危害 Chronic effects	皮肤干裂。May cause skin dryness and split.	对医生的提示：没有特殊的解药，须按症状进行治疗。Note to physician: No specific antidote. Treat symptomatically & supportively.
征兆及症状 Signs & symptoms	呕吐，头昏，头痛，呼吸困难。Vomit, dizziness, headache, breathing difficulty.	

5. 灭火措施 FIRE FIGHTING MEASURES

灭火器材：化学干粉，二氧化碳，泡沫。
特殊灭火程序：
1、撤退至安全距离灭火。
2、位于上风处并着保护装备灭火。
Extinguishing media:
Dry chemical, carbon dioxide, regular foam.
Fire fighting:
1. Stand upper hand and wear protective uniforms.
2. Retreat to safe space.

6. 泄漏处理方法 ACCIDENTAL RELEASE MEASURES

个人防护 Personal Protection	未穿适当之防护设备禁止进入滋漏区。Keep people without protective equipment away.
环境保护 Environmental Protection	远离火源。Keep away from soures of ignition.
清理方法 Methods For Cleaning Up	少量滋漏，纸巾吸收后，待其蒸发，在适当之燃烧室原子化；若大量，可将其回收利用或收集后在适当的燃烧室原子化。Little spillage, absorb the spilt liquid with tissue paper or sand, remove it to a safe area for evaporation, discard to combustion room for atomization. Large spillage, collect it back for reuse or discard to combustion room for atomization.

7. PPE 暴露预防措施

呼吸防护 Respiration protection	戴防护口罩 Wear a air-supplied respirator.	身体防护 Body protection	穿防护衣 Wear protective clothing.
手部防护 Hand protection	戴手套 Wear gloves.	警告 Cautions	工作中禁止吃东西。Do not eat at work

8. 安全处置和储存方法 PPE & EXPOSURE CONTROL

处置：应在良好通风处并有保护装置的情况下操作。
Handling: Handle in ventilated facility. Do not use at source ignition. Avoid contact with eyes, skin.
储存：保持密封及摆放于通风地点。远离火种及高温，避免阳光直接照射。
Storage: Keep in tightly closed container & store at room temperature. Keep away from source of ignition.

9. 工厂紧急联系电话 FACTORY EMERGENCY CONTACT NUMBER IS

火警 Fire Alarm：119　急救 First aid：120

10. 完整物质安全资料表位于 FULL MSDS SHEET IS LOCATED：

生产车间 Factoty Buildingtg

图 3.2 化学品安全技术说明书

2. 存储

根据危险化学品存储量不同，分为大体量存储、小量或散装存储两种。

（1）大体量存储

大体量存储根据储罐不同可分为固定顶罐、内浮顶罐、外浮顶罐、卧式罐、全压力球罐、全/半冷冻球罐、LNG 低温球罐等，如图 3.3 所示。

① 固定顶罐主要储存重油、渣油、石脑油等中间产品。

② 内浮顶罐主要储存汽油、煤油、柴油等成品油和石脑油、抽余油、拔头油等中间产品。

③ 外浮顶罐主要储存原油等。

④ 卧式罐主要储存液化烃、碳三、碳四、轻烃、石脑油等。

⑤ 全压力球罐主要储存乙烯、丙烯、丁二烯、丙烷、液化石油气等液化烃。

⑥ 全/半冷冻球罐主要储存乙烯、丙烯等液化烃。

⑦ LNG 低温球罐主要储存 LNG 液化天然气。

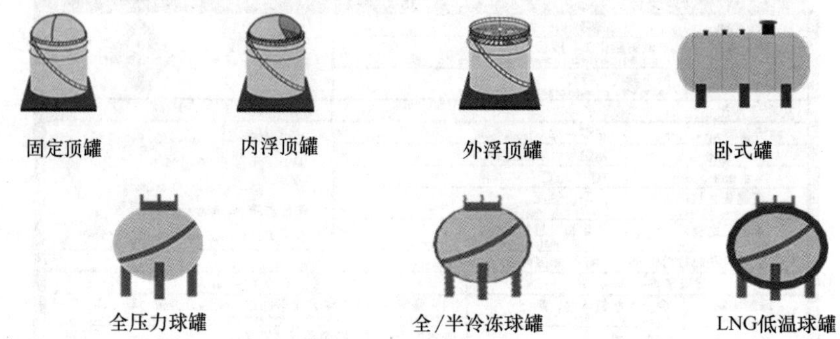

图 3.3 储罐类型

（2）小量或散装存储

小量或散装存储形式有立式柱形容器、小型钢罐、塑料桶、木箱、纺织品袋、胶合板桶、纸盒类、无包装散货、民用可燃气体瓶、工业气体瓶、瓶装物品等，如图 3.4 所示。

图 3.4 小量或散装存储

（二）标签标识识别

危险化学品可以通过危险货物标志、运输车辆警示标志、危险化学品储存集装箱标识、包装物容器产品标签、工业气瓶标签等进行识别。

1. **危险货物标志**

根据国家标准《危险货物分类和品名编号》（GB 6944—2012），我国危险品分为九类。

（1）第一类 爆炸品

爆炸品是指在外界作用下（如受热、受压、撞击等）能发生剧烈的化学反应，瞬时产生大量的气体和热量，使周围压力急骤上升发生爆炸，对周围环境造成破坏的物品。爆炸品按危险程度分为 6 项，其标识如图 3.5 所示。

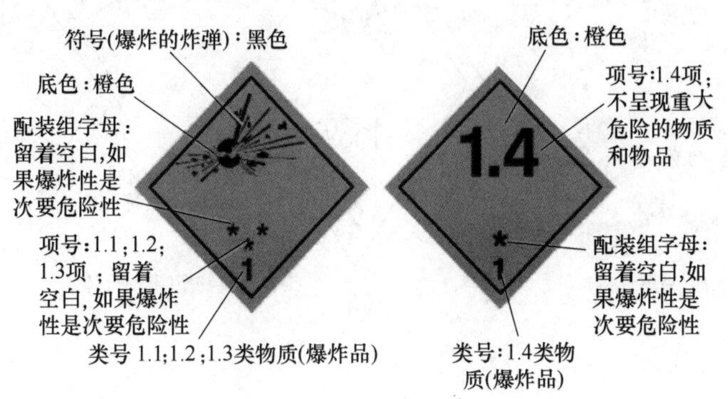

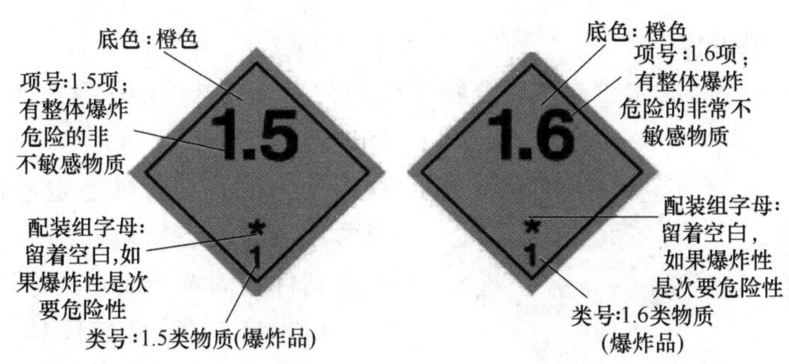

图 3.5 爆炸品标识

① 有整体爆炸危险的物质和物品，例如硝酸甘油（丙三醇）、TNT（三硝基甲苯）。

② 有迸射危险，但无整体爆炸危险的物质和物品，例如枪弹等。

③ 有燃烧危险并有局部爆炸危险或局部迸射危险或这两种危险都有，但无整体爆炸危险的物质和物品，例如烟幕弹、照明弹等。

④ 不呈现重大危险的物质和物品，例如烟花、礼花弹等。

⑤ 有整体爆炸危险的非常不敏感物质，例如铵油炸药、铵沥蜡炸药等。

⑥ 无整体爆炸危险的极端不敏感物品。

（2）第二类 气体

根据气体危险性质分为易燃气体、非易燃无毒气体、毒性气体三项，其标识如图 3.6 所示。

① 易燃气体如压缩或液化的氢气（H_2）、乙炔（C_2H_2）、一氧化碳（CO）、甲烷（CH_4）等。

② 非易燃无毒气体如窒息性气体氮气（N_2），氧化性气体氧气（O_2），不属于其他项别的气体二氧化碳（CO_2）、氨气（NH_3）、氖气（Ne）等。

③ 毒性气体如氟气（F_2）、氯气（Cl_2）、煤气、砷化氢、氮甲烷等。

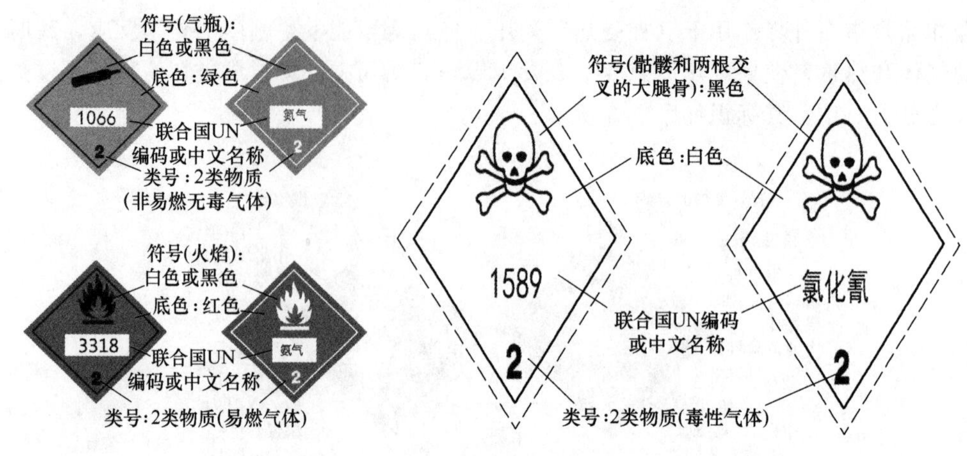

图 3.6　气体标识

（3）第三类 易燃液体

易燃液体是指易燃的液体或液体混合物，或是在溶液或悬浮液中含有固体的液体，其闭杯试验闪点不高于 60℃，或开杯试验闪点不高于 65.6℃，以及液态退敏爆炸品。包含常温常压下的液态物质和部分高温可熔且满足一定条件的固态物质，其标识如图 3.7 所示。

图 3.7　易燃液体标识

（4）第四类 易燃固体、易于自燃的物质、遇水放出易燃气体的物质

① 易燃固体是指燃点低，对热、撞击、摩擦敏感，易被外部火源点燃，燃烧迅速，并可能散发出有毒烟气的固体，其标识如图 3.8 所示。

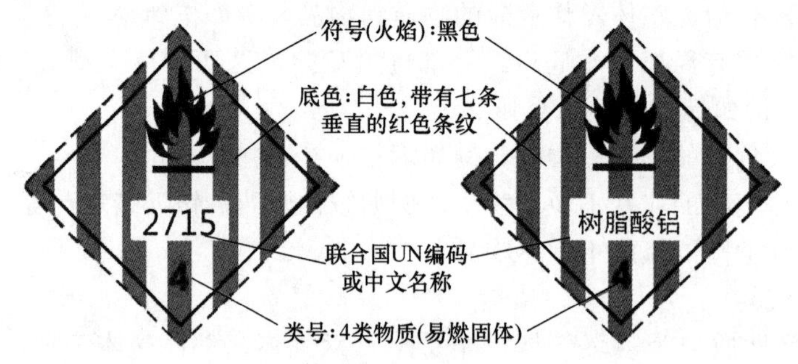

图 3.8　易燃固体标识

② 易于自燃的物质是指自燃点低，在空气中易发生氧化反应，放出热量而自行燃烧的物质，包括发火物质和自热物质，其标识如图 3.9 所示。

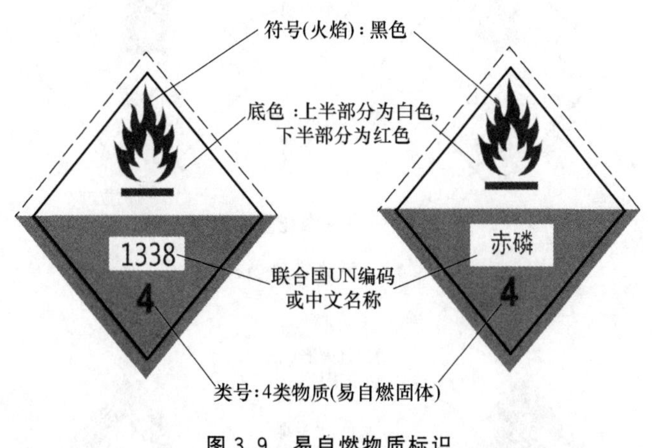

图 3.9 易自燃物质标识

③ 遇水放出易燃气体的物质是指遇水放出易燃气体且该气体与空气混合能形成爆炸性混合物的物质。主要包括碱金属、碱土金属及其硼烷类和石灰氮（氰化钙）、锌粉等金属粉末，其标识如图 3.10 所示。

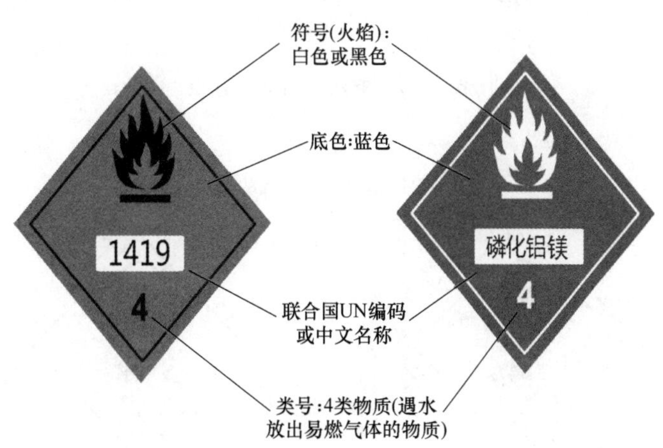

图 3.10 遇水放出易燃气体的物质标识

（5）第五类 氧化性物质和有机过氧化物

氧化性物质是指本身不一定可燃，但通常因放出氧气或起氧化作用可能引起或促使其他物质燃烧的物质。如硝酸钾（KNO_3）、氯酸钾（$KClO_3$）、高氯酸钾（$KClO_4$）、次氯酸钙［$Ca(ClO)_2$］、高锰酸钾（$KMnO_4$）等，其标识如图 3.11 所示。

有机过氧化物是指分子组成中含有过氧基（—O—O—）的有机物，具有热不稳定性，可能发生放热的自加速分解。如过氧乙酸（$CH_3CO—O—OH$），其标识如图 3.12 所示。

（6）第六类 毒性物质和感染性物质

毒性物质是指经吞食、吸入或皮肤接触后可能造成死亡或严重受伤或健康损害的物质。用黑色骷髅和两根交叉的大腿骨标识，底色为白色，其标识如图 3.13 所示。

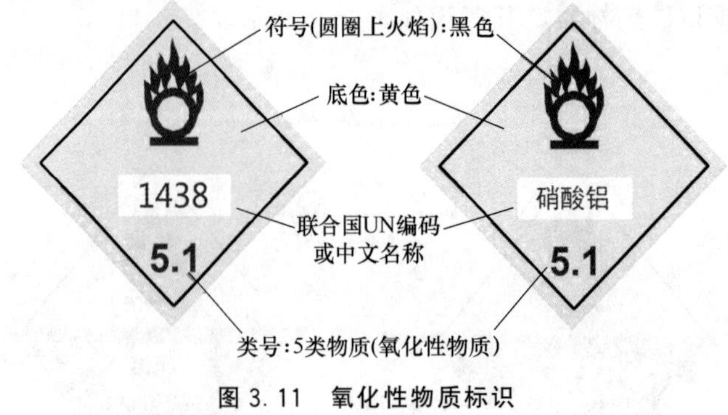

图 3.11 氧化性物质标识

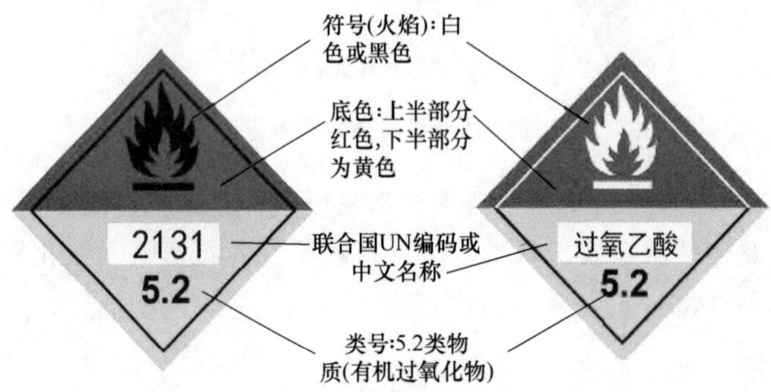

图 3.12 有机过氧化物标识

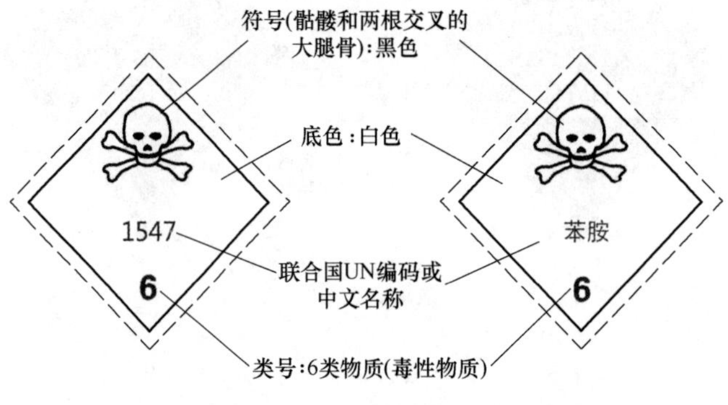

图 3.13 毒性物质标识

感染性物质是指已知或有理由认为含有病原体的物质。用三个黑色新月形重叠在一个圆圈上标识，底色为白色，其标识如图 3.14 所示。

(7) 第七类 放射性物质

放射性物质是指任何含有放射性核素并且其活性浓度和放射性总活度都超过 GB 11806 规定限值的物质，分为一级、二级、三级放射性物质，其标识如图 3.15 所示。

(8) 第八类 腐蚀性物质

腐蚀性物质是指通过化学作用使生物组织接触时会造成严重损伤、或在渗漏时会严重损害甚至毁坏其他货物或运载工具的物质。

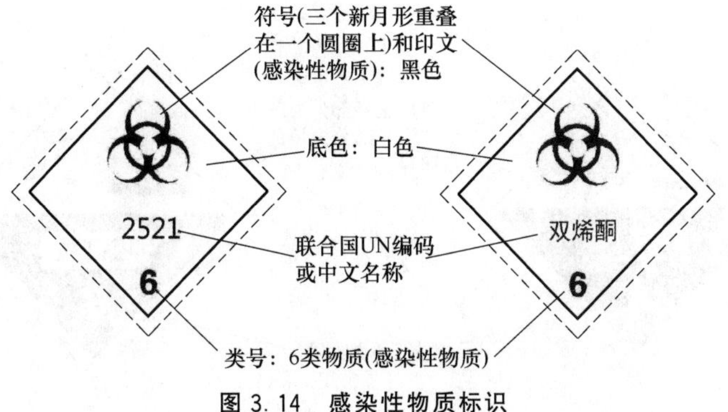

图 3.14 感染性物质标识

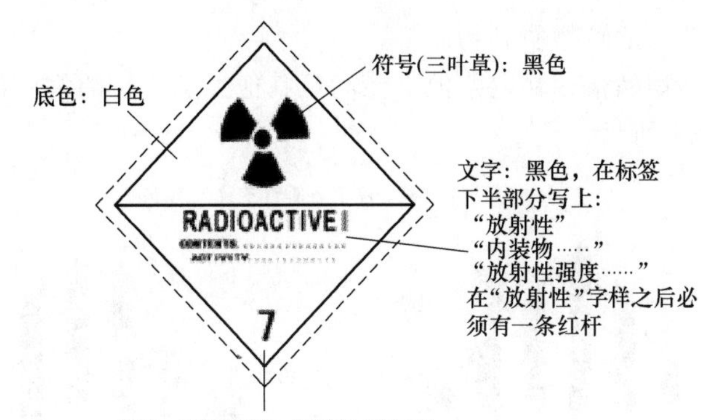

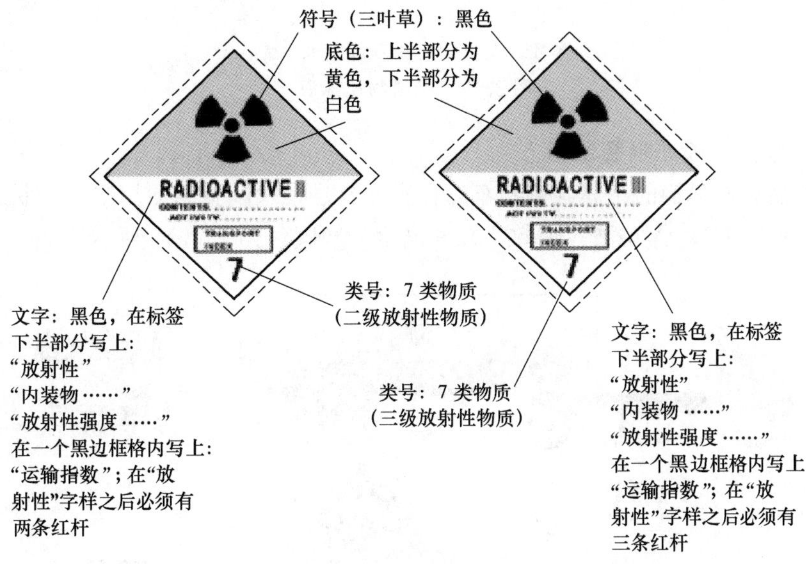

图 3.15 放射性物质标识

腐蚀性物质包含与完好皮肤组织接触不超过 4h，在 14d 的观察期中发现引起皮肤全厚度损毁，或被判定不引起完好皮肤组织全厚度损毁，但在温度 55℃ 试验温度下，对钢或铝的表面腐蚀率超过 6.25mm/a 的物质，其标识如图 3.16 所示。

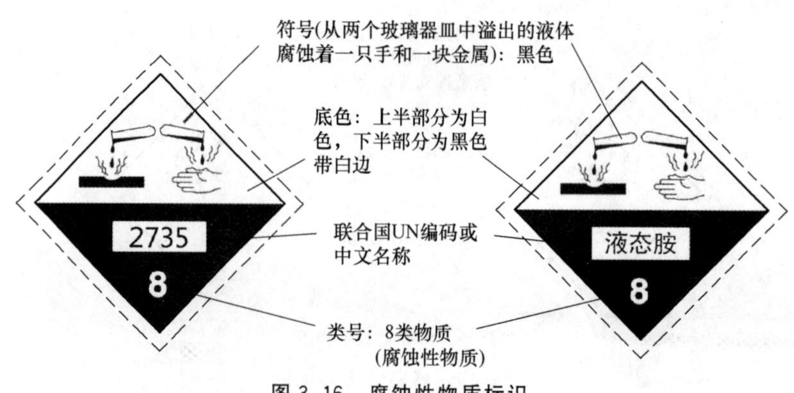

图 3.16 腐蚀性物质标识

（9）第九类 杂项危险物质和物品

杂项危险物质和物品指存在危险但不能满足其他类别定义的物质和物品及危害环境的物质，其标识如图 3.17 所示。

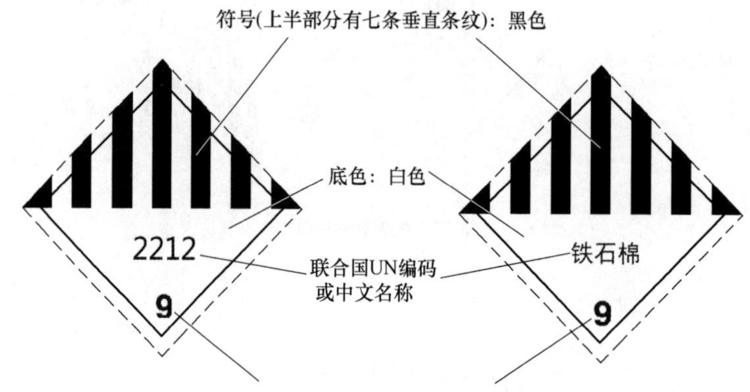

图 3.17 杂项物质标识

2. 危险化学品运输车辆警示标志

危险化学品运输车辆的车体两侧和车后位置通常悬挂危险货物通用标志、联合国危险货物编号（英文缩写 UN，4 位阿拉伯数字）和安全告知牌，如图 3.18 所示。

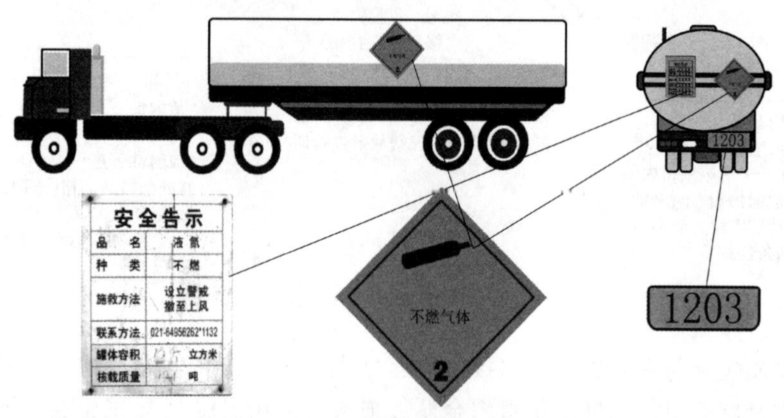

图 3.18 运输车辆警示标志

3. 危险化学品储存集装箱标识

危险化学品储存集装箱通常分为箱式和罐式两种，箱体除底部外的其他 5 个面（前、后、左、右、上）均粘贴危险货物通用标志、联合国危险货物编号（英文缩写 UN，4 位阿拉伯数字），罐式集装箱通常还粘贴安全告知牌，如图 3.19 所示。

图 3.19　储存集装箱标识

4. 包装物、容器产品标签

产品标签通常粘贴在产品外包装、容器外表面上，如图 3.20 所示。

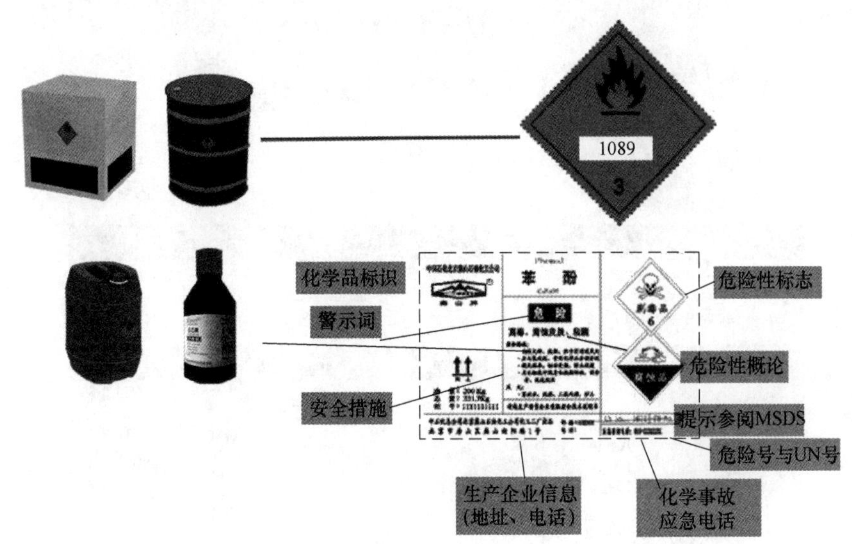

图 3.20　产品标签

5. 工业气体瓶

工业气体瓶的识别方法通常分为标签、字样和颜色 3 种，如图 3.21 所示。标签和字样是识别气瓶内气体属性特征的首选方法。若标签无法识别或信息缺失以及出于安全考虑不能靠近气瓶，则通过识别瓶身颜色，对照颜色编码手册（GB 7144—气瓶颜色标志），判断瓶内气体物质。

常见储气瓶颜色标志如图 3.22 所示。

6. 危险化学品作业场所标识

作业场所标签通常位于生产装置、罐体容器上或作业区域内的墙体等明显位置，如图 3.23 所示。

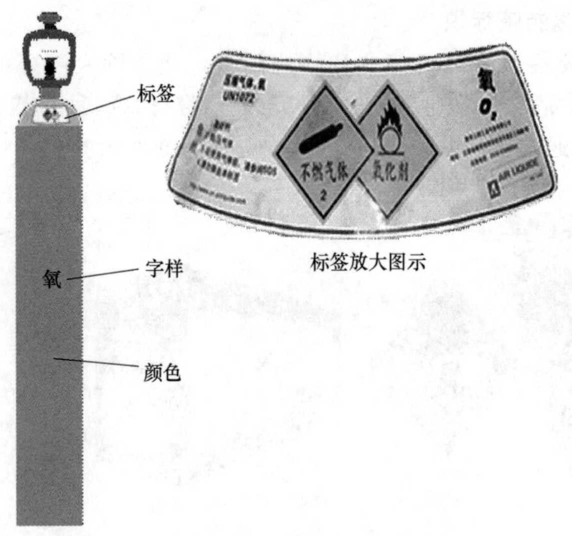

图 3.21　工业气体瓶识别

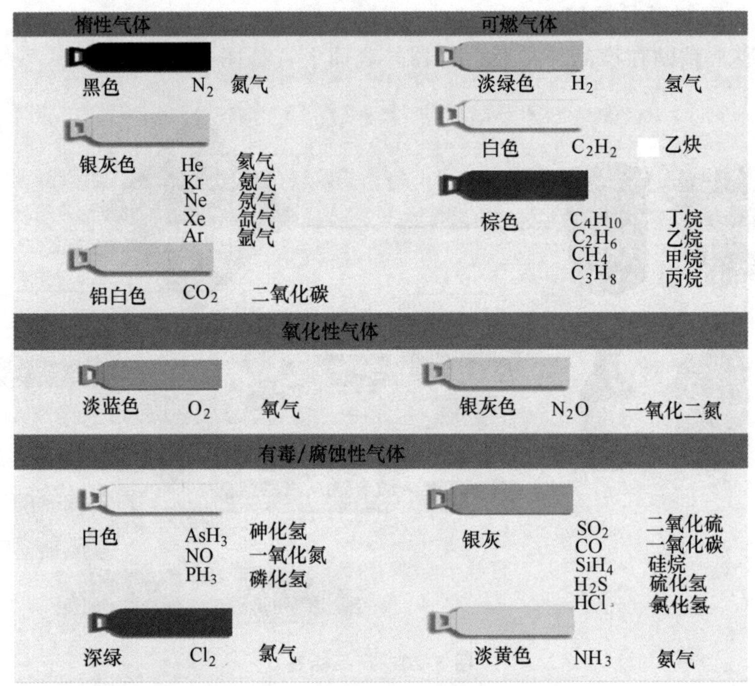

图 3.22　常见储气瓶颜色标志

三、侦检的组织实施

在危险化学品泄漏事故处置的现场，指挥员要在实施警戒的同时，组织人员对泄漏物质进行检测，以便确定危险化学品的种类及扩散区域。

（一）确定人员编组

1. 分组

侦检分 2 组同时进行：第一侦检小组负责检测危险化学品的种类和浓度，采集危险化学

图 3.23　危险化学品作业场所标识

品样品，确定危险源及相应的处置方法；第二侦检小组负责测定危险化学品扩散区域，确定现场警戒区和安全区的界线。

2. 人员组成

每个侦检小组由 3 名队员组成，由 1 名干部或专业技术人员负责，2 人检测、1 人记录和标记，采用三角队形（前 2 后 1）向前行进，未确定具体泄漏物质前按最高等级防护。

（二）明确侦检路线

从上风方向采取“Z”字型路线行进，按照“上风—侧风—下风—侧风”的顺序，依次检测出 4 个风向位中心位置的二级报警临界点和一级报警临界点并作为警戒标记。

（三）划分警戒区域

危险源附近为致死区，使用红白相间警戒带进行警戒；危险源至一级报警点区域为重危区，使用红色警戒带进行警戒；一级报警点至二级报警点区域为轻危区，使用黄色警戒带进行警戒；二级报警点以外区域为安全区，使用绿色警戒带进行警戒。

（四）设置控制出入口

各警戒区域应设置控制出入口，除救援人员和专家外，严禁其他人员和车辆进入。

四、常用侦检器材

在危险化学品事故中，常用的侦检器材有气象仪、有毒气体检测仪、气相色谱-质谱联用仪、酸碱浓度检测仪和水质分析仪等。

（一）气象仪

气象仪可以测量现场的风速、温度、湿度、露点、大气压力、风寒指数、海拔高度等气象信息。

（二）有毒气体检测仪

有毒气体检测仪由一个带气体传感器的变送器构成，可以检测乙炔、丙烯腈、氨气、胂、溴气 、丁二烯、二硫化碳、一氧化碳、氯气、二氧化氯、乙硼烷、二甲基硫醚、乙醇、乙硫醇、乙烯、环氧乙烷、氟气、甲醛、氢气、溴化氢、氯化氢 、氢氰酸、氟化氢、硫化氢 、甲醇 、甲硫醇、一氧化氮、二氧化氮、臭氧、光气、磷化氢、硅烷、二氧化硫、甲苯、醋酸乙烯酯、氯乙烯等 60 多种常规有毒气体。广泛应用到各类石油、石化、化工生产装置区；市政、消防、燃气、电信、煤炭、冶金、电力、医药、食品加工等其他存在有毒有害气体的场所。常用的有毒气体检测仪有以下几种。

1. MX21 有毒气体检测仪

MX21 有毒气体检测仪是一种便携式智能型有毒气体检测仪，有 4 种专用的探测元件，可以同时检测可燃气体（甲烷、煤气、丙烷、丁烷等）、有毒气体（一氧化碳、硫化氢、氯化氢等）、氧气和有机挥发性气体等 4 类气体。

（1）性能

MX21 有毒气体检测仪可同时检测一种可燃气及三种其他有毒气体，配置 1 个可燃气传感器和 3 种可选的其他传感器，预置智能传感器模块并自动识别传感器类型，即插即用。几十种毒气传感器可任意组合，可检测氧气（O_2）、一氧化碳（CO）、硫化氢（H_2S）、二氧化硫（SO_2）、氯气（Cl_2）、一氧化氮（NO）、二氧化氮（NO_2）、氢气（H_2）、氯化氢（HCl）、氢氰酸（HCN）、氨气（NH_3）、二氧化氯（ClO_2）、环氧乙烷、氯乙烯、甲苯、臭氧（O_3）、二氧化碳（CO_2）、氟化氢（HF）、磷化氢（PH_3）、光气（$COCl_2$）、二甲肼、乙硼烷及多种易挥发的有机化合物等 24 种可燃气体。

（2）报警

有可燃气通道 1 个，0～60%可随意设置报警点；氧气有高和低两个报警点，氧含量低于 17%或高于 23.5%；毒气有 1 个瞬时报警点，1 个 STEL 及 TWA 报警点。STEL 是指最后 15min 检测气体浓度的平均值，TWA 是指开机 8h 以后检测气体浓度的累计平均值。仪器自动计算毒气的含量及其变化，根据不同的毒气和人体在短时间内和长时间内所能承受的积累量及时报警。

（3）使用方法

将敏感元件面向外部（这样在操作中能看到气体含量的变化和显示的读数），启动按钮，使其进入工作状态。此时可检测四种不同类型的气体（可燃气、毒气、氧气、有机挥发性气体），通过不同的探头和传感器进行同时检测并显示对应读数，其中可燃气有 31 种可选的参考气体（仪器以甲烷为标准气体进行预设），开机时同时按下 ON/OFF 键、LED 键，然后当显示“选择参考气体”时，每次按下菜单选择键就显示一种气体。当环境气体浓度达到危险值时，机器会自动报警。如果不知道可燃气体的名称，MX21 按照内置的最低危险值报警。检测时由上风方向向下风方向对指定区域进行连续测试（以便确定危险区的边界），直至发生报警。

2. AreaRAE 复合式气体检测仪

AreaRAE 复合式气体检测仪是一款具有无线远距离数据传输功能的复合式气体检测仪，当检测值超过设定限值时启动报警信号，检测数据通过无线通信实时传送到指挥中心。该仪器共装有 5 个传感器，其中 3 个为固定式探头，分别检测氧气、可燃气体和有机挥发性混合气体；另外附 2 个选择性探头，可对氯气、氨气、硫化氢等有毒气体及 γ 射线进行检测。可在危险环境中检测有毒气体、氧气、可燃性气体和辐射。

3. CMS 芯片式有毒气体检测仪

CMS 芯片式有毒气体检测仪用于快速测量空气中的各种有毒有害气体扩蒸气浓度。检测时，可根据需要更换相应的芯片。芯片存储在原始包装内，不能暴露在阳光直接照射的地方，取出芯片时，只能接触芯片的边缘位置。该类检测仪的气体芯片种类有氨气、氯气、二氧化碳气体、一氧化碳气体、氯化氢气体、硫酸蒸气、氮的各类氧化物气体、硫化氢气体、酒精蒸气、二氧化硫等。

分析仪启动后自动执行自检程序；自检完毕后，将芯片插入分析仪即可开始测量；测量结果将以气体浓度的形式显示；测量结束后，芯片自动弹出，分析仪自动关闭，仪器会发出信号声提示每一步操作的结束。

4. 多种气体检测仪

多种气体检测仪可检测氧气、硫化氢、一氧化碳和可燃气体等多种气体的浓度，根据需求还可以灵活配置 1～2 种毒气或者红外传感器，同时检测的气体种类多达 6 种，能够对事故现场环境中的多种气体实现连续检测，如梅思安 MSA 天鹰 Altair5X 复合气体检测仪，可广泛应用于石油及天然气行业、化学行业、钢铁业、公用事业、消防行业、污水处理及民用工程等领域。

各种气体检测仪如图 3.24 所示。

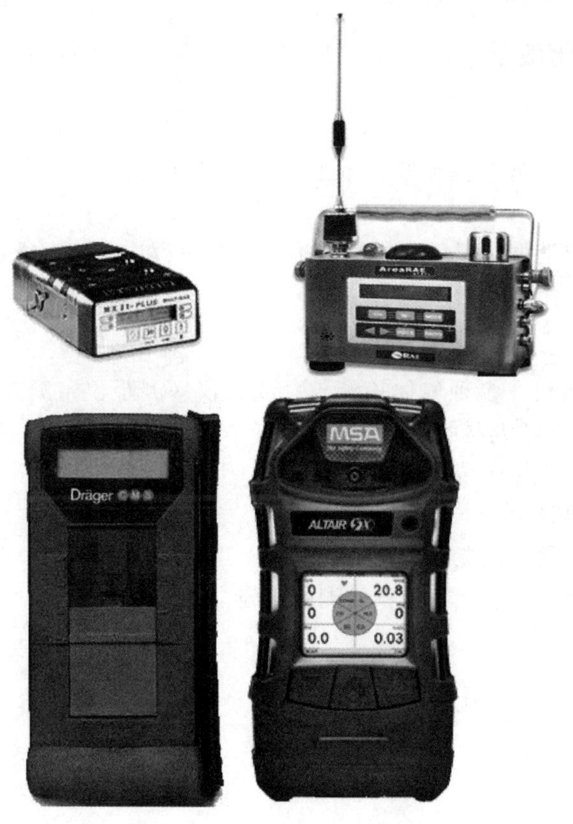

图 3.24　各种气体检测仪

（三）军事毒剂侦检仪

军事毒剂检测工具主要用于侦检存在于空气、地面、装备上的气态及液态的沙林、梭曼及芥子气等化学战剂，鉴别装备是否遭受污染，进出避难所、警戒区是否安全，洗消作业是否彻底等。如 GT-AP2C 型军事毒剂侦检仪用于侦检存在于空气、地面、装备上的气态及液态的 GB、GD、HD、VX 等化学战剂，广泛运用于鉴别装备是否遭受污染，进出避难所、警戒区、洗消作业区是否安全。主要由侦检器、氢气罐、电池、报警器及取样器等组件构成。采用焰色反应原理，受测空气混合氢气在燃烧室燃烧，由光学滤镜系统分析光源。

（四）气相色谱-质谱联用仪

气相色谱-质谱联用方法是一种结合气相色谱和质谱的特性，在试样中鉴别不同物质的方法。气相色谱-质谱联用仪主要应用于工业检测、食品安全、环境保护等众多领域。在灭火救援现场，多用于对现场多种负载化合物的定性和定量分析。

（五）酸碱浓度检测仪

酸碱浓度检测仪测量受污染区域内液体的酸碱值、电压值，主要是利用主机配备的缓冲液与被测液体进行比对而得出结果。

（六）水质分析仪

水质分析仪主要是通过特殊催化剂，利用化学反应变色原理使被测原液颜色发生变化，再通过光谱分析仪的偏光原理进行分析。可对地表水、地下水、饮用水、各种废水以及处理过的固体颗粒内的化学物质进行定性分析。

五、侦检实战化教学

（一）教学任务

① 通过教学，使学员掌握侦检、个人防护装备在危险化学品事故初期处置中的基本应用。

② 通过教学，使学员掌握危险化学品事故处置过程中，初期管控、侦察、检测的主要内容、方法和基本程序。

（二）教学内容

① 可燃气体检测仪、多种气体检测仪、气象仪、测距仪、测温仪、一级化学防护服、二级化学防护服、空气呼吸器的使用。

② 初期人员车辆集结区域设置。

③ 初始处置距离设定。

④ 危险区域分区警戒设置。

⑤ 危险化学品事故处置初期侦察检测的实施。

（三）教学方法

讲授法、示范教学法、实训教学法。

（四）学时

4 学时。

（五）场地器材

1. 场地设置

根据需求，在化工生产装置事故处置训练区标出起点线，划定人员集结区、器材装备准备区和操作区。

2. 器材配备

器材配备按开展 1 次初期侦察检测实战化教学配备，配备可燃气体检测仪 1 台、多种气体检测仪1台、气象仪1台、测距仪1台、测温仪1台、望远镜1台、一级化学防护服3套、二级化学防护服1套，空气呼吸器4具、危险标识10个（红色4个，黄、绿2种颜色各3个）、警戒锥桶4个、集结区域标志牌1个、初始警戒距离标志牌1个、采样袋1个、安全记录本1本、侦检记录本1本。

（六）人员组成

授课人员：教师2名。

参训人员：1组5人。其中指挥员1人，侦检组4人（组长、1号员、2号员、安全员）。

（七）实训程序

1. 科目下达

开课后，授课教师组织学员在训练场人员集结区整齐列队，下达训练科目。内容包括科目、目的、内容、时间、方法、场地、要求。

2. 器材装备讲解

将实战化教学所需的器材装备按授课需求整齐排列在器材装备准备区，授课教师逐一对相关器材装备的功能、操作方法、操作要求、应用范围进行讲解。

3. 示范教学

授课教师和示范人员共同完成示范教学。示范人员根据授课教师口令，按要求完成示范操作，同时，授课教师同步进行讲解。

4. 学员实训

根据示范教学和教学要求内容，各区队组织学员以组为单位实施危险化学品事故处置初期侦察检测训练，参训学员合理分配携带的装备器材，协同实施训练，授课教师给予督促和指导。具体程序如下：

(1) 下达任务

听到教师发出“参训人员出列”口令后，指挥员将参训人员带到指定区域整齐列队，向教师汇报“参训人员按要求集合完毕，请指示”。

教师发出“按要求开始实施”口令，指挥员答“是”，并向参训人员下达训练科目，组织实训。指挥员下达训练科目应包括科目、目的、内容、时间、方法、场地、要求。

(2) 准备器材

指挥员下达“准备器材”口令，参训人员依次按职责分工准备器材，具体如下：

① 组长、1号员、2号员按要求穿戴一级化学防护服。

② 组长主要负责准备可燃气体检测仪、多种气体检测仪、望远镜。

③ 1号员主要负责准备气象仪、测距仪、测温仪、危险标识、采样袋。

④ 2号员主要负责记录侦检情况。

⑤ 安全员主要负责辅助装备穿戴，做好安全检查和记录。

器材准备完毕后，参训人员列队，组长向指挥员举手喊“准备完毕”。

(3) 初期管控

指挥员下达命令“实施初期管控”，组长答“是”，并以手势示意，带领1、2号员携带侦检器材进入操作区。具体操作如下：

① 组长使用望远镜对事故地点进行观察，携带可燃气体检测仪、多种气体检测仪对初

始到达区域实施泄漏物质初期检测。

② 1号员携带气象仪、测距仪对初始到达区域气象情况、事故地点距离进行测定。

③ 2号员携带记录本对侦检结果进行记录。

④ 初期侦检结束后，组长根据结果确定初期人员车辆集结区域、初始警戒距离及入口设置位置，组织1、2号员放置相应的标志牌，并使用锥桶设置入口。

⑤ 待入口设置完毕，安全员携记录本至入口位置做好安全检查准备。

(4) 危险区域侦检

初期管控结束后，组长以手势示意，带领1、2号员携带侦检器材由入口逐步深入事故区域实施侦检。具体如下：

① 侦检人员进入初始隔离区域，必须经安全员检查合格，做好记录后方可进入。

② 组长在行进过程中持可燃气体检测仪和多种气体检测仪实施持续检测，1号员持测距仪、测温仪，2号员携带危险标识、采样袋等器材。

③ 侦检人员深入事故区域过程中，应呈倒三角队形（组长、1号员在前，2号员在后）从上风方向采取“Z”字型路线行进，按照“上风—侧风—下风—侧风”的顺序，依次检测出4个风向位中心位置的二级报警和一级报警临界点并作为警戒标记，如图3.25所示。

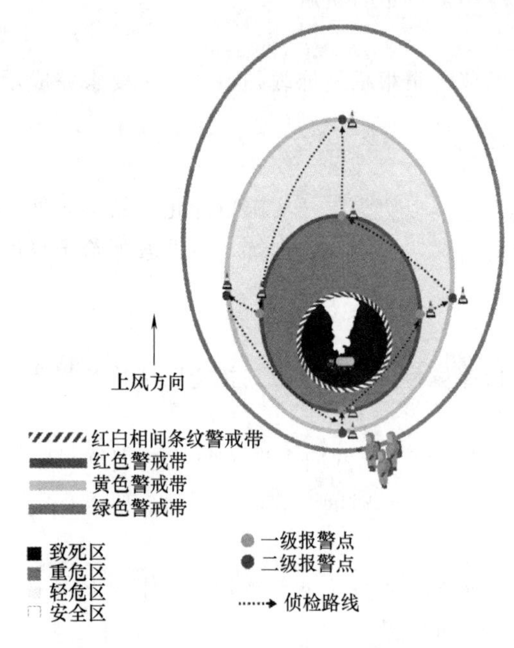

图 3.25 侦检路线和控制区域示意图

④ 行进过程中，当仪器二级报警点报警时（检测读数达到轻危区标准），组长示意停止，测定此处的泄漏物质和浓度数据；1号员测定距离数据；2号员进行数据记录，放置轻危区标识（黄色）。测定后，侦检人员一起向两翼散开，利用仪器以10m左右的间隔测定二级报警点，并放置轻危区标识（黄色），完毕后返回初始标定点处；组长在确认无危险后示意队伍继续深入。

深入过程中，当仪器一级报警点报警时（检测读数达到重危区标准），应按测定轻危区步骤记录相关数据，并放置重危区危险标识（红色）。

⑤ 深入重危区后，组长利用检测仪检测泄漏物质、浓度，寻找泄漏容器及泄漏部位，收集泄漏容器的体积、大小、形状、储量、压力等信息，观察泄漏容器邻近的罐体、管道、下水道、沟渠及阀门等周边情况，利用采样袋进行采样，并在核心区放置红色危险标识1个；1号员使用测温仪测量事故容器温度，侦察是否有被困人员，侦察完毕后在重危区危险标识处作为安全员，观察核心区域情况，发现险情立即提示组长和2号员撤离现场；2号员随组长记录相关检测数据。

⑥ 侦察检测结束后，侦检人员按原路经洗消后返回人员集结区，卸除装备，由组长向指挥员汇报“侦检工作实施完毕，情况如下……”。

汇报应包括泄漏物质、泄漏量、泄漏部位、泄漏形状、人员被困等具体内容。

（5）讲评

授课教师对学员实训过程进行讲评。

（八）实训要求

① 参训人员应严格遵守纪律，认真听讲，深刻领会科目设置目的和意义。

② 参训人员应爱护装备器材，严格按规程操作，发现损毁，及时报告授课教师，严禁恶意损毁。

③ 训练过程中应做好安全工作，参训人员如出现身体不适等情况，应及时报告授课教师。

思考题

1. 侦检的形式有哪些？

2. 通过询问知情人，重点掌握哪些情况？

3. 通过现场外部侦察和内部侦察，重点掌握哪些情况？

4. 对于运输危险化学品的车辆应迅速查明哪些内容？

5. 根据国家标准《危险货物分类和品名编号》（GB 6944—2012），我国危险品分为哪几类？

6. 如何组织实施侦检？

7. 常用的侦检器材有哪些？

第二节　堵漏技术

学习目标

1. 了解泄漏的原因和分类。

2. 掌握堵漏技术及器材。

3. 能组织堵漏实战化教学。

危险化学品泄漏事故是消防部门承担的一项重要公共安全救援任务，从我国现有应急救援技术装备来说，绝大部分危险化学品泄漏事故是可以采用堵漏技术进行处置的。因为带压堵漏技术的特点就是可以在不降低泄漏介质压力、温度和泄漏流量的条件下，快速消除各种泄漏源。事实证明，是否掌握先进堵漏技术和配备相应装备，直接关系到救援的成败。

一、泄漏

泄漏是指装有介质的密闭容器、管道或装置，因密封性破坏，出现的介质向外泄放或渗漏的现象。泄漏的介质包括油、气、酸、碱、有机溶剂、化学试剂、军事毒剂等。

（一）泄漏原因

引起泄漏的原因有设备材料缺陷、阀门关闭滑丝、加工焊接差、生产操作不当、阀体磨损、管道腐蚀、外部撞击等。

（二）泄漏分类

1. 按泄漏的介质分

按泄漏的介质可分为气体泄漏、固体泄漏、液体泄漏三类。

2. 按泄漏的部位分

按泄漏的部位可分为密封体泄漏、关闭体泄漏、本体泄漏三类，密封体泄漏可分为静密封体泄漏和动密封体泄漏。具体有管道、挠性连接器、过滤器、阀门、压力容器或反应器、储罐。

二、堵漏技术及器材

堵漏技术是一门新型的特殊的密封学，它处在发展中，方兴未艾。它是设备、管道、阀门等密封体，在不停产、不停车、带压、带温的状态下，对其泄漏部位进行修复工作，以便恢复或重建受压体密封性能的一项专门技术。根据堵漏原因可分为机械堵漏、磁压堵漏、胶堵漏等技术，常见的堵漏技术主要有调整间隙消漏技术、捆扎堵漏技术、黏结堵漏技术、磁压堵漏技术、塞楔堵漏技术、冷冻堵漏技术、注剂式带压堵漏技术、紧固式堵漏技术等。

（一）调整间隙消漏技术

调整间隙消漏技术是采用调整操作、调节密封件预紧力或调整零件间相对位置，不需封堵的一种消除泄漏的技术。调整间隙技术主要有关闭法、紧固法、调位法等。

1. 关闭法

关闭法是对于关闭体不严，管道内物料泄漏的情况采用关阀断料，即可止漏的一种方法。

2. 紧固法

紧固法是对于密封件预紧力小而渗透的现象，采用增加密封件预紧力的方法，如紧固法兰螺钉，进一步压紧垫片、填料或阀门的密封面而实施止漏的一种方法。

3. 调位法

调位法是通过调整零部件的相对位置，如调整法兰、机械密封等间隙和位置而实施止漏的一种方法。

（二）捆扎堵漏技术

捆扎堵漏就利用钢带、气垫及其他能提供捆扎力的工具，将密封垫、密封剂等压置于泄漏口上，从而止漏的方法。主要有钢带捆扎堵漏法、上罩堵漏法等多种形式。

1. 钢带捆扎堵漏法

钢带捆扎堵漏法是利用钢带的捆扎力将泄漏口用密封垫等进行封堵的方法。该法简单实用，操作方便，广泛应用于各种泄漏场所。

（1）堵漏原理

利用捆扎工具使钢带紧紧地把设备或管道泄漏点上的密封垫、压块、密封剂压紧而止漏。

（2）堵漏工具组成

钢带捆扎堵漏采用的器材为钢带加压器，俗称一号工具。由钢带加压器（捆扎器）、钢带、钢带扣、内六角扳手、各种形状的仿形压板组成。

（3）适用范围

钢带捆扎堵漏适用于管道上较小的泄漏孔、缝隙、法兰等部位的泄漏，不适用于管道壁薄、腐蚀严重的情况。还可以直接运用于管道、罐体的径向和轴向裂纹的堵漏和法兰垫泄漏的堵漏。钢带堵漏适用于液相管、气相管及法兰等部位的泄漏。用于法兰堵漏时，法兰直径应小于600mm、法兰片间隙小于10mm，压力一般不超过4MPa。

2. 上罩堵漏法

上罩法是利用金属或非金属材料的罩子将泄漏部位整个包罩住而止漏的方法。

（三）卡箍堵漏技术

卡箍堵漏技术是利用卡箍压紧密封垫达到止漏的一种技术。此法适用于砂眼、孔洞、松微组织、腐蚀缺陷、裂纹等处，适用于中低压介质的泄漏。该方法简单实用，且封堵后不易脱落。常用的有金属套管堵漏器、G型卡箍堵漏器（KY-块压堵漏器）。

1. 金属套管堵漏器

（1）组成

金属套管堵漏器由卡箍和密封垫组成。密封垫材料有橡胶、聚四氟乙烯、石墨等；卡箍材料有碳钢、不锈钢、铸铁等。卡箍由两块半圆柱形片箍和固定螺栓组成，卡箍有整卡式、软卡式、半卡式、堵头式四种形式。规格：标准规格7件，特殊规格2件（0.5英寸和4英寸），如图3.26所示。

图3.26 金属套管堵漏器

（2）适用范围

金属套管堵漏器主要用于管道小孔、裂缝泄漏堵漏，适于中低压介质的泄漏。

（3）使用方法

① 根据泄漏管道直径大小，选用合适的金属套具。

② 将密封垫压在管道的泄漏口处。

③ 拧下套具四周所有螺栓，将胶套包在管道泄漏点的一侧，套上卡箍，然后将堵漏套

管推至泄漏点，用扳手将螺栓对角拧紧，直至泄漏停止。

2. G型卡箍堵漏器

（1）组成

G型卡箍堵漏器也叫KY-块压堵漏器，由专用胶块、卡箍、钢丝绳拉紧器、捆绑式堵漏器、洞类压紧器、法兰盘根端堵漏夹具组成。

（2）适用范围

① 专用胶块有蓝色、黄色、绿色3种。蓝色适于系统压力≤35MPa，油酸、碱、酯、醚、盐类等。黄色适于介质温度－200～150℃，系统压力≤35MPa，氯、氢、氟、酸、煤气、丙酮、氨等。绿色适于介质温度－200～300℃，系统压力≤35MPa，酸、碱、盐、醛、蒸汽、烟道气等。

② G型卡箍堵漏器有五种规格，即30～70mm，70～170mm，150～250mm，300～400mm，400～500mm。

③ 捆绑式堵漏器适用于大管径、不规则器件、较大容器等；系统压力≤35MPa，介质温度－200～600℃。

④ 洞类压紧器适用于大管径、各类容器；系统压力≤35MPa，介质温度－200～600℃；漏洞直径30～130mm。

⑤ 法兰盘根端堵漏夹具适用于法兰盘根端泄漏。

（四）塞楔堵漏技术

塞楔堵漏技术是用韧性大的金属、木头、塑料等材料制成的圆锥体楔或扁楔敲入泄漏的孔洞里而止漏的技术。这种方法适用于压力不高的泄漏部位的堵漏。常用的有木楔堵漏器材(BF-KR型)。

1. 组成

本工具采用进口红松经蒸馏、防腐、干燥等处理，如图3.27所示。

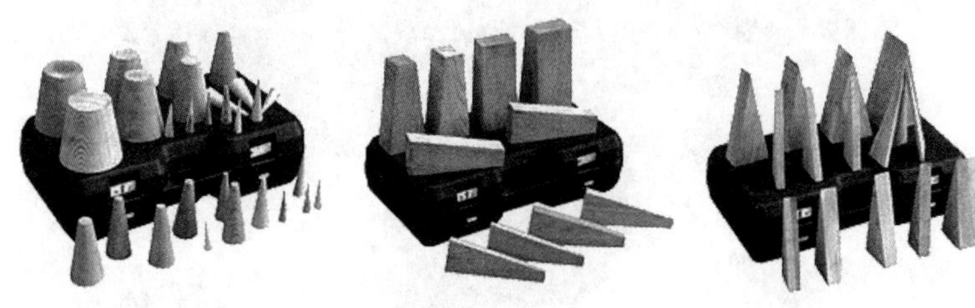

图3.27 木楔堵漏器材

2. 适用范围

用于各种容器产生的孔洞、裂口和小型管道断开引起低压泄漏事故的处置，适用于对介质温度在－70～100℃，压力在－1.0～0.8MPa的堵漏。

3. 使用方法

① 根据泄漏孔洞、裂口选择合适的嵌入式木楔。

② 用木槌或铜锤击打木楔，直至木楔紧卡在泄漏口，使泄漏停止。

（五）气垫堵漏技术

气垫堵漏技术是利用固定在泄漏口处的气垫或气袋，通过充气后的鼓胀力，将泄漏口压住而实施堵漏的技术，主要有气垫外堵法、气垫内堵法和楔形气垫堵漏法。

1. 小孔堵漏枪堵漏

（1）组成

小孔堵漏枪由密封袋、0.15MPa离合系统、0.15MPa操纵仪、压力表、安全阀（防止对密封枪超量充气）、截流器（在充气软管或密封枪松开时可防止气体流失和压力下降）、密封枪、脚踏气泵等组成，如图3.28所示。

图3.28 小孔堵漏枪

（2）技术性能

小孔堵漏枪技术性能见表3.1。

表3.1 小孔堵漏枪技术性能

形式	锲形袋			圆锥形带
密封袋规格 （长×宽×高）/mm	23×6×5	23×8×5.5	23×11×7	23×ϕ7
最高操作压力/MPa	0.15	0.15	0.15	0.15
需气量/L	1.5	3.5	7.8	3
额定容积/L	0.6	1.4	3.1	1.2
质量/kg	0.24	0.28	0.42	0.16
用于裂缝/cm	1.5～4.5 宽6～8	1.5～4.5 宽8～11	3～6 宽11～17	3～9 （圆形）

（3）适用范围

对于各类罐体裂缝（范围不大），小孔堵漏枪可实现单人快速、安全堵漏，不需拉伸带，是最为理想的小型堵漏工具，它所采用材料极为柔韧，密封袋设有防滑齿廓，防止脱落，化学耐抗性与耐油性好，耐热性能稳定，可达85℃。

（4）使用方法

① 根据泄漏孔尺寸大小，选用合适的堵漏枪。

② 连接脚踏充气泵、减压器和充气软管。

③ 连接堵漏枪和充气加长杆，并将充气软管与加长管连接。

④ 将堵漏枪塞入泄漏孔（堵漏袋插入泄漏孔不少于75%），单脚按压脚踏泵充气，直至泄漏终止。

2. 内封式堵漏袋堵漏

（1）组成

内封式堵漏袋由减压阀（单出口/双出口、限压安全阀）、控制阀、脚踏式气泵或手压式气泵、气瓶、快速接口导气管、堵漏袋等相关部件组成。

（2）适用范围

用于封堵圆形容器或管道外部堵漏，也可用于筒形导管的内堵（如排污水道或输油管），适用于封堵直径为10～20cm、20～40cm、30～50cm的管道。短期耐热性90℃，长期耐热性85℃。

（3）使用方法

① 将钢瓶与减压器连接。

② 将减压器上的充气软管与操纵仪出气口连接。

③ 根据泄漏点尺寸大小选取合适的堵漏袋与操纵仪充气软管连接。

④ 在堵漏袋的铁环上安装固定杆，执固定杆并将堵漏袋塞入泄漏处（深度至少是袋身的 75%）。

⑤ 开启气瓶，控制操纵仪充气，直至泄漏处密封。

⑥ 停止供气，关闭钢瓶，收回器材。

3. 外封式堵漏袋堵漏

（1）组成

外封式堵漏袋由防腐橡胶制成，具有很好的防腐性能。其工作压力为 1.5bar（1bar=10^5Pa），尺寸为 5cm×20cm、20cm×48cm。

（2）适用范围

适用于小型的罐、管道、圆柱铁桶等的 10～90cm 直径裂缝。

（3）使用方法

① 根据泄漏口尺寸大小，选用合适的堵漏袋。

② 连接脚踏充气泵、减压器和充气软管。

③ 将堵漏袋覆盖在泄漏处，并将捆绑带绕泄漏容器一周，收紧捆绑带，将堵漏袋固定在泄漏容器上。

④ 将充气软管连接在脚踏充气泵上，开始充气，实施堵漏。

（六）磁压堵漏技术

磁压堵漏技术是利用磁铁对钢铁受压体的吸引力压紧阀门泄漏处密封胶、胶黏剂、垫片进行堵漏的一种技术。这种方法简单、迅速，适用于不能动火、无法固定夹具、其他方法无法解决的裂缝、疏松组织、孔洞等低压泄漏部位的堵漏。

1. BF-CY 磁压式快速堵漏器

磁压式堵漏器是一种特效、快速的堵漏器材。它与超强永磁体对钢铁容器的强大吸附力，将快速堵漏胶压在泄漏口上，达到制止泄漏的目的。本工具方便、快捷、无火花，吸附力强，可反复使用。磁压式堵漏器适用于立罐、卧罐、直径较大的管线和各种平面状的泄漏。特别是在其他堵漏工具无法固定的大型钢铁容器表面，有其独特的使用优势。

（1）组成

磁压式堵漏器包括磁压式堵漏器本体、各种规格的铁靴，铁靴的工作面按常用的罐体表面弧度制作，如图 3.29 所示。

图 3.29 BF-CY 磁压式快速堵漏器

（2）适用范围

磁压式堵漏器适用于立罐、卧罐、直径较大的管线和各种平面状的泄漏。特别是在其他堵漏工具无法固定的大型钢铁容器表面。可堵各类压力 1.8MPa 以下的球罐、卧罐、立罐、大型管道。可用于温度低于 80℃、压力小于 1.8MPa 的情况下配合快速堵漏胶，迅速修复各种水、油、气、酸、碱、盐和各类化学介质的泄漏。

（3）使用方法

本产品采用进口超强永磁体构成，通过操纵手柄控制工作面上的磁通量，达到工具和泄漏本体之间的压合和释放，选择合适的仿铁靴安装在工具本体上，快速堵漏胶调匀后堆于铁靴中央，迅速将本工具压向泄漏口，同时扳动通磁手柄，数分钟内胶固化后，堵漏即告完成。

2. 包容泄压型堵漏工具

（1）组成

包容泄压型堵漏工具由包容泄压型堵漏器、夹钳、捆扎带、加力棒组成。

（2）技术参数

包容泄压型堵漏工具技术参数见表 3.2。

表 3.2 包容泄压型堵漏工具技术参数

球柱面外径	100～300000mm	系统压力	2MPa
模块投影覆盖面积	$340mm^2$	工作温度	≤80℃
障碍物高度	ϕ260 H280	载体材质	橡胶

（3）适用范围

用于球面、柱面容器等切平面上装配的阀门、附件失效泄漏时的包容卸压抢险堵漏工具。

3. 八角软体堵漏工具

（1）组成

八角软体堵漏工具由八角软体堵漏器、夹钳、捆扎带组成。

（2）技术参数

八角软体堵漏工具技术参数见表 3.3。

表 3.3 八角软体堵漏工具技术参数

曲率半径	100～300000mm	系统压力	2MPa
模块面积	$520\times520mm^2$	工作温度	≤80℃
模块包容角度	1°～180°	载体材质	橡胶

（3）适用范围

用于容器、储罐、管线、船体、水下管网的软体抢险堵漏工具系列，适用于中小裂缝、孔洞的应急抢险。

4. 软体堵漏工具

（1）组成

软体堵漏工具、电拆卸器、航空插座。

（2）技术参数

软体堵漏工具技术参数见表 3.4。

表 3.4 软体堵漏工具技术参数

曲率半径	100～300000mm	系统压力	1.5MPa
模块长度	340mm	工作温度	≤80℃
模块包容角度	1°～180°	载体材质	ABS

（3）用途

用于容器、储罐、管线、船体、水下管网的软体抢险堵漏工具系列，适用于中小裂缝、孔洞的应急抢险。

5. **硬体堵漏工具**

(1) 组成

硬体堵漏工具、电拆卸器、航空插座。

(2) 技术参数

硬体堵漏工具技术参数见表 3.5。

表 3.5 硬体堵漏工具技术参数

曲率半径	100～300000mm	系统压力	3MPa
模块长度	340mm	工作温度	≤80℃
模块包容角度	1°～180°	载体材质	ABS

(3) 用途

用于容器、储罐、管线、船体、水下管网抢险堵漏工具系列，可以有效控制现场危险介质的泄漏，降低危险系数，方便现场作业。

(七) 黏结堵漏技术

黏结堵漏技术是利用密封胶在泄漏口处形成密封层进行堵漏的技术，主要有内涂法、外涂法和强压注胶法。这种方法具有简单、方便、安全、不动火、不损伤设备和阀门，对缺陷处有加强作用和防腐作用等优点。

1. **内涂法**

将密封机构放入管内移动，能自动地向泄漏处射出密封剂，这称为内涂法。这种方法复杂，适用于地下、水下管道等难以从外面堵漏的部位。因为是内涂，所以效果较好，无需夹具。

2. **外涂法**

用厌氧密封胶、液体密封胶外涂在缝隙、螺纹、孔洞处密封而止漏的方法，称为外涂法。也可用螺母、玻璃纤维布等物固定，适用于在压力不高的场合或真空管道的堵漏。主要产品有 BF-747 工业用快速堵漏胶、BF-747Y 液化气专用快速堵漏胶、BF-808 消防用快速堵漏胶。

(1) 组成

BF-747 是工业用快速堵漏胶，由 HK 胶和 HDK 胶两种胶组成；BF-747Y 是液化气专用快速堵漏胶，由 HK 胶和 HD-20 胶两种胶组成。HK 胶是一种双组分胶，由甲、乙两种胶组成。HDK 胶水或 HD-20 胶也是双组分胶，是由甲 A、乙 A 两种胶组成。与之配套的还有固体硬胶棒、固态软胶棒、除锈剂、脱脂棉、脱脂纱布、调胶工具，如图 3.30 所示。

(2) 适用范围

适用于钢、铁、铜、铝、不锈钢及各种有色金属，ABS、PVC、聚碳酸酯、有机玻璃、陶瓷、水泥、石头、木材、电木、聚苯乙烯、玻璃、聚氨酯等金属的同种或异种材料的粘接、堵漏、密封、防腐。

3. **强压注胶法**

在泄漏处预制密封腔或泄漏处本身具备密封腔，将密封胶料强力注入密封腔内，并迅速固化成新的填料而堵住泄漏部位的方法，称为强压注胶法。此方法适用于难以堵漏的高压高

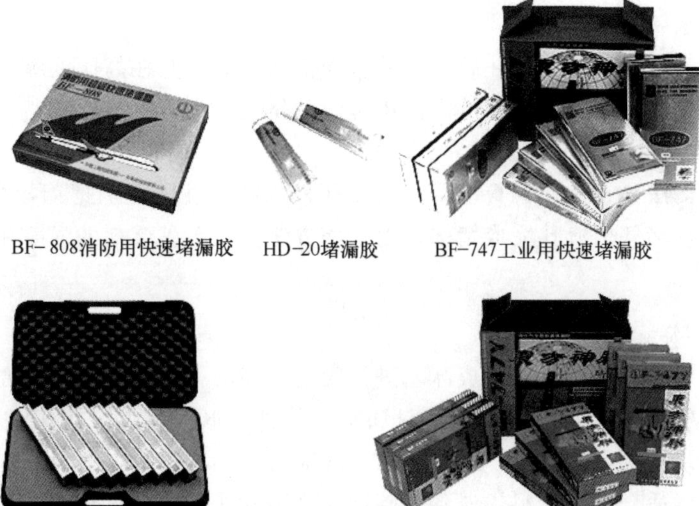

图 3.30 堵漏胶

温、易燃易爆等部位。常见的有 BF-ZR 注入式堵漏器。

（1）组成

BF-ZR 注入式堵漏器由注入式堵漏工具、密封胶棒组成。注入式堵漏工具由手动高压棒、高压注胶枪、高压油管、旋塞阀、各种不同类型的注胶接头和松锈剂组成，如图 3.31 所示。

密封堵漏胶棒通常制成直径 25mm 的圆棒。它分白色、蓝色、棕色等几种颜色。其中白色用于－200～240℃的泄漏。蓝色适用于－100～340℃的油、水、汽泄漏。棕色适用于150～650℃的油、汽类介质泄漏。

图 3.31 BF-ZR 注入式堵漏器

（2）特点

注入式堵漏工具使用型强，操作简便，对法兰、阀门、管道等点状、线状的泄漏均可在带温带压的条件下，边漏边修。

（3）适用范围

本工具适用介质压力大于 30MPa，温度使用范围－200～600℃，根据所选堵漏胶棒确定。手动高压泵最高压力为 76MPa。

（4）使用方法

将高压棒、高压油管、高压注胶枪、旋塞阀依次接好，并在高压枪膛内填入密封堵漏胶棒，先动高压棒手柄，密封胶棒即从阀门中呈线状挤出。

4. 引流黏结堵漏法

引流黏结堵漏法是在一块钢板上开一引流孔，用高强度黏合剂把钢板黏结在泄漏口处，等黏合剂固化后，堵塞引流孔完成堵漏。由于该方法依赖于黏合剂的强度和固化速度，所以适用性受到限制。

（八）冷冻法

冷冻法是采用降低介质温度形成冰塞进行阀门堵漏的一种方法。这种方法适于可以安装夹套或有密封腔的本体、静密封、动密封和阀门等处的阀门堵漏。用于动密封和阀门堵漏时，所需时间和冷冻剂大为减少，但是注意冷冻应力对其不利影响。

冷冻阀门堵漏适合各种材料，遇到低碳钢和高脆性非金属材料时应特别注意冷冻应力的影响。焊缝、严重腐蚀、切痕、截面剧变都是引起故障的隐患。

冷冻阀门堵漏是一项新技术，方法独特，操作方便，能堵漏又能解堵，是其他方法无法比拟的。

三、堵漏实战化教学

通过堵漏技术实践教学，可以使学员根据学校训练场模拟化工装置区的不同泄漏部位的实际情况，确定相应的堵漏方法和堵漏器材，掌握堵漏器材的操作方法，培养学员理论联系实际的能力，提高学员作为基层指挥员对危险化学品泄漏事故处置的组织指挥能力，以便更好地胜任毕业后第一任职的需要。

（一）外封式堵漏袋实战操法

1. 场地器材设置

（1）场地设置

化工生产装置事故处置训练区卧式罐，根据需求划定人员集结区、器材装备准备区和操作区。

（2）器材配备

外封式堵漏袋、密封板、收紧带各 1 套。

2. 参训人员

学员分区队按组操作，每组 2 人。

3. 下达任务

听到区队长发出“参训人员出列”口令后，2 名参训人员跑步到指定区域，向区队长汇报“参训人员按要求集合完毕，请指示”。

区队长发出“准备器材”口令，第一名答“是”，参训人员在器材准备区准备相应的器材。

器材准备完毕后，参训人员列队，第一名向区队长举手喊“准备完毕”。

4. 堵漏操作

当听到区队长“开始操作”口令后，第一名答“是”，2 人携带堵漏器材赶赴指定泄漏部位进行堵漏应用训练。

① 第一名将堵漏袋和密封板先固定在泄漏点径向一侧，第二名将两根收紧带平行对称缠绕罐体，并将收紧器收至适当的松紧度。

② 2 人协力将堵漏袋及密封板快速移至泄漏部位，第二名操作收紧器使紧固带完全收紧。

③ 第一名连接充气软管与堵漏袋，示意第二名供气，第二名连接充气钢瓶、减压阀、操纵仪和充气软管，打开气瓶开关，调节减压阀出口压力至堵漏袋额定工作压力，然后控制操纵仪充气直至密封，举手示意喊“好”。

④ 听到“收操”的口令，学员将器材复位，回至起点线立正站好。

⑤ 听到“入列”的口令，学员跑步入列。

（二）磁压式堵漏实战操法

1. 场地器材设置

（1）场地设置

化工生产装置事故处置训练区立式罐，根据需求划定人员集结区、器材装备准备区和操作区。

（2）器材配备

磁压式堵漏器本体、各种规格的铁靴。

2. 参训人员

学员分区队按组操作，每组 2 人。

3. 下达任务

听到区队长发出“参训人员出列”口令后，2 名参训人员跑步到指定区域，向区队长汇报“参训人员按要求集合完毕，请指示”。

区队长发出“准备器材”口令，第一名答“是”，参训人员在器材准备区准备相应的器材。

器材准备完毕后，参训人员列队，第一名向区队长举手喊“准备完毕”。

4. 堵漏操作

当听到区队长“开始操作”口令后，第一名答“是”，2 人携带堵漏器材赶赴指定泄漏部位进行堵漏应用训练。

① 先选用合适的铁靴插在磁压式堵漏器本体下面的安装槽中，旋转手柄螺栓。

② 固定铁靴，将铁靴工作面上粘一层胶带，以防堵漏胶粘在铁靴上。

③ 将调好的胶堆在铁靴工作面中心，将左侧磁力开关打开，使其处于半磁状态。

④ 待胶达到临界点，迅速将其压到泄漏口上，并立即打开右侧磁力开关，保持磁压堵漏器压在容器上，举手示意喊“好”。

⑤ 听到“收操”的口令，扳动左右手柄，关闭磁路，取下磁压堵漏器，回至起点线立正站好。

⑥ 听到“入列”的口令，学员跑步入列。

（三）阀体堵漏实战操法

1. 场地器材设置

（1）场地设置

化工生产装置事故处置训练区阀体，根据需求划定人员集结区、器材装备准备区和操作区。

（2）器材配备

阀体堵漏器、支撑螺钉、压紧螺钉、钢丝缆、方孔把手、仿形钢板等。

2. 参训人员

学员分区队按组操作，每组 2 人。

3. 下达任务

听到区队长发出“参训人员出列”口令后，2 名参训人员跑步到指定区域，向区队长汇报“参训人员按要求集合完毕，请指示”。

区队长发出“准备器材”口令，第一名答“是”，参训人员在器材准备区准备相应的器材。

器材准备完毕后，参训人员列队，第一名向区队长举手喊“准备完毕”。

4. 堵漏操作

① 首先用钢丝缆线穿过阀体堵漏器两侧直径 7mm 的小孔，使其捆绑在阀体上。

② 用两个 M6 螺钉拧紧钢丝缆，再用几个 M10 螺栓顶起阀体压板，使得钢丝缆线全部绷紧。同时，必须保证压板中间的螺纹顶杆对准泄漏口。

③ 把调好的堵漏胶涂于仿形压板上，待胶达到固化临界点时，将压板紧靠螺纹顶杆端部，迅速拧紧使压板紧紧压在泄漏点上。

④ 听到“收操”的口令，拆除工具，取下阀体堵漏器，回至起点线立正站好。

⑤ 听到“入列”的口令，学员跑步入列。

（四）哈夫套管堵漏实战操法

1. 场地器材设置

（1）场地设置

化工生产装置事故处置训练区管道端部，根据需求划定人员集结区、器材装备准备区和操作区。

（2）器材配备

管道径向、轴向堵漏器，两个哈呋环，六个 T 形螺栓，两根接杆螺栓。

2. 参训人员

学员分区队按组操作，每组 2 人。

3. 下达任务

听到区队长发出“参训人员出列”口令后，2 名参训人员跑步到指定区域，向区队长汇报“参训人员按要求集合完毕，请指示”。

区队长发出“准备器材”口令，第一名答“是”，参训人员在器材准备区准备相应的器材。

器材准备完毕后，参训人员列队，第一名向区队长举手喊“准备完毕”。

4. 堵漏操作

① 在每个哈呋环上，旋入三个 T 形螺栓，每隔 120°旋一个，然后松开一个哈呋环的脚链螺栓，使哈呋环套住管道，再装上脚链螺栓。拧紧 3 个 T 形螺栓，使管道定位于哈呋环中心轴线上。这样即可将其他工具安装在此工具上实施堵漏。

② 在哈呋环的脚链螺栓上接上两根接杆螺栓。

③ 将六号工具及盘根堵漏压板横装在接杆上部，使压板中部螺孔对准泄漏孔的中部。

④ 在压板中部的螺孔内装入一支T形螺栓，取一块与泄漏口形状相吻合的仿型压板或合适的木塞，将调好的堵漏胶涂于其上。

⑤ 待胶达到临界点时，将其置于T形螺栓的端部迅速拧紧T形螺栓，将带胶的仿形压板或木塞紧压在堵漏口上。

⑥ 听到“收操”的口令，拆除工具，取下堵漏器，回至起点线立正站好。

⑦ 听到“入列”的口令，学员跑步入列。

（五）盘根堵漏实战操法

1. 场地器材设置

（1）场地设置

化工生产装置事故处置训练区，根据需求划定人员集结区、器材装备准备区和操作区。

（2）器材配备

盘根堵漏器1套，包括盘根堵漏压板、T形螺杆、仿形压板。管道轴向、径向堵漏器（八号工具）1套。

2. 参训人员

学员分区队按组操作，每组2人。

3. 下达任务

听到区队长发出“参训人员出列”口令后，2名参训人员跑步到指定区域，向区队长汇报“参训人员按要求集合完毕，请指示”。

区队长发出“准备器材”口令，第一名答“是”，参训人员在器材准备区准备相应的器材。

器材准备完毕后，参训人员列队，第一名向区队长举手喊“准备完毕”。

4. 堵漏操作

① 用两个M10螺栓，将压板固定于八号工具上。

② 将八号工具固定在管道上，并使用T形螺纹顶端对准盘根泄漏口。

③ 把涂胶后的仿形钢板，紧贴T形螺杆端部迅速拧紧T形螺杆，使钢板紧紧压在泄漏点上。

④ 听到“收操”的口令，拆除工具，取下盘根堵漏器，回至起点线立正站好。

⑤ 听到“入列”的口令，学员跑步入列。

（六）金属套管堵漏实战操法

1. 场地器材设置

（1）场地设置

化工生产装置事故处置训练区管道，根据需求划定人员集结区、器材装备准备区和操作区。

（2）器材配备

金属套管堵漏器材1套。

2. 参训人员

学员分区队按组操作，每组2人。

3. 下达任务

听到区队长发出“参训人员出列”口令后，2名参训人员跑步到指定区域，向区队长汇报“参训人员按要求集合完毕，请指示”。

区队长发出“准备器材”口令，第一名答“是”，参训人员在器材准备区准备相应的器材。

器材准备完毕后，参训人员列队，第一名向区队长举手喊“准备完毕”。

4. 堵漏操作

① 将密封垫压在管道的泄漏口处。

② 套上卡箍。

③ 上紧卡箍上的螺栓，直至泄漏停止。

④ 听到“收操”的口令，拆除工具，取下盘根堵漏器，回至起点线立正站好。

⑤ 听到“入列”的口令，学员跑步入列。

（七）法兰注胶堵漏实战操法

1. 场地器材设置

（1）场地设置

化工生产装置事故处置训练区，根据需求划定人员集结区、器材装备准备区和操作区。

（2）器材配备

注入式堵漏器材1套。

2. 参训人员

学员分区队按组操作，每组2人。

3. 下达任务

听到区队长发出“参训人员出列”口令后，2名参训人员跑步到指定区域，向区队长汇报“参训人员按要求集合完毕，请指示”。

区队长发出“准备器材”口令，第一名答“是”，参训人员在器材准备区准备相应的器材。

器材准备完毕后，参训人员列队，第一名向区队长举手喊“准备完毕”。

4. 堵漏操作

① 卸下一个法兰螺栓，换上带有注胶通道的螺栓和螺母。

② 在泄漏法兰的外围，用钢带捆紧器打一个钢带箍，使它与泄漏部分形成密封空间。

③ 连接好高压棒、高压油管、高压枪后，将高压枪出胶口旋到塞阀上，关闭旋塞阀，在注胶枪枪膛内，填入密封堵漏胶棒。

④ 打开旋塞阀，然后先动手柄，将胶棒挤入钢带所围成的腔内，直到泄漏终止。

⑤ 关闭旋塞阀，卸下高压枪，堵漏即告成功。

⑥ 听到“收操”的口令，拆除工具，取下盘根堵漏器，回至起点线立正站好。

⑦ 听到“入列”的口令，学员跑步入列。

（八）小孔堵漏枪堵漏实战操法

1. 场地器材设置

（1）场地设置

化工生产装置事故处置训练区立式罐，根据需求划定人员集结区、器材装备准备区和操作区。

（2）器材配备

小孔堵漏枪、脚踏气泵。

2. 参训人员

学员分区队按组操作，每组 2 人。

3. 下达任务

听到区队长发出“参训人员出列”口令后，2 名参训人员跑步到指定区域，向区队长汇报“参训人员按要求集合完毕，请指示”。

区队长发出“准备器材”口令，第一名答“是”，参训人员在器材准备区准备相应的器材。

器材准备完毕后，参训人员列队，第一名向区队长举手喊“准备完毕”。

4. 堵漏操作

① 使用之前必须穿戴好防护用品，根据裂缝大小和形状选择合适的密封袋。

② 从安全距离以外插入裂缝和泄漏孔，将密封袋接上密封枪（枪把手可延伸 35～134cm）。

③ 打开截流阀，然后踩脚踏泵，密封袋迅速膨胀，快速堵漏后，关闭截流阀。

④ 密封袋需插入 2 个以上防滑齿廓，否则需用手顶住密封枪，以防密封袋脱落。

⑤ 听到“收操”的口令，拆除工具，回至起点线立正站好。

⑥ 听到“入列”的口令，学员跑步入列。

思考题

1. 常见的堵漏技术主要有哪些？
2. 调整间隙技术主要有哪些方法？
3. 捆扎堵漏技术主要有哪些方法？如何实施堵漏？
4. 卡箍堵漏技术主要有哪些方法？如何实施堵漏？
5. 气垫堵漏技术主要有哪些方法？如何实施堵漏？
6. 磁压堵漏技术主要有哪些器材？如何实施堵漏？
7. 黏结堵漏技术主要有哪些方法？如何实施堵漏？

第三节　洗消技术

学习目标

1. 熟知洗消原则、作用、对象。
2. 熟知常见洗消剂的种类和用途。
3. 掌握洗消的方法。
4. 能进行洗消剂用量计算。
5. 能组织洗消实战化教学。

现场洗消是危险化学品事故处置行动的重要环节，灾害事故发生后，事故现场人员、地面及设施等均受到污染，有毒残留物滞留于地面，沾染于使用过的车辆、装备、被救出危险区的人员以及参与救援、处置的人员服装上，如不及时消除，会造成二次染毒或污染。因此，在危险化学品灾害事故救援中，应及时进行洗消，以防毒源扩散，造成人员伤亡和环境污染。

一、洗消

危险化学品事故救援时，应按照洗消原则，对受污染的地面、设备、人员、环境实施洗消，使毒物污染程度降低或消除到可以接受的安全水平。

（一）洗消原则

实施洗消时，原则上凡是能使毒性降低和消除的方法均可以使用。但在危险化学品事故应急救援中，若有多种方法可供选择时，一般应遵循“合理防护、及时彻底、保障重点、保护环境、避免洗消过度”的原则。

1. 合理防护

实施洗消时，洗消人员不可避免要与染毒人员、器材接触，可能染毒。因此要采取相应等级的个人安全防护，避免染毒。

2. 及时彻底

危险化学品事故的突发性和高危害性决定了消防队伍必须快速反应，处置过程高效、彻底。因此，在选择洗消方法时应遵循及时彻底的原则，做到消毒效果彻底，消毒速度快。只有这样才能在洗消过程中快速消除或减轻污染，最大限度地保护人民的生命财产安全。

3. 保障重点

危险化学品事故一般具有易扩散、危害范围大、持续时间长等特点，对洗消剂的需求量较大。要重点保障对离开染毒区域人员的洗消，有人员中毒需要洗消时，应把救助人员生命放在第一位。

4. 保护环境

要求洗消剂或洗消产物不会对救援人员、装备造成毒害、损伤和腐蚀，对环境二次污染小或基本无污染。洗消污水的排放必须经过环保部门的检测，以防造成次生灾害。

5. 避免洗消过度

洗消要适度，达到快、省，避免过度洗消。

（二）洗消的作用

洗消是对受污染对象采取消毒、消除沾染（去污）和灭菌的措施。目的是将有毒物质、放射性物质和病原体等从各种器材装备、防护服装表面上除掉，或使之变成无害层面，使受染的队伍避免或减轻伤害，以减少伤亡，保障生存，及时恢复队伍战斗力。实施洗消主要有以下作用。

1. 减少人员伤亡

洗消能降低事故现场的毒性，减少事故现场的人员伤亡，最大限度地降低事故损失。

2. 降低染毒程度

洗消能降低染毒人员的染毒程度，为染毒人员的医疗救治提供宝贵的时间。

3. 降低处置人员防护水平

洗消能降低事故现场的污染程度，降低处置人员的防护水平，简化化学事故的处置程序。

4. **缩小染毒区域**

洗消能缩小染毒区域，精简警戒人员，便于居民的防护和撤离。

（三）洗消的对象

危险化学品泄漏对空气、地面、人、动物体表、物体表面、水源造成污染，受到有毒或腐蚀性泄漏介质污染的人员、装备和环境都应洗消，包括：

① 轻度中毒人员。

② 重度中毒人员在送医院之前。

③ 现场医务人员。

④ 消防和其他救援人员以及群众互救人员。

⑤ 染毒车辆及器材。

⑥ 染毒地面及设施。

二、洗消方法

洗消的方法可分为物理洗消法和化学洗消法。洗消方法选择应考虑毒物的种类、毒物的性态、泄漏量、被污染或洗消的对象等因素。

（一）物理洗消法

物理洗消法就是利用物理的手段消除毒物危害的过程。物理洗消法是通过将毒物转移或将染毒物的浓度稀释至其最高容许浓度以下或防止人体接触或减弱、控制毒物的危害。该方法主要利用各种物理手段，如通风、稀释、溶解使染毒体的浓度降低，掩埋隔离、收集输转，来隔离、封闭、清理泄漏物，达到消除毒物危害的目的。物理消毒法的实质是毒物的转移或稀释，毒物的化学性质和数量在消毒处理前后并没有发生变化，不能破坏毒物分子，因此，存在毒物再次危害的可能性。例如，毒物随冲洗的水流流入下水道、河流；深埋的毒物随雨水渗入地下水源。

1. **冲洗**

用水洗涤是常用的洗消方法，它可以就地取水减轻后勤负担，同时还能导致部分化学品水解。如果在水中加入洗衣粉、肥皂等类似的洗涤剂，洗消效果会更好。除了水还可以用汽油、柴油、煤油、酒精和卤代烃。冲洗方法的优点是药剂消耗量少、操作简单、腐蚀性小。缺点是处理不当会使化学品扩散和渗透，扩大化学品的分布范围，洗涤产生的染毒液需要进一步处理。

2. **吸附**

吸附洗消法是利用具有较强吸附能力的物质，如活性炭、硅胶、沸石分子筛和活性氧化铝等，根据化学吸附或物理吸附的原理，吸附染毒物品表面或过滤空气、水中的有毒物。简单的吸附如用棉花、纱布等材料吸去人体皮肤上的可见毒物液滴。

3. **蒸发**

蒸发是在热的作用下物质由液相转移为气相的物理过程。主要有利用通风、日晒、雨淋等自然条件使毒物自行蒸发、散失及被水解，使毒物逐渐降低毒性或逐渐被破坏而失去毒性。

4. **反渗透**

反渗透是指采用具有选择性的透过膜，在压力推动下使水透过而其他物质被截留的过程，主要用于危险化学品泄漏后水源的消毒。

5. 机械转移

机械转移洗消法是采用除去（如用破拆工具、铲车、推土机等切除或铲除）或覆盖（如使用沙土、水泥粉或炉渣等覆盖）染毒层的办法，也可采用将染毒物密封移走或密封掩埋（如制作密封容器），使事故现场的毒物浓度得以降低的方法。这种方法虽然不能破坏毒物的毒性，但可以在一定程度上降低化学毒物的浓度，使处置人员不与染毒的物品、设施直接接触，但在掩埋的时候必须添加漂白粉、生石灰拌匀。

（二）化学洗消法

化学洗消法是利用化学消毒剂与有毒化学物质发生化学反应，改变化学毒物的分子结构和组成，使其丧失毒性，从而达到消毒的目的。常用化学方法有中和法、氧化还原法、催化水解法、络合洗消法、焚烧洗消法。

1. 中和法

中和法是通过酸碱中和反应，使其变成水和低毒甚至无毒的盐类。适于强酸或强碱。

2. 氧化还原法

氧化还原法是通过氧化还原法反应，使低价有毒物质氧化成高价低毒或无毒物，或使高价有毒物质还原成低价低毒或无毒物。例如在硫醇、硫酸类化合物、硫磷农药等低价毒物中加入漂白粉消毒，使其变成高价无毒化合物。例如氯气与水反应形成氯负离子和次氯酸负离子。

3. 催化水解法

有毒物质在催化剂的作用下，水解成低毒或无毒产物。例如含磷农药在碱或碱醇催化作用下，生成无毒的水解产物。

4. 络合洗消法

有毒物质在络合剂的作用下发生络合反应，化学吸附在含有络合剂的载体上，达到消除毒物。常用于氯化氢、氨、氢氰酸根的消毒。

5. 焚烧洗消法

通过燃烧，使其变成低毒甚至无毒的燃烧产物。适于可燃性毒物。

三、洗消剂

当发生严重危险化学品事故，仅用普通清水无法达到洗消效果时，要使用特殊的洗消剂进行洗消。洗消药剂，即消毒剂，是指能与毒剂发生作用使其失去毒性的化学物质。消毒液是指按一定比例将消毒剂溶于某种溶剂中而配成的溶液。

（一）常用洗消剂

洗消剂的选择应考虑以下因素：消毒要快、毒性消除彻底、洗消费用尽量低，消毒剂不会造成人的伤害、设备的腐蚀伤害。常用洗消剂有氧化氯化型、酸碱中和型、溶剂型和其他类型洗消剂。

1. 氧化氯化型洗消剂

氧化氯化型洗消剂适用于低价有毒而高价无毒的化合物，如氰化物的消毒。主要有三合二、氯胺、二氯胺等消毒剂。

（1）三合二

三合二是指 3mol 次氯酸钙［$Ca(ClO)_2$］与 2mol 氢氧化钙［$Ca(OH)_2$］组成的消毒剂，其中 $Ca(ClO)_2$为漂白粉，含有效氯 56%（质量分数）。它可配成水乳浊液或粉状使用。

将三合二与水调制成 1∶1 或 1∶2 的水浆，可用于混凝土表面、木质以及粗糙金属表面的消毒。按 1∶5 调制的水溶液（有效氯含量约为 9%），可用于道路、工厂、仓库地面的消毒。

（2）氯胺

氯胺主要有一氯胺（NH_2Cl）和二氯胺（$NHCl_2$）。

① 一氯胺微溶于酒精和水，其溶液呈浑浊状。主要用于对低价硫毒物进行消毒。用 18%～25%的一氯胺水溶液，可对皮肤消毒；用 5%～10%的一氯胺酒精溶液，可对器材消毒；用 0.1%～0.5%的一氯胺水溶液，可对眼、耳、鼻、口腔消毒。

② 二氯胺溶于二氯乙烷、酒精，但不溶于水，难溶于汽油、煤油。用 10%二氯胺的二氯乙烷溶液，可对金属、木材表面消毒，10～15min 后，再用氨水、水清洗；用 5%二氯胺的酒精溶液，可对皮肤和服装消毒，10min 后，再用清水洗。

2. 酸碱中和型洗消剂

酸碱中和型洗消剂有碱性洗消剂和酸性洗消剂两类。

（1）碱性洗消剂

① 氢氧化钠，俗称烧碱、火碱、苛性钠，属于强碱，浓度过高不但洗消效果不好，对洗消器材和人员也有一定程度的伤害，通常使用浓度为 5%～10%的氢氧化钠水溶液，用于对强酸，如硫酸、硝酸、盐酸泄露流淌的地面、物体的表面进行消毒。

② 氨水，可用于对具有酸性的毒物进行洗消。市售的氨水浓度一般为 10%～25%，用作消毒剂时其浓度不宜超过 10%，以免造成氨的伤害。

③ 碳酸钠，无水碳酸钠俗称苏打或纯碱，可以很快地溶于水中，碳酸钠在 0℃时溶解度为 7g（浓度约 6.54%）；10℃时溶解度为 12.5g（浓度约 11.11%）；20℃时溶解度为 21.5g（浓度约 17.70%），其溶解度受温度影响，其水溶液可用于对皮肤、服装上染有的各种酸进行中和。综合考虑溶解度和洗消效率，一般使用 5%～10%的碳酸钠水溶液进行洗消。

④ 碳酸氢钠，俗称小苏打，在水中溶解度较小，在 0℃时溶解度为 6.9g（浓度约 6.45%）；10℃时溶解度为 8.15g（浓度约 7.54%）；20℃时溶解度为 9.6g（浓度约 8.76%），其水溶液都可用于对皮肤、服装上染有的各种酸进行中和。考虑到溶解度的影响，一般使用浓度为 5%的碳酸氢钠水溶液进行洗消。

（2）酸性洗消剂

① 盐酸，属于强酸，最高浓度为 36%～38%，市面上有售的工业盐酸浓度一般为 31%左右。在洗消时需要进行稀释，盐酸作为消毒剂浓度一般为 5%～10%。

② 硫酸，属于强酸，有很强的腐蚀性和氧化性，作为消毒剂浓度一般为 5%～10%，需要注意的是浓硫酸在稀释时会放出大量的热，在操作时，应把浓硫酸缓慢加入水中，并不断搅拌，防止飞溅。

无论是消毒酸还是消毒碱，使用时必须配制成稀的水溶液使用，以免引起新的酸碱伤害，中和消毒完毕，还要用大量的水进行冲洗。

3. 溶剂型消毒剂

（1）水

利用水浸泡、煮沸使有毒物质水解而消毒或利用水的稀释作用而减弱其毒害作用。

（2）酒精

可用于溶解某些有毒有害物，以提高洗消的效果。

（3）煤油或汽油

作为溶剂使用，主要用于某些高黏性有毒有害物的溶解，以便进一步的消毒处理，提高洗消效果。

4. 其他类型消毒剂

（1）氧化剂

利用消毒剂的氧化性可以对低价态有毒而高价态无毒或低毒的化学品进行消毒，如漂白粉、氯气、H_2O_2及臭氧等。

（2）吸附剂

吸附剂一般用来处置溶于溶剂中的化学毒剂，常见的有活性炭、明矾［$KAl(SO_4)_2\cdot 12H_2O$］等。如2005年11月13日，中石油吉林双苯厂硝基苯泄漏事故处置中，采用的就是投加粉末活性炭来吸附硝基苯等化合物。在水溶液中投入活性炭可以除味、除色和除有机物，是给水处理中普遍采用的应急措施。

（二）洗消药剂的选择

洗消时应根据泄漏介质种类和洗消对象选择相应的洗消剂。

1. 强酸性物质

强酸类介质如硫酸、盐酸、硝酸泄漏，常用洗消剂有氢氧化钙、碳酸氢钠、敌腐特灵。

（1）适用部位

适用于衣物、装备、地面的洗消降毒。

① 对服装、装备、地面洗消时，可将碳酸氢钠、氢氧化钙按照1kg：10L调制成水溶液进行洗消。

② 敌腐特灵适用于局部皮肤，特别是针对眼睛和脸部的紧急冲洗。敌腐特灵应直接对污染部位进行清洗。

（2）使用方法

① 将洗消剂加入消防车水罐或洗消装置中配制成稀的水溶液。

② 喷射雾状药剂进行洗消。

③ 洗消完毕后使用大量清水冲洗。

2. 碱性物质

碱性物质如氢氧化钠、液氨泄漏，常用洗消剂有盐酸、敌腐特灵。

（1）适用部位

适用于衣物、装备、地面的洗消降毒。

① 衣物、装备、地面：盐酸按照0.6%～1.0%的浓度配制盐酸溶液进行洗消。

② 敌腐特灵适用于局部皮肤，特别是针对眼睛和脸部的紧急冲洗。

（2）使用方法

① 将洗消剂加入消防车水罐或洗消装置中配制成稀的水溶液。

② 喷射雾状药剂进行洗消。

③ 洗消完毕后使用大量清水冲洗。

3. 低价硫磷无机化合物

低价硫磷无机化合物包括磷化氢、硫化氢、硫磷农药、硫醇、含硫磷的某些军事毒剂等，常用洗消剂有三合一强氧化洗消粉、三合二洗消粉、漂白粉。

（1）三合一强氧化洗消粉

三合一强氧化洗消粉适用于对人体、衣物、装备、地面的洗消降毒。

① 将洗消剂按照一定配比浓度与水均匀混合加入消防车水罐或洗消装置中，人体按照1kg∶20000L调制成水溶液进行洗消；衣物、装备按照1kg∶550L调制成水溶液进行洗消；地面按照1kg∶2000L调制成水溶液进行洗消。

② 喷射雾状药剂进行洗消。

③ 洗消完毕后使用大量清水冲洗。

（2）三合二洗消粉

三合二洗消粉适用于对地面、衣物、装备、建筑物外墙以及木质、粗糙金属表面的洗消降毒，不能对精密仪器、电子设备及不耐腐蚀的物体表面进行洗消。

① 将洗消剂按照一定配比浓度与水均匀混合配置成悬浊液、澄清液、水浆加入生化洗消装置中，地面按照1kg∶5L调制成悬浊液进行洗消；衣物、装备按照1kg∶5L调制成悬浊液，经过3～4h沉淀后，利用上层的澄清液进行洗消；建筑物外墙以及木质、粗糙金属表面按照1kg∶1L或1kg∶2L调制成水浆进行洗消。

② 喷射雾状药剂或直接涂刷方式进行洗消。

③ 洗消完毕后使用大量清水。

（3）漂白粉

漂白粉适用于对地面、衣物、装备、建筑物外墙以及木质、粗糙金属表面的洗消降毒，不能对精密仪器、电子设备及不耐腐蚀的物体表面进行洗消。

① 将洗消剂按照一定配比浓度与水均匀混合配置成悬浊液、澄清液、水浆加入生化洗消装置中，地面按照1kg∶4L～1kg∶5L调制成悬浊液进行洗消；衣物、装备按照1kg∶4L～1kg∶5L调制成悬浊液，经过3～4h沉淀后，利用上层的澄清液进行洗消；建筑物外墙以及木质、粗糙金属表面按照1kg∶1L或1kg∶2L调制成水浆进行洗消。

② 喷射雾状药剂或直接涂刷方式进行洗消。

③ 洗消完毕后使用大量清水冲洗。

4. 光气

光气常用氨水进行洗消。

（1）适用部位

适用于衣物、装备、地面的洗消降毒。

（2）使用方法

① 将洗消剂加入消防车水罐或洗消装置中配置成稀的水溶液，衣物、装备、地面按照10%（冬天20%）的浓度配制氨水溶液进行洗消。

② 喷射雾状药剂进行洗消。

③ 洗消完毕后使用大量清水冲洗。

5. 氰化氢、氰化盐

常用洗消剂有氢氧化钙、氢氧化钠、硫酸亚铁、双氧水。

（1）氢氧化钙、氢氧化钠

适用于衣物、装备、地面的洗消降毒。

① 按照1kg∶20L调制成水溶液，将洗消剂加入消防车水罐或洗消装置中配制成稀的水

溶液。

② 喷射雾状药剂进行洗消。

③ 洗消完毕后使用大量清水冲洗。

(2) 硫酸亚铁

适用于衣物、装备、地面的洗消降毒。

① 按照 1kg（硫酸亚铁）：1.65L（氢氧化钠），将硫酸亚铁与少量氢氧化钠或氢氧化钾配制成碱性溶液加入消防车水罐或洗消装置中。

② 喷射雾状药剂进行洗消。

③ 洗消完毕后使用大量清水冲洗。

(3) 双氧水

适用于人体的洗消降毒。

① 将医用双氧水（3%）直接加入消防车水罐或洗消装置中。

② 喷射雾状药剂进行洗消。

③ 洗消完毕后使用大量清水冲洗。

6. 硫磷、内吸磷、马拉硫磷、乐果、敌百虫、敌敌畏、沙林、梭曼、塔崩

常用洗消剂有有机磷降解酶。

(1) 适用部位

适用于衣物、装备、地面的洗消降毒。

(2) 使用方法

① 将洗消剂加入消防车水罐或洗消装置中配置成稀的水溶液。

② 喷射雾状药剂进行洗消。

③ 洗消完毕后使用大量清水冲洗。

（三）洗消剂用量计算

洗消剂耗量的计算是现场指挥人员实施科学决策和指挥的重要依据，它关系到洗消剂运输车辆的安排、洗消力量的部署，是化学事故应急指挥的关键性环节。正确计算洗消剂的用量，合理配置洗消剂，对减少事故危害、降低消防污水排放具有重要意义。

1. 氯气

氯气（Cl_2）为黄绿色刺激性气体，微溶于水，遇水发生自氧化还原反应生成酸性溶液盐酸和次氯酸。在大量氯气泄露后，除用通风法驱散现场染毒空气使其浓度降低外，对于较高浓度的泄露氯气云团，可采用喷雾水直接喷射，使其溶于水中。在水中氯气发生的自氧化还原反应如下：

$$Cl_2 + H_2O \rightleftharpoons HCl + HClO$$

$$HCl \longrightarrow H^+ + Cl^-$$

$$HClO \rightleftharpoons H^+ + ClO^-$$

因此，喷雾水中存在氯气、次氯酸、次氯酸根、氢离子和氯离子。次氯酸和稀盐酸因浓度不高，可视为无害。但是，氯在水中的自氧化还原反应是可逆的，即水中存在次氯酸和稀盐酸会阻止氯气的进一步反应，甚至当溶液的酸性增高到一定程度，还会导致从溶液中产生氯气。由此可见，用喷雾水洗消泄漏的氯气必须大量用水。

为了提高洗消效率，可使用氢氧化钙、氢氧化钠、碳酸钠等酸碱中和型消毒剂进行洗消。

（1）氢氧化钙洗消剂

氢氧化钙［$Ca(OH)_2$］与 Cl_2 发生中和反应，其总化学反应式为：

$$2Cl_2+2Ca(OH)_2 = CaCl_2+Ca(ClO)_2+2H_2O$$

由总反应式可知，Cl_2：$Ca(OH)_2$＝1：1(摩尔比)≈1：1.04(质量比)

说明：若要对1t氯气进行反应，石灰池中需要石灰1.04t，可按1：1.1计算。

因为Ca（$OH)_2$ 溶解度很小，在20℃时溶解度仅为1.66g（浓度约为1.6%），不适合配成洗消液进行洗消。当泄漏容器体积小，质量轻，易于搬动，可将事故瓶推入石灰池中，让它自行反应。

（2）氢氧化钠洗消剂

氢氧化钠（NaOH）与 Cl_2 发生中和反应，其总化学反应式为：

$$Cl_2+2NaOH = NaCl+NaClO+H_2O$$

$$Cl_2 : NaOH=1:2(\text{摩尔比})\approx 1:1.13(\text{质量比})$$

说明：若要对1t氯气进行洗消，反应需要消耗1.13t氢氧化钠，可按1：1.2计算。

（3）碳酸钠洗消剂

碳酸钠（Na_2CO_3）与 Cl_2 发生中和反应，其总化学反应式为：

$$Cl_2+Na_2CO_3 = NaCl+NaClO+CO_2\uparrow$$

$$Cl_2 : Na_2CO_3=1:1(\text{摩尔比})\approx 1:1.49(\text{质量比})$$

说明：若要对1t氯气进行洗消，反应需要消耗1.49t碳酸钠，可按1：1.5计算。

（4）碳酸氢钠洗消剂

碳酸氢钠（$NaHCO_3$）与 Cl_2 发生中和反应，其总化学反应式为：

$$Cl_2+2NaHCO_3 = NaCl+NaClO+H_2O+2CO_2\uparrow$$

$$Cl_2 : NaHCO_3=1:2(\text{摩尔比})\approx 1:1.18(\text{质量比})$$

说明：若要对1t氯气进行洗消，需要 $NaHCO_3$ 1.18t，可按1：1.2计算。

（5）氨水

氨水（$NH_3\cdot H_2O$）既能与盐酸、次氯酸反应，又能直接与氯气反应，其总反应方程式为：

$$Cl_2+2NH_3\cdot H_2O = NH_4Cl+NH_4ClO+H_2O$$

$$Cl_2 : NH_3\cdot H_2O=1:2(\text{摩尔比})\approx 1:0.99(\text{质量比})$$

说明：若要对1t氯气进行洗消，需要氨水0.99t，可按1：1计算。

2. 氨

氨（NH_3）极易溶于水生成氨水呈碱性，可用酸性溶液或强酸弱碱盐作为洗消剂。

（1）稀盐酸洗消剂

稀盐酸（HCl）与 NH_3 发生中和反应，其总化学反应式为：

$$NH_3+HCl = NH_4Cl$$

$$NH_3 : HCl=1:1\approx 1:2.15(\text{质量比})$$

说明：若要对1t氨气进行洗消，需要氯化氢2.15t，可按1：2.2计算。

（2）氯化铝和氯化镁混合洗消剂

氯化铝（$AlCl_3$）和氯化镁（$MgCl_2$）与 NH_3 发生反应，其总化学反应式为：

$$5NH_3+5H_2O+AlCl_3+MgCl_2 = Al(OH)_3\downarrow+Mg(OH)_2\downarrow+5NH_4Cl$$

$$NH_3 : AlCl_3 : MgCl_2 = 5 : 1 : 1(\text{摩尔比}) \approx 1 : 1.57 : 1.12(\text{质量比})$$

说明：要对1t氨进行洗消，需要 $AlCl_3$ 1.57t，$MgCl_2$ 1.12t，可按1∶1.6∶1.2计算。

由于协同效应，氯化铝和氯化镁摩尔比1∶1配比使用效果最好，如条件不足，单独使用氯化铝或氯化镁也可。实验证明0.4mol/L氯化铝和氯化镁混合消毒剂洗消效果最好，若要将1.6t氯化铝（1.2t氯化镁）配置成0.4mol/L溶液，还需要水30t（在操作时忽略溶解时溶液的体积变化）。

3. 氢氰酸

氢氰酸为无色透明液体，有苦杏仁味，能与水任意互溶，加热后在水中的溶解度降低。

（1）铁盐洗消剂

对氢氰酸的消毒处理最好选用亚铁盐的碱溶液实施洗消，如硫酸亚铁（$FeSO_4$）的氢氧化钠（NaOH）或氢氧化钾（KOH）溶液，因为该洗消剂能有效地控制氢氰酸的挥发和扩散。其化学反应式如下：

$$6HCN + FeSO_4 + 6KOH = K_4[Fe(CN)_6] + K_2SO_4 + 6H_2O$$

由上式可知，$HCN : FeSO_4 : KOH = 6 : 1 : 6$(摩尔比)≈1∶1∶2.2（质量比）。若采用硫酸亚铁的氢氧化钠溶液对氢氰酸实施洗消，则 $HCN : FeSO_4 : NaOH \approx 1 : 1 : 1.65$（质量比）。

用三氯化铁（$FeCl_3$）将生成的亚铁络合物生成深蓝色的普鲁士蓝沉淀，即

$$3K_4[Fe(CN)_6] + 4FeCl_3 = Fe_4[Fe(CN)_6]_3 \downarrow + 12KCl$$

由反应式可知存在下列当量关系：

$$18HCN — 3K_4[Fe(CN)_6] — 4FeCl_3$$

因此，HCN与 $FeCl_3$ 间的摩尔比为9∶2，质量比为1∶1.333。为了便于估算，氢氰酸与三氯化铁的质量比可取1∶1.4。

综上所述，若要对1t泄漏的氢氰酸实施彻底消毒，需要硫酸亚铁1t，氢氧化钾2.2t或氢氧化钠1.65t。若将生成的亚铁盐络合物全部生成普鲁士蓝沉淀，还需要三氯化铁1.4t。

（2）三合二消毒剂

三合二［$3Ca(ClO)_2 \cdot 2Ca(OH)_2$］与氢氰酸发生反应，其总化学反应式为：

$$6HCN + [3Ca(ClO)_2 \cdot 2Ca(OH)_2] = 6HOCN + 3CaCl_2 + 2Ca(OH)_2$$

由上式可知，$HCN : [3Ca(ClO)_2 \cdot 2Ca(OH)_2] = 6 : 1$(摩尔比)=1∶3.58（质量比），可近似取1∶3.6。氰酸（HOCN）也是一种弱酸，为了消除氰酸在一定条件下重新再转化成氢氰酸的潜在危险，可用三合二继续对氰酸实施进一步氧化，使其氧化成二氧化碳和氮气。

$$4HOCN + [3Ca(ClO)_2 \cdot 2Ca(OH)_2] = 4CO_2 \uparrow + 2N_2 \uparrow + 3CaCl_2 + 2Ca(OH)_2 + 2H_2O$$

由此可知，$HCN : [3Ca(ClO)_2 \cdot 2Ca(OH)_2] = 12 : 5$(摩尔比)=1∶8.95（质量比）。就是说，1t氢氰酸氧化分解为氮气和二氧化碳需消耗三合二8.95t（可近似取为9t）。

综上所述，将1t氢氰酸全部氧化成氰酸，需要三合二3.6t，溶液的pH值需大于10。将1t氢氰酸氧化分解为氮气和二氧化碳需消耗三合二9t，溶液的pH值应控制在7.5～8之间。

4. 氰化盐

常见的氰化盐有氰化钠、氰化钾、氰化锌、氰化铜等，氰化物均为剧毒品。现以氰化钠为例，进行洗消剂计算。

（1）铁盐对氰化钠的洗消

用硫酸亚铁洗消泄漏氰化钠的化学反应式为：

$$6NaCN + FeSO_4 = Na_4[Fe(CN)_6] + Na_2SO_4$$

$NaCN$ 与 $FeSO_4$ 的质量比为 1∶0.513，即要用硫酸亚铁对 1t 氰化钠实施消毒，需要硫酸亚铁 0.513t（可近似取 0.52t）。

三氯化铁（$FeCl_3$）与亚铁络合物反应生成普鲁士蓝沉淀的反应式为：

$$3Na_4[Fe(CN)_6] + 4FeCl_3 = Fe_4[Fe(CN)_6]_3 \downarrow + 12NaCl$$

由反应式得到的当量关系式为：

$$18NaCN — 3Na_4[Fe(CN)_6] — 4FeCl_3$$

所以，$NaCN$ 与 $FeCl_3$ 的质量比为 1∶0.737。即要使 1t 氰化钠的亚铁盐络合物完全生成普鲁士蓝沉淀，需三氯化铁 0.737t（可近似为 0.74t）。

综上所述，对泄漏的 1t 氰化钠实施彻底消毒，需硫酸亚铁 0.52t，若将生成的亚铁氰化钠络合物全部形成普鲁士蓝沉淀，还需要三氯化铁 0.74t。

（2）三合二消毒剂

氰化钠与三合二的反应式为：

$$6NaCN + [3Ca(ClO)_2 \cdot 2Ca(OH)_2] = 6NaOCN + 3CaCl_2 + 2Ca(OH)_2$$

则 $NaCN$ 与 $[3Ca(ClO)_2 \cdot 2Ca(OH)_2]$ 的质量比为 1∶1.97，可近似取 1∶2。即要将 1t 氰化钠全部转化成氰酸钠，需要三合二 2t，为防止该过程中氯化氰的生成，需保持溶液的 pH 值在 10 以上。

考虑到无毒反应产物氰酸钠在反应条件改变后仍有可能再转化成剧毒的氰根离子，需用三合二对氰酸根离子进一步氧化，使之彻底分解为二氧化碳和氮气，反应式为：

$$4NaOCN + [3Ca(ClO)_2 \cdot 2Ca(OH)_2] + 2H_2O = 4CO_2 \uparrow + 2N_2 \uparrow + 3CaCl_2 + 2Ca(OH)_2 + 4NaOH$$

其当量关系式为：

$$12NaCN — 12NaOCN — 12CO_2 \uparrow + 6N_2 \uparrow — 5[3Ca(ClO)_2 \cdot 2Ca(OH)_2]$$

所以，$NaCN$ 与 $[3Ca(ClO)_2 \cdot 2Ca(OH)_2]$ 的质量比为 1∶4.93。也就是说，1t 氰化钠氧化分解为氮气和二氧化碳需消耗三合二 4.93t。为了便于应用时的估算，可近似取 5t。

综上所述，将 1t 氰化钠全部氧化成氰酸钠，需要三合二 2t，溶液的 pH 值需大于 10。将 1t 氰化钠氧化分解为氮气和二氧化碳需消耗三合二 5t，溶液的 pH 值应控制在 7.5～8 之间。

三合二对氰化物的氧化反应是一个剧烈的放热过程，因此，对洒落的固体氰化物和流散泄漏的液体氰化物首先要实施收集和输转，然后配制有效氯含量为 9% 的三合二水溶液，利用消防车加压通过消防水枪或水炮实施洗消。被氰化物污染的水域实施洗消时可采用干粉车直接向水域喷洒三合二粉末，也可采用船艇实施人工喷洒。

5. 沙林

沙林［甲氟膦酸异丙酯（$C_4H_{10}FO_2P$）］是一种典型的非持久性 G 类神经性毒剂，纯品为无色水样液体，工业品呈淡黄或黄棕色，味微香，能与水及多种有机溶剂互溶，在水中能缓慢水解，水解产物无毒。在加热或加碱条件下可加速毒剂水解。通常使用稀释的碱溶液、漂白粉及碱-醇-胺配方消毒剂洗消。

采用氢氧化钠（$NaOH$）消毒剂洗消，其化学反应式为：

$$CH_3P(=O)(F)OCH(CH_3)_2 + 2NaOH \longrightarrow CH_3P(=O)(ONa)OCH(CH_3)_2 + NaF + H_2O$$

沙林($C_4H_{10}FO_2P$)：NaOH＝1：2（摩尔比）≈1：0.57（质量比）

要对1t沙林进行洗消，需要氢氧化钠0.57t，可按1：0.6计算。若要将0.6t NaOH配成浓度为5%～10%的消毒液，还需要水5.4～11.4t。

沙林作为军事化学毒剂，其化学性质比较稳定，洗消时不能立即反应。如在20℃、浓度为16g/L的沙林水溶液加足量NaOH，3～5min反应方可完成。

6. 光气

光气（$COCl_2$）有剧毒，是一种强刺激、窒息性气体，属于典型的暂时性毒剂，难溶于水，易溶于有机溶剂，有烂苹果或烂干草味，只能通过呼吸道中毒。光气易水解，其水解反应方程式为：$COCl_2 + H_2O = 2HCl + CO_2$，碱和氨都使光气快速分解，生成无毒物质，可利用此特点对光气进行洗消。

（1）氢氧化钠消毒剂

氢氧化钠NaOH与光气反应，其总化学反应式为：

$$COCl_2 + 4NaOH = 2NaCl + Na_2CO_3 + 2H_2O$$

$$COCl_2：NaOH = 1：4（摩尔比）\approx 1：1.62（质量比）$$

要对1t光气进行洗消，需要氢氧化钠1.62t，可按1：1.7计算。

（2）用氨水消毒剂

氨水与光气反应，其化学反应式为：

$$4NH_3 + COCl_2 \longrightarrow CO(NH_2)_2 + 2NH_4Cl$$

$$COCl_2：NH_3 = 1：4（摩尔比）\approx 1：0.69（质量比）$$

要对1t光气进行洗消，需要含氨0.69t的氨水，可按1：0.7计算。

如果洗消剂含有一定的杂质，还需要进一步的换算。对氰化物具体实施洗消时，由于洗消现场的地理环境和洗消剂的喷洒释放条件不同，洗消剂的调运量应为理论估算量的120%。

常见毒物的洗消剂配置见表3.6。

表3.6　常见毒物的洗消剂配置

毒气名称	可用消毒剂	洗消剂配置比例举例(质量比)	
氯气	消石灰、苏打等碱性溶液或氨水	消石灰	$Cl_2：Ca(OH)_2$＝1：1.1
		氢氧化钠(5%～10%)	Cl_2：NaOH＝1：1.2
		碳酸钠(5%～10%)	$Cl_2：Na_2CO_3$＝1：1.5
		碳酸氢钠(5%)	$Cl_2：NaHCO_3$＝1：1.2
		氨水(5%～10%)	$Cl_2：NH_3\cdot H_2O$＝1：1
氨气	弱酸性溶液	盐酸(5%～10%)	NH_3：HCl＝1：2.2
		氯化铝＋氯化镁(0.4mol/L)	$NH_3：AlCl_3：MgCl_2$＝1：1.6：1.2
氰化氢	亚铁盐的碱溶液、三合二	硫酸亚铁＋氢氧化钾(氢氧化钠)	NaCN：$FeSO_4$：KOH(NaOH)＝1：1：2.2(1.7)
		三合二(16.7%)	NaCN：$[3Ca(ClO)_2\cdot 2Ca(OH)_2]$＝1：9

续表

毒气名称	可用消毒剂	洗消剂配置比例举例(质量比)	
氰化盐	亚铁盐、铁盐、三合二	硫酸亚铁+氯化铁	NaCN : $FeSO_4$: $FeCl_3$=1 : 0.6 : 0.8
		三合二(16.7%)	NaCN : [$3Ca(ClO)_2 \cdot 2Ca(OH)_2$]=1 : 5
沙林	稀释的碱溶液、漂白粉及碱-醇-胺配方消毒剂	氢氧化钠(5%~10%)	$C_4H_{10}FO_2P$: NaOH=1 : 0.6
光气	苏打、氨水、氢氧化钙等碱性溶液	氢氧化钠(5%~10%)	$COCl_2$: NaOH=1 : 1.7
		氨水(5%~10%)	$COCl_2$: $NH_3 \cdot H_2O$=1 : 0.7

四、洗消实战化教学

(一) 教学任务

① 通过教学，使学员掌握洗消器材在危险化学品泄漏应急救援过程中的基本应用。

② 通过教学，使学员掌握危险化学品事故处置现场洗消站设置、洗消通道设置、人员器材洗消的主要方法和基本程序。

(二) 教学内容

① 洗消器材、二级化学防护服、空气呼吸器的使用。

② 洗消站、洗消通道的设置。

③ 人员洗消的主要方法和基本程序。

④ 器材洗消的主要方法和基本程序。

(三) 教学方法

讲授法、示范教学法、实训教学法。

(四) 学时

4 学时。

(五) 场地器材

1. 场地设置

根据需求，在化工生产装置事故处置训练区标出起点线，划定人员集结区、器材装备准备区和操作区。

2. 器材配备

器材配备按开展 1 次洗消实战化教学配备，配备一级化学防护服 2 套、二级化学防护服 5 套，空气呼吸器 7 具、警戒杆 4 根、警戒锥桶 4 个、集结区域标志牌 1 个、人员洗消和器材洗消通道标志牌各 1 个，警戒带 2 盘、出入口标志牌各 1 个、多功能水枪 2 支、6m 拉梯 1 副，分水器 1 个、80mm 水带 1 盘、65mm 水带 2 盘、安全记录本 1 本，笔 1 支。

(六) 人员组成

授课人员：教师 2 名。

参训人员：1 组 9 人，其中指挥员 1 人，洗消组 5 人（组长、1 号员、2 号员、3 号员、安全员），救援人员 2 人、辅助人员 1 人。

(七) 实训程序

根据示范教学和教学要求内容，各区队组织学员以组为单位实施危险化学品事故处置洗消训练，参训学员合理分配携带的装备器材，协同实施训练，授课教师给予督促和指导。具体程序如下。

1. 下达任务

听到教师发出“参训人员出列”口令后，指挥员将参训人员带到指定区域整齐列队，向教师汇报“参训人员按要求集合完毕，请指示”。

教师发出“按要求开始实施”口令，指挥员答“是”，并向参训人员下达训练科目，组织实训。指挥员下达训练科目应包括科目、目的、内容、时间、方法、场地、要求。

2. 准备器材

指挥员下达“准备器材”口令，参训人员依次按职责分工准备器材，具体如下：

① 救援人员按要求穿戴一级化学防护服。

② 组长，1、2、3 号员，安全员按要求穿戴二级化学防护服。

③ 组长负责出口标志牌 1 个、器材洗消通道标志牌 1 个、人员洗消通道标志牌 1 个。

④ 1、2 号员各负责多功能水枪 1 支、65mm 水带 1 盘、6m 拉梯 1 副。

⑤ 3 号员负责整理警戒杆 4 根、警戒锥桶 4 个。

⑥ 安全员主要负责多种气体检测仪、分水器 1 个、80mm 水带 1 盘。

器材准备完毕后，参训人员列队，组长向指挥员举手喊“准备完毕”。

3. 设置洗消站

指挥员下达“设置洗消站”命令，组长答“是”，并以手势示意，带领组员携带器材进入操作区。具体操作如下。

① 组长和 3 号员相互配合，在危险区与安全区的交界处设置洗消站。使用警戒杆设置人员出口通道，使用警戒锥桶设置器材洗消通道，并分别放置出口、人员洗消通道、器材洗消通道标志牌。

② 出口和洗消通道设置完毕后，洗消组安全员寻找附近消火栓使用 80mm 水带铺设水带线路，连接分水器至出口位置，并做好看护工作。

③ 洗消组 1 号员和 2 号员携带 6m 拉梯到人员洗消通道出口附近，相互配合搭建简易洗消点，然后在分水器处分别连接 65mm 水带，连接多功能水枪，1 号员在人员洗消通道入口处做好洗消准备，2 号员在 6m 拉梯简易洗消点做好洗消准备。

④ 3 号员在器材洗消通道做好洗消准备。

4. 实施洗消

指挥员下达“实施洗消”命令，2 名救援人员从重危区进入操作区。具体操作如下。

① 洗消组组长在通道入口处引导外出人员将器材放置于器材洗消通道，人员至人员洗消通道，并协助做好第一次洗消。

② 1 号员利用喷雾水枪进行全身洗消，从头至脚，组长做好洗消引导，重点加强对腋下、裆部、脚底的洗消。

③ 第一次洗消完成后，进入 6m 拉梯简易洗消点进行洗消。

④ 第二次洗消完成后，由安全员进行检查，洗消合格的进行记录后进入安全区，在辅助人员的协助下，卸除防护服；不合格的，重新进行洗消。

⑤ 3 号员在器材洗消通道对器材进行洗消。

⑥ 洗消任务完成后，洗消组人员进行相互洗消后返回人员集结区，由组长向指挥员汇报“洗消完毕，请指示”。

（八）讲评

授课教师对学员实训过程进行讲评。

思考题

1. 洗消应遵循哪些原则？
2. 洗消的作用是什么？
3. 洗消的对象有哪些？
4. 物理洗消的方法有哪些？
5. 化学洗消的方法有哪些？
6. 常用洗消剂有哪些？
7. 氧化氯化型洗消剂适用于哪些危险化学品的洗消？常用氧化氯化型洗消剂有哪些？
8. 碱性洗消剂适用于哪些危险化学品的洗消？常用碱性洗消剂有哪些？
9. 酸性洗消剂适用于哪些危险化学品的洗消？常用酸性洗消剂有哪些？
10. 溶剂型消毒剂有哪些？
11. 洗消时应根据什么选择相应的洗消剂？
12. 1t氯气泄漏分别用5%氢氧化钠、10%碳酸钠、5%碳酸氢钠、10%氨水进行洗消，各需要多少吨？
13. 对1t氨气进行洗消，需要5%盐酸多少吨？
14. 对1kg氰化氢进行洗消，需要多少三合二（16.7%）？

第四章 常见危险化学品事故处置

第一节 氯气泄漏事故应急救援

第二节 液化石油气泄漏事故应急救援

第三节 氨气泄漏事故应急救援

第四节 硫酸泄漏事故应急救援

第五节 黄磷灾害事故应急救援

第六节 苯系物灾害事故应急救援

第七节 电石遇水燃烧爆炸事故应急救援

第八节 氰化物灾害事故应急救援

危险化学品主要分为爆炸品、压缩气体和液化气体、易燃液体、易燃固体、自燃物品和遇湿易燃物品、氧化剂和有机过氧化物、有毒品和腐蚀品等9大类。本章重点选取了氯气、液化石油气、氨气、硫酸、黄磷、苯、电石、氰化物这8种危险化学品，从理化性质、事故特点、救援处置措施、处置注意事项等方面进行了详细介绍，结合典型案例进行了案例评析，以期对处置此类危险化学品事故提供借鉴和参考。

第一节　氯气泄漏事故应急救援

学习目标

1. 熟悉氯气的理化性质，了解氯气的中毒机理，掌握氯气的危险特性。
2. 掌握氯气泄漏事故的特点、危险源辨识。
3. 掌握氯气泄漏事故的处置程序、堵漏排险、中和洗消、安全保障等内容。

氯气是一种重要的化工原料，广泛应用于纺织、造纸、医药、农药、冶金、杀菌剂、漂白和制造氯化合物、盐酸、聚氯乙烯等。我国现有氯碱生产企业200多家，年产氯气900多万吨。氯气具有较强的氧化性和腐蚀性，极易发生泄漏，是我国危险化学品事故发生率最多的化学品之一；又因其具有强烈的刺激性和毒害性，一旦发生泄漏，常常引起大量人员中毒或死亡，给人民群众的生命健康和环境安全造成非常严重的影响。

一、氯气的理化性质

（一）物理性质

氯气分子式为Cl_2，分子量70.9，UN（GB）编号1017，CN编号23002。

1. 状态

通常情况下为有强烈刺激性气味的黄绿色的有毒气体，加压液化或冷冻液化后为黄绿色油状液体。

2. 密度

氯气密度是空气密度的2.5倍，标准状况下$\rho=3.21kg/m^3$，液氯密度是水的1.47倍。

3. 易液化

氯气的熔点、沸点较低，常温常压下，熔点为－101.00℃，沸点为－34.05℃。氯气的临界温度较高，为144℃，临界压力为7.71MPa，所以常以加压液化的形态储存在钢瓶或储罐中，因而俗称“液氯”。常温下把氯气加压至600～700kPa或在常压下冷却到－34℃都可以使其变成液氯，液氯是一种油状的液体，其与氯气物理性质不同，但化学性质基本相同。在生产中，液氯常以0.3～0.4MPa的压力、－15～－10℃的温度储存在10～100m^3的大型储罐中。而在运输、储存和使用中，液氯常以0.6～0.8MPa的压力常温储存在钢瓶或槽罐中，钢瓶净重常为50kg、100kg、500kg、1000kg，槽罐净重常为25t左右。

4. **溶解性**

氯气易溶于二硫化碳和四氯化碳等有机溶剂，微溶于水，1 体积水在常温下可溶解 2 体积氯气，形成黄绿色氯水，密度为 3.170g/L，比空气密度大。

（二）化学性质

1. **燃烧性**

氯气本身不会燃烧，但氧化性很强，遇氢气等可燃气体可形成爆炸性混合物，液氯还能与许多有机物如烃、醇、醚、氢气等发生爆炸性反应。

2. **强氧化性**

氯气与水反应生成次氯酸（HClO）和盐酸，不稳定的次氯酸迅速分解生成活性氧自由基，因此水会加强氯的氧化作用和腐蚀作用。氯气能和碱液（如氢氧化钠和氢氧化钾溶液）发生反应，生成氯化物和次氯酸盐。氯气在高温下与一氧化碳作用，生成毒性更大的光气。

加热下可以与所有金属反应，如金、铂在热氯气中燃烧，而与 Fe、Cu 等变价金属反应则生成高价金属氯化物。

3. **毒害性**

氯气具有强烈的刺激性和毒害性，空气中最高允许浓度仅 $1mg/m^3$，半数致死量 LC_{50} 仅为 $850mg/m^3$（或 293ppm），属于急性有毒气体，一旦发生泄漏，常常引起大量人员中毒或死亡。

氯气吸入后与黏膜和呼吸道的水作用形成氯化氢和新生态氧，氯化氢可使上呼吸道黏膜炎性水肿、充血和坏死；新生态氧对组织具有强烈的氧化作用，并可形成具有细胞原浆毒作用的臭氧。氯浓度过高或接触时间较久，常可致深部呼吸道病变，使细支气管及肺泡受损，发生细支气管炎、肺炎及中毒性肺水肿。由于刺激作用使局部平滑肌痉挛而加剧通气障碍，加重缺氧状态；高浓度氯吸入后，还可刺激迷走神经引起反射性的心跳停止。所以氯气中毒的明显症状是发生剧烈的咳嗽。症状重时，会发生肺水肿，使循环作用困难而致死亡。由食道进入人体的氯气会使人恶心、呕吐、胸口疼痛和腹泻。

在氯气泄漏事故现场，如果发生火灾，可燃物燃烧产生的一氧化碳，还会与氯气反应生成毒性强于氯气 30 倍的光气（$COCl_2$），从而加大人畜中毒的严重性。

二、氯气泄漏事故特点

氯气发生泄漏，扩散速度快，危害范围大，易造成大量人员中毒伤亡，会污染空气、水体和土壤，并造成严重的环境污染事件，在生产和储运中还存在潜在爆炸危险，给事故处置带来较大困难。

（一）扩散迅速，危害范围大

液氯泄漏后体积迅速扩大，能扩大 400 多倍。随风或向低洼处漂移，形成大面积染毒区。氯气比空气重 2.5 倍，在重力作用下易向地势低凹的地方扩散聚集。在常温常压无风条件下，氯气在水平方向的扩散速度是 0.56m/s。泄漏的氯气会通过人的口、鼻、皮肤毛细孔侵入人体造成中毒，尤其在风力比较大的情况下，有毒气体会顺风扩散到很远，使周围地区的广大群众受到严重威胁。

（二）易造成大量人员中毒伤亡

氯气可通过呼吸道、眼睛、皮肤等途径侵入人体，导致中毒，造成伤亡。氯气对人畜的伤害作用很大，属急性有毒气体。当人体接触或吸入氯气后，身体会产生明显的腐蚀中毒症状，表现为皮肤红肿、溃疡，呼吸困难、鼻腔气管刺激难受，胸闷、咳嗽、流泪，甚至休克或死亡。氯气对人的眼睛和呼吸系统黏膜有极强的刺激性，120～180mg/m^3，30～60min可引起中毒性肺炎和肺水肿；300mg/m^{3}时，可造成致命损害；3000mg/m^{3}时，危及生命；高达30000mg/m^{3}时，一般过滤性防毒面具也无保护作用。如2017年5月13日，河北省沧州市利兴特种橡胶股份有限公司发生氯气泄漏事故，导致该公司现场员工及附近人员中毒，事故造成2人死亡、25人入院治疗，周边群众1000余人被紧急疏散。

氯气的伤害程度与其浓度、接触时间以及温度、湿度等条件有关，如表4.1所示。

表4.1 氯气对人体的危害

氯气浓度	中毒症状
0.2～3ppm	闻到气味，鼻轻微发痒，可忍耐
1～3.5ppm	黏膜受刺激，轻度呼吸困难，可忍受1h
5～15ppm	黏膜刺激强烈，中度呼吸困难，短时间里难以忍受
30ppm	呼吸困难，立即产生咳嗽、胸闷、胸痛、恶心、呕吐等
40～60ppm	中毒性肺炎或肺水肿
430ppm	30min内可致人死亡
1000ppm	数分钟内可致人死亡

注：1ppm＝1×10^{-6}mg/m^3。

（三）生产和储运中有潜在爆炸危险

氯气在生产和储运中有可能产生三氯化氮，或与纯净的氢气发生反应，存在潜在爆炸危险。

1. 三氯化氮爆炸危险

工业生产中，大量的氯气是通过电解食盐水得到的。生产过程中有以下反应发生：

主反应：$2NaCl+2H_2O=2NaOH+H_2\uparrow$（阴极）$+Cl_2\uparrow$（阳极）

在一定条件下，Cl_2还能与作为制冷剂使用的氨或食盐水中的杂质铵盐反应生成副产物三氯化氮（NCl_3）。

副反应：$3Cl_2+NH_3=NCl_3+3HCl$

$3Cl_2+2NH_4^+=2NCl_3+8H^+$

三氯化氮是一种性质极不稳定的物质，当受热（≥93℃）或搅动、振动时，就有可能引起分解爆炸，反应式：$2NCl_3=N_2+3Cl_2$。

当液氯蒸发用完后，所用容器均须用水和碱水冲洗，以除去被三氯化氮污染的液氯后，方能修理和使用。

2. 与氢气反应

如果氯气与氢气分离提纯不达标，或发生泄漏事故，则能形成爆炸性混合物，遇到火源即发生爆炸，反应式：$H_2+Cl_2=2HCl$。

（四）事故处置难度大

氯气发生泄漏事故，救援人员防护要求高，堵漏难度大，洗消困难，事故处置难度大。

1. 堵漏难度大

在生产过程中，通常用加压至0.3～0.4MPa，或降温到－15～－10℃的办法，使氯气液化，并将液氯储存在容积约为12～15m^3的储罐中进行保存。为了保温，罐体用保温层包裹，直接与冷凝器、气化器和中转槽相连接。因此，管道、容器、仪表、阀门很多，连接工艺复杂，管道或储罐破裂开口不规则，有的长有的短，宽窄不一，加之所处环境条件不同，采取堵漏的措施方法难以实施。在仓储和运输中，一般是在常温下将氯气加压至0.6～0.8MPa，使其液化，并分装在容积约为0.3～0.5m^3的小型钢瓶中进行储存。如果氯气瓶的气瓶阀或瓶体损坏破裂，因为泄漏的是高压氯气，所以救援人员需要一级防护，着装很笨重，同时还要用水枪掩护，视线不好，操作面湿滑，如空气呼吸器面罩系不紧或防化服穿着不严密会造成中毒的危险，因此堵漏难度很大。

2. 中和洗消困难

氯气相对密度是2.5，比空气重，泄漏后沿地面到处扩散，给周围群众和救援人员带来严重威胁，因泄漏所处地点不同，采取化学中和反应的措施消除危险源有一定困难。若遇到氯气瓶泄漏无法堵漏时，氯气一旦扩散，洗消面积大，洗消时间长，洗消废液多，这些都增加了洗消的难度。

3. 易造成器材装备腐蚀性损坏

因为含氯的水中有HCl、HClO生成，因此，在救援过程中，一旦器材装备与含氯废水接触而得不到及时清洗，就会产生酸性和氧化性损坏；如果用氢氧化钠溶液、石灰水等试剂对氯气洗消，它们也会对器材装备造成碱性腐蚀损坏。

（五）污染环境，洗消困难

氯气泄漏后，对环境的破坏作用是全方位、立体型的，会污染空气、水体和土壤，并造成严重的环境污染事件。大量氯气泄漏，严重污染空气、地表及水体，并易滞留在下水道、沟渠、低洼地等处，不易扩散，全面、彻底洗消困难，如处理不当将在较长时间内危害生态环境。受氯气污染的空气，会使人畜中毒，会腐蚀建筑物，使农作物和植被枯死，产生严重的生态后果。氯气微溶于水，常温常压下，1L水能溶解2.7L氯气。氯气溶于水后，生成HCl、HClO，使水质的$pH<7$，呈酸性。因此，受氯气污染的水源一旦流入江河、沟渠、湖泊，渗透到土壤里，就会对水质和土质产生酸性污染，对渔业和农业生产造成影响。

三、氯气泄漏事故处置措施

对氯气泄漏的处置，要坚持“尽早发现，快速处置，加强防护，及时疏散，控制范围，彻底洗消”的原则。

（一）接警出动

消防队伍接到氯气泄漏事故报警后，问清氯气泄漏事故的规模和发生场所，根据事故情况，调集和组织专业特勤力量安全迅速赶赴现场。在力量调集时，需要调用的洗消剂有氢氧化钠、石灰、碳酸钠、肥皂等；处置时间长还需做好饮食、饮水、医疗、油料等后勤保障工作。

（二）初期管控

第一到场力量在上风或侧上风方向安全区域集结，尽可能在远离且可见危险源的位置停靠车辆，建立指挥部。派出侦检组开展外部侦察，划定初始警戒距离和人员疏散距离，设置安全员控制警戒区出入口。搭建简易洗消点，对疏散人员和救援人员进行紧急洗消。

1. 初期侦察

行驶途中或到达现场，初步获取以下灾情信息。

① 询问现场知情人或通过指挥中心信息推送，了解灾害事故类型和危险品名称、性质、数量、泄漏部位、范围及人员被困等主要信息。

② 利用电子气象仪等工具，测定事故现场的风力、风向、温度等气象数据。

③ 通过直接观察或使用望远镜、无人侦察机等工具，查看事故车体、箱体、罐体、瓶体等的形状、标签、颜色。

2. 停车距离

根据初期侦察情况，选择上风或侧上风向停靠车辆和集结人员，车头朝撤离方向。一般情况下，小规模泄漏的集结停车距离不小于 300m，大规模泄漏的集结停车距离不小于 500m，并保持不低于 150m 的处置安全距离。

3. 初始隔离

（1）设置警戒

根据初期侦察情况，主要根据氯气的泄漏量，现场的气候条件（风向、风力大小）划定事故现场初始警戒距离，在警戒区设置标识牌，并设立警戒人员，禁止车辆及与事故处置无关的人员进入。在上风向设置出入口，严格控制人员和车辆出入，实时记录进入现场作业人员数量、时间和防护能力。初始警戒距离一般情况下，氯气瓶泄漏不小于 150m，液氯储罐泄漏不小于 450m，大量氯气泄漏时（≥200L），应在距事故核心点下风方向长 1500m、宽 400m 的范围内警戒。

然后运用化学灾害事故辅助决策系统，计算出事故区域的范围，进行分区间的多层警戒，对附近人员进行疏散。

（2）快速疏散转移群众

根据初期侦察情况，划定事故现场人员疏散距离，将危险区域人员疏散至上风向安全区域（优先疏散下风向人员），并进行简易洗消。疏散转移过程中，尽量选择氯气扩散速度较慢的逆风或侧风方向的路线撤离。安全疏散距离（下风方向）可按表 4.2 确定。

表 4.2 氯气疏散距离 m

化学品名称	小量泄漏(<200L)			大量泄漏(≥200L)		
	紧急隔离	白天疏散	夜间疏散	紧急隔离	白天疏散	夜间疏散
氯气	30	200	1200	240	2400	7400

4. 搭建简易洗消点

简易洗消点应设置在初始警戒区域外的上风方向，力量到场后 15min 内搭建完成，用于对初期疏散人员和救援人员紧急洗消。

（三）侦察研判

采取编码标识、标志识别和仪器侦检等方法，确定危险源性质、范围、危害程度及被困人员数量和位置，并对事故现场进行评估。

① 通过询问、侦察、检测、监测等方法，以及测定风力和风向，掌握泄漏区域气体浓度和扩散方向。

② 查明遇险人员数量、位置和营救路线。

③ 查明泄漏容器储量、泄漏部位、泄漏强度，以及安全阀、紧急切断阀、液位计、液相管、气相管、罐体等情况。

④ 查明泄漏区域内是否有能与氯气发生剧烈反应的危险化学品情况，有无潜在的爆炸因素，如有无三氯化氮杂质、氢气、石油液化气等可燃气体存在。

⑤ 查明储罐区储罐数量和总储存量、泄漏罐储存量和邻近罐储存量，以及管线、沟渠、下水道布局走向。

⑥ 了解事故单位已经采取的处置措施、内部消防设施配备及运行、先期疏散抢救人员等情况。

⑦ 查明拟定警戒区内的单位情况、人员数量、地形地物、交通道路等情况。

⑧ 掌握现场及周边的消防水源位置、储量和给水方式。

⑨ 分析评估泄漏扩散的范围、可能引发爆炸燃烧的危险因素及其后果、现场及周边污染等情况。

（四）安全防护

救援人员到场后，应积极做好个人防护，防止救援人员中毒，进入重危区的人员必须实施一级防护，并采取水枪掩护。现场作业人员的防护等级不得低于二级。

（五）生命救助

在处置过程中坚持救人第一的原则，应始终把抢救人命作为首要任务，充分发挥人员和装备的优势，全力救助遇险群众。在第一时间内组织疏散群众，抢救中毒遇险群众，将事故可能导致的人员伤亡降到最低限度。组成救生小组，携带救生器材进入重危区和轻危区。采取正确的救助方式，将遇险人员疏散、转移至安全区。对中毒遇险人员应进行呼吸系统安全防护，如佩戴简易防毒面罩。对救出人员进行登记、标识，移交医疗急救部门进行救治。

（六）现场处置

根据灾情评估结果，结合现场泄漏、燃烧、爆炸等不同情况，采取转移危险物品、稀释降毒、关阀堵漏、输转倒罐、化学中和、浸泡水解护等方法进行处置。

1. 转移危险物品

对事故现场和可能扩散区域内能够与氯气发生化学反应的乙炔、氢气等危险化学品和易燃可燃物体，能转移的立即转移，难以转移的应采取有效保护措施，防止发生激烈反应或爆炸。

2. 稀释降毒，控制氯气扩散范围

氯气比空气重，在泄漏点附近的小范围内，一部分氯气向上空飘散，另一部分则会贴近地面向四周扩散，且在顺风方向扩散速度较快。因此，应启用固定消防设施或设置水枪对泄漏的氯气稀释降毒，控制氯气扩散范围。

① 启用事故单位喷淋泵等固定、半固定消防设施。

② 以泄漏点为中心，在储罐、容器的四周设置水幕或喷雾水枪、屏障水枪喷射雾状水进行稀释降毒。通过消防车，用10%～15%的可溶性碱液（如氢氧化钠、碳酸氢钠、碳酸钠等溶液）进行屏幕式喷洒，对泄漏氯气进行洗消控制。实践证明，此项措施能迅速高效地对氯气进行洗消，大大缩小警戒范围，可为转移疏散工作创造有利条件。洗消液要挖坑引流，设法收集处理，防止污水横流，污染环境。

③ 采用雾状射流形成水幕墙，防止气体向重要目标或危险源扩散。

④ 稀释不宜使用直流水，以节约用水、增强稀释降毒效果。

3. 关阀堵漏

① 生产装置或管道发生泄漏、阀门尚未损坏时，可协助技术人员或在技术人员指导下，使用喷雾水枪掩护，关闭阀门，制止泄漏。

② 罐体、管道、阀门、法兰泄漏，采取相应的堵漏方法实施堵漏。

4. 输转倒罐

不能有效堵漏时，应控制减少泄漏量，采取烃泵倒罐、惰性气体置换、压力差倒罐等方法将其导入其他容器或储罐。

5. 化学中和

储罐、容器壁发生小量泄漏，可在消防车水罐中加入碳酸氢钠、氢氧化钙等碱性物质向罐体、容器喷射，以减轻危害。也可将泄漏的氯气导入碳酸氢钠等碱性溶液中，加入等容量的次氯酸钠进行中和，形成无危害或微毒废水。

6. 浸泡水解

运输途中体积较小的液氯钢瓶发生损坏或废旧钢瓶发生泄漏，又无法制止外泄时，可将钢瓶浸入氢氧化钙等碱性溶液中进行中和，也可将钢瓶浸入水中稀释降毒，做好后续处理工作。要严防流入河流、下水道、地下室或密闭空间，防止造成污染。

（七）全面洗消

氯气泄漏事故发生之后，污染范围大，影响严重，为了能尽快把事故危害降低到最低点，在现场实施洗消处理是十分必要的。因此，要选用合适的洗消药剂，对作业区域内人员、车辆、器材进行全面洗消，协助有关部门开展污染场地清洗。

1. 设置洗消站

在危险区和安全区交界处设置洗消站。

2. 洗消对象

中毒人员在送医院治疗前必须进行洗消，现场参与抢险人员和救援器材装备在救援行动结束后要全部进行洗消。

3. 洗消方法

(1) 化学消毒法

处理氯气泄漏事故最常用的化学洗消法是中和洗消法，常用的碱性洗消剂包括消石灰及其水溶液、苏打等碱性溶液或氨水（10%）。用碳酸钠、氢氧化钙、氨水等碱性溶液喷洒在染毒区域或受污染物体表面，进行化学中和，形成无毒或低毒物质。它们的用量估算值如表4.3所示。

表 4.3　氯气事故洗消剂用量

洗消剂	化学反应式	摩尔比（Cl_2：洗消剂）	质量比（Cl_2：洗消剂）	实际用量取理论值的1.2倍
$Ca(OH)_2$	$2Cl_2+2Ca(OH)_2 = Ca(ClO)_2+CaCl_2+2H_2O$	1∶1	1∶1.04 近似1∶1.1	1.32
Na_2CO_3	$Na_2CO_3+Cl_2 = NaClO+NaCl+CO_2$	1∶1	1∶1.49 近似1∶1.5	1.8
$NH_3 \cdot H_2O$	$Cl_2+2NH_3 \cdot H_2O = NH_4ClO+NH_4Cl+H_2O$	1∶2	1∶1	1.2

举例：若用15%的Na_2CO_3溶液对1t氯气进行洗消，约需要1.5t Na_2CO_3，8.5t H_2O；实际用量需要1.8t Na_2CO_3，10.2t H_2O。

（2）物理消毒法

用吸附垫、活性炭等具有吸附能力的物质，吸附回收后转移处理。常用的氯气物理消毒方法有如下几种。

① 通风消毒法。适用于氯气为气体状态、少量的并且处于局部空间区域时使用，如车间内、库房内、污水井内、下水道内等。主要是通过大功率的风机加大空气流动，减少空间中氯气的浓度。采用强制通风消毒时，局部空间区域内排出的有毒气体或蒸气不得重新进入局部空间区域。若采用机械排毒通风的办法实施消毒，排毒口应根据有毒气体或有毒蒸气的密度与空气密度的相对大小，来确定排毒口的具体位置。

② 冲洗消毒法。主要是通过水枪对泄漏部位及其附近区域进行冲刷，并在警戒范围外设置水幕，防止出现二次污染。在采用冲洗消毒法实施消毒时，若在水中加入某些洗涤剂，如洗衣粉、肥皂、洗涤液等，冲洗效果更好。冲洗消毒法的优点是操作简单，腐蚀性小，冲洗剂价廉易得；其缺点是耗水量大，处理不当会使毒剂扩散和渗透，扩大了染毒区域的范围，甚至会导致地下水污染。

③ 吸附消毒法。主要是利用具有较强吸附能力的物质来吸附化学毒物，如吸附垫、活性白土、活性炭等。吸附消毒法的优点是操作简单，吸附剂没有刺激性和腐蚀性；其缺点是消毒效率较低，一般情况下只适于液氯泄漏时的局部消毒，作用面积小。

（3）简易排毒法

对染毒空气可喷射雾状水进行稀释降毒或用水驱动排烟机吹散降毒，也可对污染区实施暂时封闭，依靠日晒、雨淋、通风等自然条件使有毒物质消失。

4. 防止二次污染

洗消和处置用水排放必须经过环保部门检测，防止造成二次污染。

四、氯气泄漏事故处置行动要求

氯气泄漏事故对救援人员危险性大，处置要求高，因此，处置时应严格遵守处置行动要求。

（一）注意车辆停放位置

在泄漏区域的上风方向设置指挥部和停放救援车辆，并保持适当距离。应从上风、侧上风方向选择进攻路线，设置水枪阵地。

（二）加强安全防护

进入警戒区作业的人员一定要专业、精干，严格按照防护等级进行个人防护，并使用喷雾水枪对救援人员进行掩护。救援过程中，要求所有参战人员必须严格执行个人防护等级标准，严格检查装备的完好有效性，严格执行防护装备佩戴使用规程，保障通信联络畅通；战斗结束后，要组织参战人员进行体检，确保人员安全。

（三）加强安全监测

设立现场安全员，确定撤离信号，实施全程动态仪器检测，及时掌握灾情发展变化情况。一旦发现险情加剧、难以控制，危及救援人员安全时，要果断进行安全撤离。

（四）密切关注救援人员的身体状况

要注意观察、掌握参与救援人员的身体状况，进行跟踪检查。对轻微中毒人员应立即转移到空气新鲜处，对接触毒物的皮肤可用温水或清水冲洗，症状严重者要立即送医院救治。

（五）加强与技术人员的协同配合

液氯生产、储存装置发生泄漏，主要由事故单位专业人员采取工艺措施和技术手段进行处置，消防力量进行协助、掩护和监护。当事故单位不能采取有效堵漏措施时，消防力量应在专业技术人员的指导、配合下进行处置。救援过程中要采取筑堤、挖沟或挖掘坑等措施，对废液引流收集后进行集中处理，防止环境次生灾害事故的发生。

五、氯气泄漏事故救援战例分析

2005 年 3 月 29 日 18 时 50 分，某高速公路 103km 处发生一起重大交通事故，1 辆满载液氯的槽车由北向南行驶，因左前轮爆胎，冲断高速公路中间隔离栏至逆向车道，与由南向北行驶载有液化石油气空钢瓶的卡车相撞，导致液氯槽车翻车，车头与罐体脱离，槽罐进、出料口阀门齐根断裂，液氯大量泄漏。液化石油气空钢瓶的卡车司机当场死亡，槽罐车驾驶员未及时报警，逃离事故现场。

（一）基本情况

1. 事故车辆情况

液氯槽罐车槽罐长 12m，罐体直径 2.4m，额定吨位为 15t，实际载有 40.44t 液氯，超载 25.44t。在这次事故发生以后，经有关部门对车辆进行检测发现，车辆有半年没有经过安全部门检测，左前轮胎已报废，达不到危险化学品运输车辆的性能要求。被撞挂卡车长 13m，装载液化气空钢瓶（5kg）约 800 只。

事故点下风及侧下风方向主要有 7 个行政村，其中邻近有一个村 3 个组 200 户约 550 人左右，离事故点最近住户的直线距离只有 60m。

2. 天气情况

29 日 18 时，晴到多云，东到东南风，风力 3 级左右，风速 3.8m/s，气温 12℃；30 日晴，东南到南风，风力 1 到 2 级，风速 0.8～3.2m/s，气温 6～20℃；31 日晴，南到东南风，风力 1 到 2 级，风速 0.8～3.2m/s，气温 6～21℃。

3. 水源情况

事故现场没有可以利用的水源，最近的取水点有三处，都是口径为 150mm、流量 18L/s 的室外消火栓。一是事故点北面的高速北出口处（8km），二是事故点南面的高速公路服务区（12km），三是事故点南面的高速公路收费站（16km）。

（二）事故救援处置经过

1. 接警出动

3 月 29 日 18 时 55 分，市消防支队接到公安 110 指挥中心转警，高速公路某段上行线 103km＋300m 处发生交通事故，大量的液化气钢瓶散落地面，并发生泄漏。支队长立即率领 3 个中队 11 辆消防车（2 辆抢险救援车、6 辆水罐车、3 辆泡沫车）、90 名消防人员迅速出动。考虑到高速公路可能会造成交通堵塞，为抓住有利战机，决定分别从北入口、南入口进入，于 20 时 10 分、12 分相继到达现场。

2. 成立救援指挥部

到场后，立即在距事故点侧上风方向 200m 处，成立以支队长为总指挥的抢险指挥部，下设侦检、搜救、疏散、堵漏、稀释和安检 6 个战斗小组，同时命令侦检小组进行侦检。

3. 侦察检测

20 时 25 分左右，侦检小组查明泄漏源来自侧翻的槽罐车，车上无人，确定泄漏物质为氯气，泄漏口为两个比较规则的圆形孔洞，泄漏量很大（约一半左右）。另一辆卡车运载的液化气钢瓶为空瓶（5kg），司机已死亡。查明后侦检组立即向总指挥报告侦察情况。

4. 设立警戒

根据侦察情况，指挥部运用化学灾害事故辅助决策系统，计算出事故区域的范围。其中，重危区约 $0.64km^2$，轻危区约为 $9.8km^2$，警戒区为 $15km^2$。并在离事故点上风 1km 和下风 1.5km 处设立警戒线。

村庄警戒区设定：下风方向 600m 为重危区，下风方向 1800m 为轻危区。警戒区为周围 $15km^2$。

1t 氯气泄漏死亡半径为 30.6m，现场氯气槽罐装载量相当大（40.44t），泄漏近一半左右，根据氯气的危险特性和现场实际情况，前沿指挥员意识到事态十分严重，当即决定加大警戒、搜救范围。决定疏散、警戒范围扩大到 $15km^2$。

5. 现场照明

利用特勤中队抢险救援车上的固定和移动照明设备及路政提供的照明设备进行现场照明。

6. 疏散救人

组成五个搜救小组，每组 4 人，由 1 名组长负责，迅速进入村庄进行疏散救人。在整个救援过程中，共营救出 84 名中毒群众。引导疏散遇险群众 3000 余人。

7. 快速堵漏

20 时 25 分，根据侦检组查明泄漏点的情况，指挥员命令堵漏人员，穿着全密封防化服，携带堵漏木塞，在水枪掩护下迅速实施堵漏。指挥部要求：堵漏人员要精干，行动要迅速，要佩戴空气呼吸器，穿着全密封防化服，在水枪的掩护下实施。

21 时许，堵漏小组用堵漏木塞，经过密切配合，成功地封堵两个泄漏孔，同时，稀释小组对泄漏区保持不间断的稀释驱散。

8. 安全检查

为了确保参战人员的安全，明确专人负责个人防护装备检查，记录人员进出情况，强调进出时间。

9. 确定中和方案，消除毒源

指挥部考虑到堵漏木塞长时间有可能被腐蚀，液氯随时都有泄漏的危险，如果液氯槽罐不及时转移，毒源不彻底消除，危险就随时会存在，高速公路无法恢复通车。指挥部研究制定排险方案，最终确定在事故点侧上风方向约 300m 的高速公路桥下，构筑中和池，将泄漏槽罐置入池中，加入氢氧化钠溶液进行中和。

10. 起吊槽罐

3 时 30 分，第一次使用 50t 吊车起吊没有成功（因为超载，对重量估计不足），指挥部研究决定，再调集 1 辆 50t 吊车到达现场，采取两辆吊车同时起吊的方法起吊。11 时许，液氯槽罐被成功吊起，移至大型平板车上。

12 时 40 分，在消防人员的监护下，液氯槽罐安全转移到中和池边。

由于受场地和吊车起吊重量的制约，无法将槽罐准确放入池中，指挥部又紧急从连云港港务局调来 1 辆 150t 的大型吊车。

15 时 30 分，液氯槽罐被准确放入池中。

11. 中和反应、消除毒源

截至 19 时，指挥部共调集 300t 30%氢氧化钠溶液到达现场，进行中和。为加速中和，同时又保证安全，用消防钩对木塞进行了松动。

31 日 9 时许，为加快中和速度，指挥部决定用水带直接将氢氧化钠溶液引至泄漏口进行中和。

19 时 15 分左右，槽罐内液氯中和完毕。中和池旁，监测浓度：0.1mg/m^3。

（三）战例评析

1. 到达事故现场时时间长

救援力量分别从北入口、南入口进入，于 20 时 10 分、12 分相继到达现场，用时分别为 1 小时 15 分和 1 小时 17 分。

（1）距离远

支队从高速公路北入口距现场 28km，其中高速公路 5km、支队到北入口 23km（城区 5km、县级公路 18km）；从南入口到现场有 35km，其中支队到南入口 16km（城区 7km、高速公路连接线 9km）、高速公路 19km。

（2）车辆拥挤

当时由于市区车辆拥挤，县级公路道路狭窄且无照明和中间隔离，行驶较慢，而高速公路上车流量大（当日有 18665 辆），车辆严重堵塞，疏导困难。

（3）深入调查研究，加强熟悉演练，提高复杂情况下的作战能力

高速公路车流量大、流动性大，事故发生突然，致使现场滞留车辆多，交通严重堵塞；现场氯气浓度高、范围大，环境险恶，使救援工作十分困难。针对这种情况，消防队伍在加强“六熟悉”的同时，还要加强主要道路沿线情况的熟悉，要经常组织人员进行夜间、险恶环境下的训练，提高消防人员在此环境下的适应能力和作战能力，加强对高速公路应急救援预案，特别是在交通堵塞情况下的演练。

2. 加强自救和互救

由于驾驶员逃逸，延误报警，错过了最佳营救时机，导致 28 名群众中毒死亡，其中 23 名群众经过尸体解剖，确定死亡时间在 19：00～19：30 之间，5 名群众在医院抢救中死亡。死亡群众多数位于乡间小道、麦地里。350 人住院治疗，270 人留院观察。

液氯泄漏，扩散速度快，受风速和温度影响大，易在沟渠、低洼处沉积，能渗透普通衣物，危害人体。当地村民因缺乏自救意识和常识（应逆风或侧风逃生），贻误了最佳时机，造成 28 人死亡。因此，要加强对危险化学品的宣传力度，普及自救常识和方法，提高群众的自我保护能力。

3. 安全防护

（1）采取的措施

① 指挥部根据现场情况命令全体人员必须穿防护服、佩戴空气呼吸器，加强个人防护，确保自身安全；进入现场的人员严格记录，强调进出时间，检查个人防护装备。

② 进入村庄进行疏散救人时，要求搜救人员在组长的带领下严密进行，小组成员之间

要有明确的联络信号（如手势），不得单独行动，在行动过程中要经常保持联络，小组长随时要对成员佩带的空气呼吸器进行检查，发现问题，立即带领小组成员返回安全地带。

③ 明确专人负责个人防护装备检查，要求：一是认真检查进入现场人员佩戴的空气呼吸器的情况；二是规定战斗小组进入毒区的行动时间和返回时间；三是密切注视进入毒区人员特别是搜救人员空气呼吸器使用的时间；四是及时下达返回的命令。

(2) 中毒原因分析

25 名消防人员中毒的主要原因如下。

① 进入村庄路途较远，从指挥部到最近的一户有 250m 左右，最远的有 700～800m，地形不熟。

② 救人都是跑步前进，体能消耗大，导致呼吸量加大，肺活量增大，用气量多，空气呼吸器使用时间缩短，1 具 6.8L 空气呼吸器理论使用时间为 60～68min，经测试在小跑的情况下使用时间为 26～30min，以至消防人员在救人途中中毒，这种原因中毒有 17 人。

③ 长时间在事故现场近距离接触氯气，加之劳累过度，抵抗力下降而中毒，这种原因中毒有 8 人。

(3) 加强危险化学品的学习宣传，增强防护意识，提高自防自救能力

这起事故发生在夜间的农村，距离市区约 30km，农村没有照明一片漆黑，救援人员地形不熟；这次应急救援事故时间长达 65h，一线人员由于任务重、参战时间长、体能消耗大，造成抵抗力下降，加之受条件限制（不能人人得到全封闭的防护），以至有 8 人轻微中毒。为此，在处置类似救援战斗中，要强化个人防护，必须着有效的防护装备。

(4) 加强器材装备配备，提高保障能力

这次事故范围大、参战人员多、防护要求高，进入毒区的所有救援人员（消防人员、地方党政领导、工程技术人员等）都要佩戴防护装备，消耗量非常大，而现场远离市区且受充灌设备的限制，补给困难，难以满足现场需要（支队充灌设备同时充满两个空气钢瓶需要 10min）。为此，应建立救援物资储备库，加强器材装备配备，提高大规模、长时间救援现场的保障能力。

4. 槽罐起吊用时较长

高速公路情况特殊，灭火救援往往离不开大型起吊、运输设备。这次事故共调用吊车 3 辆，大型平板车 1 辆。由于肇事槽罐车超载严重，先后调集 50t 吊车 2 辆、150t 吊车 1 辆。由于事故车辆严重超载，以至对重量估计不足，第一次使用 50t 吊车起吊没有成功，再次调集，加之大型起吊、运输设备都为企业所有，没有列入联动单位，导致调集时间长，同时受路途和行驶速度的影响，到场缓慢，从而严重阻碍了救援工作的进行。

针对这种大规模、大范围、多种力量参战的大型救援活动，地方各级政府要在建立联动救援机制，制订救援预案的基础上，经常组织协同演练，以提高整体作战能力。对辖区大型起吊、运输和输转设备进行统计，建立数据库，建立长效联动机制，完善救援体系，提高应急救援快速反应能力。

思考题

一天中午，天气晴朗，东南风 3 级。某市的一个废品收购站里突然发出一声震响，随即冒出了一股刺鼻的黄绿色气体，当场就有 5 人中毒晕倒，并使周围一定范围里的人群呼吸不

适，情况十分危急。事故发生后，群众向119报了警，辖区消防中队（有20人，空气呼吸器每人1具，水罐车3辆、多功能化抢险车1辆）仅5min就到达了事故现场。经现场侦检了解到，原来是埋在一堆废金属物品里的一个废弃氯气瓶阀门损坏引发的氯气泄漏事故，估计瓶中存有氯气200kg，在离氯气瓶约10m的一个厨房里有一个15kg的液化气瓶，离废品站不到100m的地方有一个加油站，有汽油20t、柴油25t等。如果你是辖区消防中队的指挥员，根据案例材料请回答下列问题：

1. 辨识本案例中的危险源和事故类型。
2. 第一时间应如何调集应急救援力量？
3. 试制订一个科学有效的事故处置方案（包括现场侦检、人员救治、疏散、警戒、处置方法及步骤、安全防护等内容）。
4. 氯气处置可选用什么洗消剂？写出反应方程式。本案例中，若用生石灰处置需要多少千克才可将氯气完全中和洗消？

第二节 液化石油气泄漏事故应急救援

学习目标

1. 熟悉液化石油气的组成、用途、储存形式、理化性质等基本信息。
2. 熟悉液化石油气的危险特性、事故特点。
3. 掌握液化石油气泄漏事故处置措施、安全保障等内容。

石油气是一种常见的易燃易爆物品，主要用于石油化工原料，也可用作燃料。液化石油气热值很高，燃烧完全，液化后可用特制的槽罐进行储存和运输或用管道输送，十分方便，是一种优良清洁的民用燃料，在家庭生活和工业生产中应用广泛。由于液化石油气的易燃易爆特性，在生产、储存、运输、经营、使用过程中易发生泄漏和爆炸燃烧事故，造成人员伤亡和财产损失。

一、液化石油气的理化性质

石油气是开采或炼制石油的过程中的副产品，是一种混合气体，主要成分是丙烷、丙烯、丁烷、丁烯、异丁烷、异丁烯、丁二烯等。液化石油气为无色气体或黄棕色油状液体，一般加有特殊臭味的醛类或硫化物，便于察觉该气体的存在。

（一）物理性质

1. 密度

液态液化石油气密度为580kg/m^3，气态密度为2.35kg/m^3，气态相对密度1.686，比空气重，液态相对密度0.5，比水轻。

2. 易液化

液化石油气常温常压下呈气态，当压力升高或温度降低时，很容易变成液态，因此便于储存和运输。液化石油气的主要成分丙烷的临界温度为96.8℃，临界压力为4.25MPa，所以在常温下加压（0.8MPa左右）就可以使其液化灌入钢瓶。可用火车（或汽车）槽车、LPG船在陆上和水上运输。

（二）化学性质

1. **易燃易爆性**

液化石油气成分中包含的烃类化合物的闪点和自燃点非常低，很容易引起燃烧。其引燃温度为426～537℃，燃烧值为45.22～50.23MJ/kg。与空气混合能形成爆炸性混合物，爆炸极限为1.5%～9.5%，遇明火、高热极易燃烧爆炸。与氟、氯等能发生剧烈的化学反应。其蒸气比空气重，能在较低处扩散到相当远的地方，遇明火会引起回燃。若遇高热，容器内压增大，有开裂和爆炸的危险。

2. **毒性**

液化石油气是一种有毒气体，属于低毒类（$1000mg/m^3$），但是这种毒性的挥发是有一定条件的。只有当液化石油气在空气中的浓度超过10%时，2min会使人麻醉。中毒症状有头晕、头痛、兴奋或嗜睡、恶心、呕吐、脉缓等症状，严重时有麻醉状态及意识丧失。

二、液化石油气泄漏事故特点

液化石油气发生泄漏，扩散迅速，易发生爆炸燃烧，复爆危险性大，火焰温度高，易造成人员冻伤。

（一）扩散迅速，危害范围大

液化石油气的储存容器有大型槽罐和小型液化气罐两种。储罐的设计额定压力≥1.77MPa。常温下，罐内的液化石油气为液体状。当罐体或阀门损坏时，高压液化石油气立即泄漏喷出，迅速汽化向四周扩散，以喷射状泄漏，由液相变为气相，体积迅速扩大，形成大面积危险区。液化石油气从液态转变为气态时，体积扩大250～350倍左右。汽化后的液化石油气比空气重，会沿着地表向低洼处扩散与空气混合，在泄漏口附近区域形成爆炸性混合物。

（二）易发生爆炸燃烧，火焰温度高

液化石油气爆炸下限极低，泄漏后极易与空气形成爆炸性混合物，遇火源发生爆炸或燃烧。液化石油气的爆炸浓度极限为1.5%～9.5%，爆炸危险度为4，最小点火能量为0.02mJ，属一级爆炸危险性气体。在液化石油气泄漏事故中，一方面由于极易形成爆炸混合物，另一方面在泄漏口处，由于受高速气流摩擦会产生静电火花（静电压≥300V时），或使用堵漏工具撞击易产生火星，还有事故点周边火源控制往往比较困难等不确定因素的影响，所以爆炸条件很容易形成，若稍有疏忽大意，极容易发生爆炸事故。例如：2017年6月5日凌晨1时，位于山东省临沂市临港经济开发区的金誉石化有限公司装卸区的一辆运输液化石油气罐车，在卸车作业过程中发生液化气泄漏爆炸着火事故，造成10人死亡、9人受伤。

（三）燃烧猛烈，复爆危险性大。

液化石油气的燃烧温度可达1800℃以上，燃烧异常猛烈；爆炸速度可达2000～3000m/s，火焰温度可达2000℃以上。火灾中，液化石油气的稳定燃烧被扑灭后，如一时无法切断气源或有效控制泄漏气体时，现场内就可能形成爆炸性混合气体，如遇明火极易发生第二次爆炸或燃烧。

（四）处置难度大，技术要求高

液化石油气发生泄漏的容器、部位、口径、压力等因素各不相同，灾情复杂、危险性大，处置技术要求高。

1. 现场能见度差，侦检难度大

大量液化石油气泄漏到空气中，由于膨胀汽化降温作用使得空气中的水蒸气迅速冷凝形成白雾云团，这些雾状混合气体比空气重，会在泄漏源附近边扩散、边紧贴地面聚集，形成浓密的“白雾”，白茫茫一片遮住人的视线，使泄漏事故现场的能见度降低。在这样的条件下，救援人员很难看清事故现场的情况，加大了侦察检测的难度。

2. 泄漏情况复杂，堵漏排险难度大

液化石油气槽罐是一种特制的钢质或铝质储罐，形状多为圆柱体或球体，其结构复杂，且连接配件多。小型气罐上装有止气阀、压力表、排气管等配件；大型储罐上设有排污、放散、液位计、压力测试等接口，罐体上连有气相、液相进出管线和阀门等装置。由于这些装置和配件的结构特殊，接口形状不规则，加之罐内的液化石油气处于高压状态，所以一旦罐体有裂口或配件装置有损坏而发生泄漏事故，堵漏难度大。

现场作业程序多、要求精准，要制订详细的处置方案，实施警戒侦检、关阀断气、堵漏驱散、转移倒罐、放空残气等处置措施，其中稍有不慎或失误，就会危害全局，酿成大祸。

（五）泄漏部位温度低，易造成人员冻伤

液化石油气具有较大的汽化热，约为403.7 kJ/kg。一旦发生泄漏，液化石油气大量喷出，立即汽化吸热，在泄漏口附近区域造成局部低温。若直接喷溅到人体上，则极易造成人员冻伤。

三、液化石油气泄漏事故处置措施

液化石油气发生泄漏事故应遵循“冷却抑爆，控制燃烧，止漏排险，慎重灭火”的战术原则；在上风、侧上风等安全区域内建立指挥部，利用通信、广播等手段，保障调度指挥；准确判断，确保重点，加强冷却，防爆抑爆；充分准备，适时灭火，防止冻伤；关阀堵漏，转料放空，控制险情，科学处置。

（一）准确受理警情，调集充足力量赶赴现场

1. 接警

指挥中心接到液化石油气泄漏报警时，要重点询问泄漏的容器、形式、地点、时间、部位、强度、扩散范围、人员伤亡或遇险等情况。

2. 力量调集

迅速按照出动计划、预案调集辖区中队、特勤中队和邻近中队等处置力量，同时根据现场情况适时调集增援中队到场。力量调集时，应加强第一出动，视情调派抢险救援、防化救援、水罐、泡沫、干粉、高喷等消防车辆，以及遥控水枪或水炮、水幕发生器、可燃（有毒）气体检测仪、防护、警戒、堵漏、输转、照明、通信和个人防护等器材。并及时向当地政府主管部门和领导汇报情况，视情报请政府启动应急预案，调集公安、安监、石油、化工、供水、卫生、环保、气象等部门和事故单位力量协助处置。

（二）快速侦检，尽快查明泄漏状况

救援力量到达现场后，应在进行外部观察和询问知情人的基础上，组织人员迅速深入事

故现场进行侦察检测，查清泄漏情况及可能发生的危害，及时向指挥部报告侦检结果，为下一步救援提供依据。

① 召集事故目击者、报警人、当事人及事故单位等知情人，了解事故发生的时间、原因，已经采取的处置措施、消防设施运行及消防水源位置、储量和给水方式等情况。

② 查明事故区域人员数量、分布情况，被困人员数量、有无人员伤亡及其具体位置，现场地势地貌、道路交通，以及周围有无火源等情况。

③ 利用实地侦察和仪器检测，查清泄漏容器储量、泄漏部位、强度及邻近容器储量、管线、沟渠、下水道布局走向和总储量等，利用侦检仪器检测事故现场气体浓度，明确泄漏扩散范围，测定现场及周围区域的风向、风速、气温等气象数据，掌握泄漏区气体流动方向。

（三）警戒疏散

1. 设置警戒

液化石油气罐车发生事故，如车辆受损未泄漏，初始警戒距离为300m，如车辆受损泄漏，初始警戒距离为500m；如储罐发生事故，初始警戒距离为1000m。然后再根据检测情况，划定警戒区域，将警戒区域划分为重危区、轻危区、安全区，并设立明显的警戒标识，布置警戒人员，在安全区外视情设立隔离带。合理设置出入口，最大限度地减少进入警戒区的人员数量，严禁一切无关人员和车辆进入液化石油气扩散区域；必要时，可由交警部门实施临时交通管制。在整个处置过程中，应实施动态检测，及时掌握液化石油气的扩散流动方向及气象变化情况，并据此对警戒范围进行调整。

2. 尽快组织疏散

组成救生小组，根据情况佩戴空气呼吸器、方位指示灯或呼救器等必要防护器材，携带救生器材迅速进入危险区搜寻遇险和被困人员，迅速组织营救和疏散。同时，要组织力量对泄漏扩散区域及可能波及范围内的所有人员进行及时疏散。疏散时应明确疏散方向，选择合理的疏散路线，并指导被困人员做好个人防护。缺乏防护器材时，可就地取材，采用简易防护措施保护自己，如将衣服、毛巾等织物用水浸湿后捂住口鼻，快速转移至安全区域。对救出人员进行登记、标识，移交医疗急救部门进行救治。安全疏散距离可按表4.4确定。

表4.4　压缩石油气隔离疏散距离

化学品名称	少量泄漏（＜200L）			大量泄漏（＞200L）		
	紧急隔离	白天疏散	夜间疏散	紧急隔离	白天疏散	夜间疏散
1071 压缩石油气	30m	200m	200m	60m	400m	500m

（四）禁绝火源，防止爆炸

切断警戒区内所有强、弱电源，熄灭火源，停止高热设备的运行；严格落实防静电措施，进入警戒区人员严禁携带、使用移动电话和非防爆通信、照明设备，严禁穿戴化纤类服装和带金属物件的鞋，严禁携带、使用非防爆工具。禁止机动车辆（包括无防爆装置的救援车辆）和非机动车辆随意进入警戒区。

（五）安全防护

进入重危区的人员必须实施二级以上防护，并采取水枪掩护。现场作业人员的防护等级不得低于三级。

（六）技术支持、确保供水、稀释抑爆

1. 技术支持

组织事故单位和石油化工、气象、环保、卫生等部门的专家、技术人员判断事故状况，提供技术支持，制订抢险救援方案，并参加配合抢险救援行动。

2. 确保供水

制订供水方案，选定水源，选用可靠高效的供水车辆和装备，采取合理的供水方式和方法，保证消防用水量。利用多种手段进行稀释防爆。

3. 稀释抑爆

① 启用事故单位喷淋泵等固定、半固定消防设施。

② 使用喷雾水枪、屏封水枪，设置水幕或蒸汽幕，驱散积聚、流动的气体，稀释气体浓度，防止形成爆炸性混合物。

③ 采用雾状射流形成水幕墙，防止气体向重要目标或危险源扩散。

④ 液化石油气若呈液相沿地面流动，可采用中倍数泡沫覆盖，降低其蒸发速度，缩小蒸汽云范围。操作时，要防止因泡沫强力冲击而加快液化石油气的挥发速度。

⑤ 对于聚集于建筑物和地沟内的液化石油气，可打开门窗或地沟盖板，通过自然通风吹散。同时还可采用防爆机械送风进行驱散。

⑥ 禁止用直流水直接冲击罐体和泄漏部位，防止因强水流冲击而造成静电积聚、放电引起爆炸。

（七）排除险情

救援人员应根据泄漏情况，在开花喷雾水枪全程实施掩护下，积极采取关阀断料、器具堵漏、倒罐输转等措施，及时消除险情。

1. 关阀堵漏

① 生产装置或管道发生泄漏、阀门尚未损坏时，可协助技术人员或在技术人员指导下，使用喷雾水枪掩护，关闭阀门，制止泄漏。

② 罐体、管道、阀门、法兰泄漏，采取相应堵漏方法实施堵漏。

③ 若泄漏发生在储罐的底部，在堵漏或倒罐过程中，可利用液化石油气不溶于水、比水轻的性质，通过排污阀或液相阀向罐内加压注水，形成水垫层，抬高液位，减弱泄漏，缓解险情，配合堵漏。

④ 法兰盘、液相管道裂口泄漏，在寒冷地区和季节可采用冻结止漏，即用麻袋片等织物强行包裹法兰盘泄漏处，浇水使其冻冰，从而制止或减少泄漏。

2. 倒罐输转

对于情况复杂、储量较大、难以实施有效堵漏的储罐、槽车等容器泄漏，应立即实施倒罐措施进行处置，即利用压力差或烃泵，把液化石油气输转到安全的容器中。倒罐输转操作必须在确保安全有效的前提下，由熟悉设备、工艺，经验丰富的专业技术人员具体实施。

（1）烃泵倒罐

在确保现场安全的条件下，利用车载式或移动式烃泵直接倒罐。实施现场倒罐和异地倒罐时，必须要由专业技术人员实施操作，消防人员予以保护。

（2）惰性气体置换

使用氮气等惰性气体，通过气相阀加压，将事故罐内的液化石油气置换到其他容器或储罐。

(3) 压力差倒罐

利用水平落差产生的自然压力差将事故罐的液化石油气导入其他容器、储罐或槽车，降低危险程度。

实施倒罐作业时，管线、设备必须做到良好接地。

3. 放空点燃

(1) 点燃条件

实施主动点燃，必须具备可靠的点燃条件。在经专家论证和工程技术人员参与配合下，严格安全防范措施，谨慎、果断实施。

① 在容器顶部受损泄漏，无法堵漏输转时。

② 槽车在人员密集区泄漏，无法转移或堵漏时。

③ 遇有不点燃会带来严重后果，引火点燃使之形成稳定燃烧，或泄漏量已经减小的情况下，可主动实施点燃措施。如现场气体扩散已达到一定范围，点燃很可能造成爆燃或爆炸，产生巨大冲击波，危及其他储罐、救援力量及周围群众安全，造成难以预料后果的，严禁采取点燃措施。

(2) 点燃准备

担任掩护和防护的喷雾水枪要到达指定位置，确认危险区人员全部撤离，泄漏点周边区域经检测不在液化石油气爆炸浓度范围内，使用点火棒、信号弹、烟花爆竹、魔术弹等点火工具，并采取正确的点火方法。

(3) 点燃时机

① 在罐顶开口泄漏，一时无法实施堵漏，且气体泄漏范围和浓度有限，同时又有喷雾水枪稀释掩护以及各种防护措施准备就绪的情况下实施点燃。

② 罐顶爆裂已经形成稳定燃烧，罐体被冷却保护后罐内压力减小，火焰被风吹灭，或被冷却水流打灭，但仍有气体扩散，如不再次点燃，可能造成危害时，应予果断点燃。

(八) 现场清理

全面检查，彻底清理，消除隐患，做好移交。

① 用喷雾水、蒸气或惰性气体清扫现场内事故罐、管道、低洼地、下水道、沟渠等处，确保不留残液（气）。

② 清点人员，收集、整理器材装备。

③ 撤除警戒，做好移交，安全撤离。

四、液化石油气泄漏事故处置行动要求

(一) 正确选择停车位置和进攻路线

① 消防车要选择上风方向的入口、通道进入现场，停靠在上风方向的适当位置。

② 进入危险区的车辆必须戴防火罩。

③ 使用上风方向的水源，从上风、侧上风方向选择进攻路线，并设立水枪阵地。

④ 指挥部应设置在安全区。

(二) 行动中要严防引发爆炸

① 进入危险区作业的人员一定要专业、精干，防护措施要到位，并使用喷雾水枪进行

掩护。

② 严控火源，使用无火花堵漏工具，着防静电服。

③ 在雷电天气下，慎重采取行动。

④ 进行关阀断料、器具堵漏、倒罐输转等作业时，必须使用防爆器材和无火花工具，防止火花产生，同时，救援人员必须穿着防静电服，防止静电火花的危害。

（三）险情突变，危及安全，果断撤离，避免伤亡

设立现场安全员，确定撤离信号，实施全程动态仪器检测。一旦现场气体浓度接近爆炸浓度极限，事态未得到有效控制，险情加剧，危及救援人员安全时，要及时发出撤离信号。一线指挥员在紧急情况下可不经请示，果断下达紧急撤离命令。紧急撤离时不收器材、不开车辆，保证人员迅速、安全撤出危险区。

（四）保证供水，不间断冷却稀释

合理组织供水，保证持续、充足的现场消防供水，对液化石油气容器和泄漏区域保持不间断的冷却稀释。

（五）严禁作业人员在封闭空间上部滞留

严禁作业人员在泄漏区域的下水道或地下空间的顶部、井口处、储罐两端等处滞留，防止爆炸冲击造成伤害。

（六）做好医疗急救保障

配合医疗急救力量做好现场救护准备，一旦出现伤亡事故，立即实施救护。

（七）做好个人防护，严防人员冻伤

进入泄漏扩散区或警戒区内的队员必须做好个人安全防护，进入重危区，应实施二级防护；并用水枪掩护；现场作业人员最低防护不低于三级，应穿着纯棉战斗服，扎紧裤口袖口，勒紧腰带裤带，必要时全身浇湿进入扩散区；对于实施堵漏的人员，除必须佩戴手套外，还应对面部、颈部、脚等身体部位加强防冻措施。

（八）预备力量集结待命

调集一定数量的消防车在泄漏区域附近集结待命，一旦发生爆炸燃烧事故，立即出动，控制火势，消除险情。

五、液化石油气槽罐车侧翻泄漏救援战例分析

2012 年 10 月 22 日 9 时 37 分，某市国道一辆液化石油气槽车因交通事故发生泄漏。该市消防支队接警后，先后调集 3 个中队、7 辆消防车、55 名消防人员与公安、交通、安监、气象、环保等部门 110 名人员到场共同处置，经过近 30h 时的战斗，成功处置泄漏事故，避免了次生灾害事故的发生。

（一）基本情况

1. 现场概况

事故地点距最近收费站为 1km，事故槽车停放于国道简易服务区内，南邻国道、某高速，北邻饭店、修理厂，东侧 300m 处是两家加油站，西侧 400m 处是一家加油站。

2. 事故车辆概况

事故槽车罐长 13m，罐体直径 2.5m，罐体容积为 $50m^3$，满载 20t 液化石油气，泄漏点

位于槽车后部安全阀下方的丝扣连接处。

3. 可调用消防力量情况

200km 范围内，可调用的本市消防力量有：消防中队 9 个、29 辆消防车、261 名消防人员，专职消防队 1 个共 3 辆消防车 9 名执勤人员。用于处置此类事故的特种个人防护装备主要有一级防化服 5 套，二级防化服 36 套。

4. 气候情况

当日天气晴，风向西北风，风力 4～5 级，温度－3～7℃。

（二）救援经过

1. 力量调集

22 日 10 时 25 分，县消防大队接警后，调集 2 辆消防车、17 名消防人员赶赴现场，并向支队指挥中心请求增援。10 时 40 分，支队调集 2 个中队、5 辆消防车、28 名消防人员赶赴现场进行增援。11 时 10 分，支队全勤指挥部到场。14 时 45 分，成立总指挥部，由副总队长担任总指挥，根据现场情况，指挥部命令立即请示政府启动《危险化学品泄漏事故抢险救援应急预案》，迅速调集燃气、安监、环保、质监等部门专家到场，展开救援。

2. 消防队到达现场时灾情

辖区大队赶到现场后发现，某高速公路和国道事故路段堵车已达 1500 余辆。现场白雾弥漫，事故槽车满载 20t 液化石油气，泄漏点位于槽车后部安全阀下方的丝扣连接处。中队指导员命令大家做好个人防护，迅速将险情向支队指挥中心报告，请求增援；同时联络高速交警实施交通管制和警戒。

3. 现场侦察

辖区大队到场后，密切观察现场情况，立即成立侦检组，利用可燃气体探测仪对泄漏液化石油气浓度进行实时全方位侦察检测。查清泄漏的部位、罐体储量、容量，掌握泄漏扩散区域周边有无火源，并组织疏散现场车辆人员。

4. 指挥部运用战术、技术措施

辖区大队到达事故现场，立即成立指挥部，下设警戒组、侦检组、驱散组、供水组、疏散组、堵漏组、交通管制组等，设立警戒区和安全观察哨，在 500m 范围内实施警戒，双向封闭高速公路及国道，路上车辆全部熄火并切断车载一切电路，疏散居民及司乘人员，禁绝一切火源。由中队出动 2 个攻坚组、3 支水枪驱散泄漏气体，掩护专业技术人员实施堵漏。14 时 45 分，成立总指挥部，由副总队长担任总指挥，根据现场情况，指挥部命令：一是立即启动《危险化学品泄漏事故抢险救援应急预案》，迅速调集燃气、安监、环保、质监等部门专家到场；二是要加强疏散动员，确保周边 800m 范围内群众安全；三是要确保消防人员排险过程安全，确保现场参与抢险所有人员安全；四是要加强联动协作，尽快排除险情，尽快恢复交通正常。

5. 处置经过

11 时 26 分，堵漏组在水枪掩护下，利用浸水宽布条、棉毛巾和棉被缠裹，利用雾状水使其结冰凝固实施堵漏。13 时 50 分，冰堵措施完成，但仍有少量气体排放。

16 时左右，泄漏罐体已无气体排放。指挥部命令解除交通管制，在距事故现场 7km 处的一处空旷坡地对槽车实施倒罐、排空。由于空罐槽车与事故槽车管线、接口不同，2 次导管连接均未成功。

17 时 27 分，指挥部命令监护组对转移的槽车实施监护，确定现场周围 800m 范围为警戒范围，在制高点设置多个安全观察哨，加强巡查值守，确认现场周边1500m范围内无村庄、人员、明火。

23日7时15分，倒罐排空操作开始。技术人员检查防火帽，缓慢将空罐槽车停于30°的坡道上，将事故槽车缓慢移动到距空罐槽车3m左右的位置，空罐车车尾向上，事故罐车车尾向下，利用位差和压差倒罐。两车停稳后，摘除车辆蓄电池。

8时35分，气象部门开始设置防静电接地；10时10分，经测试接地电阻合格，两车电位相等，周围无爆炸混合气，准备工作完成。

10时20分，开始倒罐，工程技术人员在水枪掩护下进行操作，先开启空罐槽车手阀，后开事故车手阀，手动调节事故车排空阀，确保管路吹扫和两车稳定压差。以放散形成的云雾情况来控制排空阀开度。倒罐过程车辆附近只留2人监控两车液位、压力变化，其余人员在警戒线外。倒罐过程科学、平稳、安全。

15时5分，倒罐成功，两车压差为0，先关闭被充装槽车手阀，再关闭被充装槽车排空阀，后关闭事故槽车手阀。经环保部门检测及专家确认安全后，消防队伍保护技术人员使用无火花工具卸除倒罐管线。

15时10分，再次检测现场，确认安全后，技术人员开始对事故槽车内剩余液体进行放空处理。打开事故车排空阀，以排放出的蒸汽云大小来控制手阀开度，预留微正压。消防人员全程进行驱散。

16时17分，放空完毕。罐体内保持微正压，经专家组确认安全，指挥部宣布危险排除，救援行动宣告成功。

（三）战例评析

1. 指挥调度

（1）接警出动

22日9时37分，槽车发生泄漏，10时25分，县消防大队接警，并向支队指挥中请求增援。10时40分，支队赶赴现场进行增援。消防支队第一时间展开战斗，为成功处置槽车泄漏事故奠定了基础。

（2）力量调集

县消防大队接警后，调集2辆消防车、17名消防人员赶赴现场处置，支队接报后立即启动《危险化学品运输车辆事故处置预案》。10时40分，支队调集2个中队、5辆消防车、28名消防人员赶赴现场进行增援，同时向总队指挥中心、市政府报告。政府先后调集公安、交通、安监、气象、环保、质监等相关单位110名人员协同作战，为事故的处置提供了充足的力量。

2. 设置警戒

（1）初期警戒

辖区大队到达事故现场后，设立警戒区和安全观察哨，在500m范围内实施警戒，双向封闭高速公路及国道，车辆全部熄火并切断车载一切电路，疏散居民及司乘人员，关停东侧、西侧三处加油站，撤离工作人员，利用加油站内部灭火毯对加油机实施包裹，现场禁绝明火，禁止使用电器设备，非防爆通信、摄像、照相设备一律不得进入警戒区。

（2）指挥部成立后警戒

14时45分，成立总指挥部，指挥部命令加强疏散动员，确保周边800m范围内群众安全。

（3）槽车倒罐排空期间警戒

确定现场周围 800m 范围为警戒范围，在制高点设置多个安全观察哨，加强巡查值守，确认现场周边 1500m 范围内无村庄、人员、明火。倒罐过程车辆附近只留 2 人监控两车液位、压力变化，其余人员在警戒线外。

（4）对事故现场安全警戒不够严密

事故地点地处远郊、地形复杂、范围宽广，虽然现场由交通部门设立了警戒，并实施交通管制，但是仍有个别无关人员（如拾柴、放羊等）从倒罐地点周边难以控制的区域进入现场。在处置中必须加强事故现场的安全警戒，严禁无关人员进入现场。

3. 安全防护

在接警中得知有易燃易爆危险化学品泄漏后，参战人员把安全防护贯穿于灾害事故处置的始终，作业人员穿着防静电内衣、棉质灭火防护服，佩戴空气呼吸器，穿戴防护手套等，达到三级防护等级。出 3 支水枪驱散泄漏气体，掩护专业技术人员实施堵漏。

进入重危区进行堵漏的人员必须实施二级以上防护，并采取水枪掩护。

4. 排除险情

（1）堵漏措施得当，是救援成功的坚实基础

救援行动中，在水枪实施不间断驱散的同时，指挥部决定采取冰冻封堵法实施堵漏，利用浸水宽布条、棉毛巾和棉被缠裹，利用雾状水使其结冰凝固实施堵漏。冰堵措施完成后，泄漏量明显减少。16 时左右，经过不断积累、凝结，冰堵法效果显著，泄漏罐体已无气体排放。倒罐排空前，出一支喷雾水枪远距离向冰堵部位出水加固，冰封部分经过消防队伍不断出水加固缓慢变大，环保部门检测槽车周围已无可燃气体泄漏。

（2）利用倒罐排空，方法合理，彻底排除险情

冰堵措施完成后，指挥部命令检测后转移槽车、解除交通管制。在距事故现场 7km 处的县道一处空旷坡地利用位差和压差对槽车实施倒罐。工程技术人员在水枪掩护下进行操作，先开启空罐槽车手阀，后开事故车手阀，手动调节事故车排空阀，确保管路吹扫和两车稳定压差。以放散形成的云雾情况来控制排空阀开度。倒罐过程科学、平稳、安全。倒罐成功后，经环保部门检测及专家确认安全，消防队伍保护技术人员使用无火花工具卸除倒罐管线。随后再次检测现场，确认安全后，技术人员开始对事故槽车内剩余液体进行放散处理。打开事故车排空阀，以排放出的蒸汽云大小来控制手阀开度，预留微正压。消防人员全程进行驱散。

（3）倒罐经验不足，准备时间过长

22 日 16 时左右，冰堵法完成，指挥部命令转移槽车实施倒罐、排空。由于空罐槽车与事故槽车管线、接口不同，当日下午进行的 2 次导管连接均未成功，工程技术人员一面重新进行导管工装，一面由某市调集新的连接导管。导管预计深夜到达，因此，指挥部决定等到白天再进行倒罐排空。直至 23 日 10 时 20 分开始倒罐，15 时 5 分倒罐成功，较长的倒罐准备时间增加了现场处置的危险性。

（4）倒罐不彻底

利用位差和压差的方式倒罐，容易造成倒罐不彻底，有残留液体的情况。可采用烃泵倒罐及惰性气体置换的方式进行倒罐，实施倒罐作业时，确保现场安全，管线、设备必须做到良好接地。

思考题

2009年8月14日凌晨，位于某市区的液化石油气公司储配站内一辆容积47.6m^3、实际储量20t的液化气槽车，在卸气过程中液相软管发生爆裂。顿时，液化石油气持续大量泄漏，雾状液化石油气弥漫整个气站，直接威胁到站内的5个卧式储罐以及临近的后亭社区、北星社区居民和煤场的安全。

请根据案例材料回答问题：

1. 液化石油气泄漏事故有哪些危险特点?
2. 第一时间里，应采取哪些有效措施防止液化石油气发生爆炸?
3. 试拟定一个可行有效的处置方案（包括主要任务、处置方法和步骤等内容）。

第三节　氨气泄漏事故应急救援

学习目标

1. 熟悉氨气的用途、储存形式和危险特性等基本信息。
2. 掌握氨气的理化性质和事故特点。
3. 掌握氨气泄漏事故的处置程序、安全保障等内容。

氨气（NH_3）作为一种重要的化工原料，主要用于制造氨水、氮肥（尿素、碳铵等）、复合肥料、硝酸、铵盐、纯碱等，广泛应用于化工、轻工、化肥、制药、合成纤维等领域。含氮无机盐及有机物中间体、磺胺药、聚氨酯、聚酰胺纤维和丁腈橡胶等都需直接以氨为原料。此外，液氨常用作制冷剂，氨还可以作为生物燃料来提供能源。在生产、储存、运输、使用过程中发生泄漏，极易导致燃烧爆炸和中毒事故，造成人员伤亡和区域性污染。

一、氨气的理化性质

氨分子式NH_3，为无色、有刺激恶臭的气体。

（一）物理性质

氨气相对密度为0.6（空气=1.00），比空气轻。易被液化成无色的液体，在常温下加压即可使其液化，液态相对密度为0.82，比水轻，临界温度132.4℃，临界压力11.2MPa。沸点-33.5℃。氨气通过加压以液态形式进行储存和运输，即为液氨，也易被固化成雪状固体。熔点-77.75℃，溶于水、乙醇和乙醚，极易溶于水（1∶700）。

（二）化学性质

1. 易燃易爆性

氨气与空气易形成爆炸性混合物，遇明火、高热会引起爆炸燃烧，爆炸极限为15.7%～

27.4%。若遇高热，存储容器内压力增大，有开裂和爆炸的危险。一旦发生爆炸性燃烧，将十分难以控制并带来灾难性后果，一旦泄漏，将造成极大的危害。氨与氟、氯、溴、碘等接触会发生剧烈的化学反应。

2. 毒害性

氨气可通过呼吸道、消化道和皮肤引起人员中毒、灼伤，急性中毒轻度者出现流泪、咽痛、声音嘶哑、咳嗽、咯痰等；中度者症状加剧，出现呼吸困难、紫绀等；重度者可引发中毒性肺水肿，咳出粉红色泡沫痰、呼吸窘迫、昏迷、休克等，吸入一定的量能致人死亡。氨在空气中的最高允许浓度为 $30mg/m^3$。

二、氨气泄漏事故特点

氨气发生泄漏事故，扩散迅速，危害范围大，易发生爆炸燃烧，毒性强，易造成人员冻伤，处置难度大。

（一）扩散迅速，危害范围大

由于液氨储存压力较高，液氨一般以喷射状泄漏，由液相变为气相，体积迅速扩大，形成大面积扩散区，所以在封闭的车间内危害更大，假如车间内存在一个液氨罐上出现直径 1cm 的圆口泄漏，在内部压力为 0.5MPa（常用的储罐压力一般不会大于 0.5MPa）的情况下，液氨的泄漏速度约为 1.49kg/s，在一座 $3600m^3$（30m×15m×8m）的车间内达到接触容许浓度的时间仅为 0.072s，不到一秒。如某化肥厂发生液氨泄漏事故，辖区中队到达时，方圆 300m 就能闻到氨气的气味，厂西大门以东至泄漏点 50m 以内覆盖着厚 2m 高的液氨雾气。到关闭阀门时，液氨已扩散到直径 500m 的范围。

（二）易发生爆炸燃烧

氨气具有燃爆性，氨气泄漏后与空气混合形成爆炸性混合物，遇火源发生爆炸或燃烧。爆炸下限体积浓度为 15.7%，质量浓度为 $119.2g/m^3$。举例说明：同样是上面的例子，经过计算，只需要 429kg 氨充满在车间内就达到爆炸下限，泄漏时间需要 288s，不到 5min。爆炸性的氨混合气遇到火源就会发生燃爆。

（三）易造成人员冻伤

氨气加压、降温时极易液化，而由液态变为气态则要大量吸热，汽化热为 1336.97 kJ/kg，是一种常用的工业制冷剂。氨气在储存、生产、运输、使用的过程中，一旦发生泄漏，立即汽化吸热导致周围温度急剧下降，能形成零度以下的局部低温环境，因此，若人员接触泄漏液氨很容易造成冻伤。2007 年 7 月 10 日下午，山东省菏泽市冰山食品有限公司发生氨气泄漏事故，造成 25 名员工不同程度的冻伤，其中 6 名员工被严重冻伤。

（四）毒性强，处置难度大

液氨可致皮肤灼伤、眼灼伤，吸入浓度高、量大的氨气能致人死亡。根据氨的毒理特性，人暴露于氨浓度大于 $3500mg/m^3$ 下会立即死亡，$3600m^3$ 的车间内达到死亡浓度的时间仅为 8.45s，也就说不到 10s 的时间内泄漏的量就可以在 $3600m^3$ 的大车间内达到人死亡浓度。此外发生泄漏的部位、压力等因素各不相同，灾情复杂、危险性大，处置专业技术要求高。2013 年 8 月 31 日上海宝山区丰翔路翁牌冷藏实业有限公司发生液氨泄漏事故，事故造成 15 人死亡、5 人重伤、20 人轻伤。

（五）液氨具有一定的腐蚀性

空气中泄漏少量的氨会与水蒸气结合形成氨水雾，对设备、设施腐蚀性很大，在企业经常发现涉氨场所的设备锈蚀严重情况，如果维护不及时，设备、管道腐蚀到一定程度就会发生损坏，造成液氨泄漏事故。氨气溶于水时，氨与水结合形成一水合氨分子（$NH_3 \cdot H_2O$）。一水合氨是弱电解质，能发生部分电离生成铵根离子（NH_4^+）和氢氧根离子（OH^-），使氨水呈弱碱性。因此，在氨气泄漏事故救援处置过程中，若消防器材装备遇到氨水浸湿，氨水会对装备的材质产生碱性腐蚀作用。

三、氨气泄漏事故处置

氨气泄漏事故救援过程中，消防队伍要充分发挥人员和装备的优势，在做好安全防护和防爆抑爆的前提下，积极展开救人行动，努力深入事故点搜救被困人员，尽最大努力降低人员伤亡。同时，利用装备优势，积极采取堵漏、稀释、输转等方式，努力控制氨气泄漏范围，降低泄漏到空气中的氨气对人畜的危害，降低事故损失。

（一）迅速调集专业力量赶赴现场

1. 接警

① 消防队伍调度指挥中心接到氨气泄漏报警时，要重点询问泄漏的容器、形式、地点、时间、部位、强度、扩散范围、人员伤亡或遇险等情况。

② 随时和报警人及现场保持联系，掌握事态发展变化状况。

③ 指挥中心要将警情立即报告值班领导，并根据指示要求及时报告当地政府、公安机关和上级消防部门。

2. 力量调集

根据灾情信息调集防化救援、防化洗消、抢险救援、水罐、高喷等消防车辆，以及遥控水枪或水炮、水幕发生器、可燃（有毒）气体检测仪、防护、警戒、堵漏、输转、洗消、照明、通信等器材、设备。

视情报请政府启动应急预案，调集公安、安监、化工、供水、卫生、环保、气象等部门和事故单位力量协助处置。

（二）侦察检测，准确掌握灾情信息

氨气泄漏事故现场，救援人员要利用多种手段开展侦检，全面准确地弄清事故现场及周边情况，并将侦检信息及时上报给事故救援总指挥部，为合理划定警戒区范围，设置警戒区出入口提供科学决策依据。

① 通过询问、侦察、检测、监测等方法，以及测定风力和风向，掌握泄漏区域气体浓度和扩散方向。

② 查明遇险人员数量、位置和营救路线。

③ 查明泄漏容器储量、泄漏部位、泄漏强度，以及安全阀、紧急切断阀、液位计、液相管、气相管、罐体等情况。

④ 查明储罐区储罐数量和总储存量、泄漏罐储存量和邻近罐储存量，以及管线、沟渠、下水道布局及走向。

⑤ 了解事故单位已经采取的处置措施、内部消防设施配备及运行、先期疏散抢救人员等情况。

⑥ 查明拟定警戒区内的单位情况、人员数量、地形地物、电源、火源、交通道路等情况。

⑦ 掌握现场及周边的消防水源位置、储量和给水方式。

⑧ 分析评估泄漏扩散的范围、可能引发爆炸燃烧的危险因素及其后果、现场及周边污染等情况。

（三）加强现场警戒，禁绝火源

根据侦察检测情况，确定警戒范围，并划分重危区、轻危区、安全区，设置警戒标志和出入口。严格控制进入警戒区特别是重危区的人员、车辆和物资，进行安全检查，做好记录。根据动态检测结果，适时调整警戒范围。

氨气泄漏事故救援中，要加强个人防护，进入重危区的人员必须实施一级防护，并采取水枪掩护。现场作业人员的防护等级不得低于二级。

需切断事故区域内的强弱电源，熄灭火源，停止高热设备，消除警戒区内一切可能引起爆炸燃烧的条件。进入警戒区的人员严禁携带、使用移动电话和和非防爆通信、照明设备，严禁穿戴化纤类服装和带金属物件的鞋，严禁携带、使用非防爆工具。禁止机动车辆（包括无无防爆装置的救援车辆）和非机动车辆随意进入警戒区。

（四）疏散救助人员

迅速疏散泄漏区域和扩散可能波及范围内的无关人员。警戒区划定后，应立即组成救生小组，携带救生器材进入重危区和轻危区，采取正确的救助方式，将遇险人员疏散转移至安全区。对中毒伤员实行搜寻、搬运和救治；对有活动能力的受困人员应加强指导，教会他们用湿毛巾保护好呼吸道，告知撤离方向，组织引导他们快速有序地撤离危险区。对救出人员进行登记、标识，移交医疗急救部门进行救治。

（五）注重工艺，保证供水，排除险情

组织事故单位和石油化工、气象、环保、医疗急救等部门的专家、技术人员判断事故状况，提供技术支持，制订抢险救援方案，并参加配合抢险救援行动。制订供水方案，选定水源，选用可靠高效的供水车辆和装备，采取合理的供水方式和方法，保证消防用水量。

1. 稀释降毒

救援人员应认真坚持“先控制，后处置”的战斗原则，积极控制泄漏源，对泄漏到空气中的氨气进行稀释控制。

① 启用事故单位喷淋泵等固定、半固定消防设施。

② 稀释驱散，控制扩散，在泄漏源四周，铺设屏障水枪阵地，控制氨气扩散范围。利用喷雾水枪对泄漏到空气中的氨气进行有效驱散和稀释，以降低氨气浓度和污染范围。

③ 采用雾状射流形成水幕墙，防止气体向重要目标或危险源扩散。

④ 稀释不宜使用直流水，以节约用水、增强稀释降毒效果。

2. 关阀堵漏

① 生产装置或管道发生泄漏、阀门尚未损坏时，可协助技术人员或在技术人员指导下，使用喷雾水枪掩护，关闭阀门，制止泄漏。

② 罐体、管道、阀门、法兰泄漏，采取相应的堵漏方法实施堵漏。

3. 输转倒罐

对于情况复杂，储量较大，难以实施有效堵漏的储罐、槽车等容器泄漏，应立即实施倒罐措施进行处置，即利用烃泵、压力差倒罐或惰性气体置换，把氨气输转到安全的容器中。倒罐输转操作必须在确保安全有效的前提下，由熟悉设备、工艺，经验丰富的专业技术人员具体实施。实施倒罐作业时，管线、设备必须做到良好接地。

4. 化学中和

储罐、容器壁发生小量泄漏，可将泄漏的液氨导流至水或稀盐酸溶液中，使其进行中和，形成无危害或微毒废水。

5. 浸泡水解

运输途中体积较小的液氨钢瓶发生泄漏，又无法制止外泄时，可将钢瓶浸入稀盐酸溶液中进行中和，也可将钢瓶浸入水中。

6. 洗消处理

在危险区和安全区交界处设置洗消站，对中毒人员在送医院治疗之前进行洗消，现场参与抢险人员和救援器材装备在救援行动结束后要全部进行洗消。

四、氨气泄漏事故处置行动要求

（一）正确选择停车位置和进攻路线

在泄漏区域的上风方向设置指挥部和停放救援车辆，并保持适当距离。应从上风、侧上风方向选择进攻路线，设置水枪阵地。进入危险区的车辆必须戴防火罩。

（二）加强个人防护，防止中毒、冻伤

进入警戒区的人员一定要专业、精干，严格按照防护等级进行个人防护，并使用喷雾水枪对现场人员进行掩护。严禁冒险违规作业，防止参战人员中毒、冻伤。

注意观察、掌握参与救援人员的身体状况，进行跟踪检查。对轻微中毒人员应立即转移到空气新鲜处，对接触毒物的皮肤可用温水或清水冲洗，症状严重者要立即送医院救治。

（三）设立现场安全员，全程动态检测

设立现场安全员，确定撤离信号，实施全程动态仪器检测，及时掌握灾情发展变化情况。一旦发现险情加剧、难以控制，危及救援人员安全时，要果断进行安全撤离。

（四）工艺为先，加强协调

液氨生产、储存装置发生泄漏，主要由事故单位专业人员采取工艺措施和技术手段进行处置，消防力量进行协助、掩护和监护。当事故单位不能采取有效堵漏措施时，消防力量应在专业技术人员的指导、配合下进行处置。

五、氨气泄漏事故救援战例分析

2002 年 7 月 8 日 2 时 15 分，某县化肥厂发生液氨泄漏事故，造成 13 人死亡，89 人受伤。辖区消防中队和市消防支队指挥中心先后接到报警，并调集城区和各县市区共 9 个中队、15 辆消防车、70 名消防人员赶赴现场进行处置，经过 4 小时 15 分钟的奋战，排除了险情，抢救遇险群众 102 人，疏散群众近 2000 人。

（一）基本情况

该化肥厂距辖区消防中队约 3km，占地约 110 亩。该厂主要生产液氨和碳酸氢铵，液氨年产量约 40000t，碳酸氢铵年产量约 10000t。

1. 周围环境

该厂东临东街居民区，共 24 排 164 户 715 人，泄漏点距最近的民房约 30m；南临厂内办公区、职工家属区、农业局和林业局办公及家属区、石油公司家属区，共 258 户 977 人，泄漏点距最近的民房为 10.6m；西临通运路，泄漏点距西大门约 196.3m；北临东街居民区、食品公司和希望小学住宅区，共 113 户 387 人，泄漏点距居民区最近处约 240m。厂区周围居民人数总计 2079 人。

2. 泄漏情况

整个厂区分为北部生产区和南部办公生活区，有西、北两个大门，两个通道。该厂液氨储罐区在厂区的正东部，有 $50m^3$ 液氨储罐 4 个，共储存液氨 $200m^3$。厂内设有消火栓 3 个，为环状管网，正常工作压力为 0.3MPa。

2 时左右，该化肥厂由 1 号液氨储罐向一辆液氨槽车灌装液氨时，因液氨储罐与液氨槽车连接的金属软管破裂发生泄漏。泄漏点距液氨储罐灌装截止阀 10cm 处，裂口 7cm×4cm。泄漏后，押运员慌忙去关液氨储罐灌装截止阀，但由于储罐和槽车内压力大，喷出的高浓度液氨迅速向周围扩散，加之押运员无任何防护措施，就被迫逃离了现场。当时液氨槽车液相和气相阀处于开启状态。

（二）救援经过

1. 力量调集

8 日 2 时 15 分，该县中队接到化肥厂保卫科科长的报警。2 时 16 分，中队长带领全队 8 名消防人员乘 3 辆消防车（车上备有 2 具碳纤维瓶空气呼吸器、4 具钢瓶空气呼吸器和 4 套二级防化服）火速赶赴事故现场。2 时 20 分到达事故现场。在险情侦察和了解现场情况后，请求调集其他中队和 110、120 到场增援。3 时 15 分，支队一中队队长带领 14 名消防人员、3 辆消防车赶到现场。3 时 20 分左右，副支队长带领后勤处长和值班干部乘指挥车赶到现场。随后，二中队中队长带领 15 名消防人员、3 辆消防车，特勤中队中队长和指导员带领 13 名消防人员、3 辆消防车，三中队指导员带领 15 名消防人员、3 辆消防车先后到达现场。之后，市公安局政委、消防支队支队长和政委、副支队长、参谋长相继到达现场。随即与在场指挥的县委、县政府、县公安局的领导成立了应急救援总指挥部，研究商讨处置对策。同时再次调集了其他 5 个中队 10 具碳纤维瓶空气呼吸器运往现场进行增援。

2. 消防队到达现场时灾情

2 时 20 分左右，辖区中队到达现场，发现液氨泄漏量很大，整个厂区弥漫着高浓度的液氨气体，能见度低，氨气扩散范围大，现场风力小，空气干燥。这时，一名厂方人员跑上前来报告“厂区南侧全部是家属区，居民正在睡觉，还不知道液氨泄漏”。

3. 现场侦察

（1）第一出动到场后的现场侦察

在成立临时应急救援指挥小组后，进行了险情侦察和现场情况了解，中队长立即向市消防支队指挥中心和县委、县政府、县公安局报告情况，请求增援。

（2）增援力量到场后的现场侦察

支队指挥员及时听取了大、中队指挥员的汇报，再一次向技术人员询问了有关情况，并安排人员进行了险情侦察。通过询问和侦察，得知液氨槽车 2 个制动阀门和液氨储罐的罐装截止阀没有关闭，液氨泄漏区域已扩散到直径大约 400m 的范围，直径约 200m 的范围内被高浓度的氨雾覆盖，能见度很低，厂区东侧、东北侧、南侧还有许多群众的生命受到威胁。

4. 指挥部运用战术、技术措施

辖区中队到场后，县消防大队教导员也赶到了现场，立即成立了临时应急救援指挥小组，由教导员担任指挥小组长，中队长任副组长，根据现场风向，将指挥部设在距化肥厂西门南约 50m 处。应急救援指挥小组本着"先救人，后处置"的战术原则，进行了作战部署：

① 安排厂方负责人立即组织职工进行警戒，厂方技术人员留守待命。

② 由中队长带领 2 名战士着二级防化服、佩戴空气呼吸器，由县农业局大门进入南侧居民区救人和引导群众向外疏散。

③ 由教导员组织战士沿农业局大门铺设水带，3 辆消防车接力供水，出 1 支开花水枪掩护救援人员深入救人和引导群众向外疏散。

3 点 30 分左右，应急救援总指挥部成立后，重新进行了力量部署，采取了以下六条处置措施：

① 组成三个救人小组和三个预备队。每个小组将被困群众抢救出来，预备队交替轮换深入救人。

② 组成两个水枪阵地和两个堵漏梯队。前方由一部 8t 水罐车出两条 65mm 水带干线，后方由两部水罐车各出一条 65mm 水带同时给前方水罐车供水，另有 8 辆水罐车交替运水供水；堵漏梯队由 4 名特勤队员担任，先由特勤中队队长带领 1 名特勤队员着一级防化服深入泄漏点进行堵漏，另两名准备，4 名特勤队员着二级防化服佩戴空气呼吸器出两支水枪掩护，一支水枪在前稀释降毒，一支水枪在后进行掩护，梯次推进。

③ 组成一个器材供应检录组。由支队战训科副科长带领 2 名战士，将所有器材集结起来，负责前方战斗员的器材轮换和通信联络，并做好登记检录工作。

④ 组成一个后方供水组。由值班干部、教导员、一中队副队长带领 20 名战士，组织 4 辆车向前方供水，8 辆车运水。

⑤ 组成一个救护运输组。主要由县委、县政府的领导同志组织指挥 120 往医院运送中毒受伤的群众。

⑥ 组成一个警戒组。由公安局、武装部的领导同志组织人员负责现场疏散群众和警戒保卫。

5. 处置经过

2 时 27 分，辖区中队长带领 2 名救援人员进入厂内居民区进行救人和疏散群众。距泄漏点 10.6m 最近的一排中间民房里，救出 2 名儿童和 2 名老人。

2 时 36 分，救援人员第二次进入，疏散出四十多名群众。

2 时 45 分，救援人员第三次深入居民区，引导不同方向的三四百名群众沿着逃生路线撤离。

3 时 5 分，救援人员更换上空气呼吸器第四次深入居民区实施救助。在重危区抢救出一名中毒较重已处于瘫软状态的孩子。救援人员在第五次进入救人时，来回四五趟分别从不同胡同里先后又救出 16 人。

3 时 33 分，各救人小组佩戴空气呼吸器深入重危区实施救人，第一救人小组从农业局大门先后 3 次进入厂区家属院进行救人。第一次在厂区家属院最东面胡同西侧第二排第 3 户、三排第 2 户救出 6 人。第二次在东面胡同东侧第四排第 3 户救出 3 人；第三次在厂区家属院东面胡同东侧第三排厂院墙墙根又救出 3 人。第二救人小组从林业局南面一条小道上绕到厂区东侧东街居民区实施救人，共发现 30 名中毒群众，立即将他们救出重危区。第三救人小组沿着厂区北面的街道迅速深入到厂区东北侧居民区实施救人，共救出 12 人。

3 时 33 分，堵漏小组在 2 支水枪掩护下，由工厂西大门深入重危区准备实施关阀作业，每条干线水带为 14 盘。4 时 20 分左右，在水枪的掩护下，特勤中队长将液氨槽车 2 个制动阀门和液氨储罐的一个灌装截止阀关闭，制止了液氨继续泄漏，排除了险情。从准备关阀到阀门关闭共用了 47min。然后，对泄漏区进行了全面稀释。

4 时 40 分，在泄漏区的液氨全部被驱散稀释后，应急救援指挥部命令各县消防中队队长带领 30 名战士分 6 组先后 3 次对事故现场周围的居民区进行全面细致地搜救。搜救过程中，在厂区东侧草丛中又救出 2 名遇险群众（因草深叶茂很难发现）。搜救工作一直持续到 6 时 30 分。战斗结束后，保障组用消防车载水对深入现场的人员、器材进行清洗，并不断对现场进行稀释，及时清理了现场。

（三）战例评析

1. 指挥调度

（1）接警出动

2 时 15 分，辖区中队接警，2 时 20 分到达事故现场。辖区中队距事故现场约 3km，仅用 5min 的时间就赶到了现场，为抢险救援取得宝贵的时间。

3 时 15 分、3 时 20 分，增援力量相继到场，其中，特勤中队距事故现场 55km，用时 54 min 赶到现场。

出动迅速，调度力量及时，调集装备到位，为处置事故争取了时间。

（2）力量调集

2 时 16 分，辖区中队中队长带领 8 名消防人员、3 辆消防车、2 具碳纤维瓶空气呼吸器、4 具钢瓶空气呼吸器和 4 套二级防化服奔赴事故现场。支队调度指挥中心接到报警求援后，迅速调动 9 个中队的 62 名消防人员、12 辆消防车赶赴事故现场。同时再次调动了其他五个中队 10 具碳纤维瓶空气呼吸器前往增援。

第一出动力量薄弱，作为辖区中队，编制 20 人，实有警力 15 人，除去 2 人值班、3 人参加驾驶员培训、2 人公差，中队仅剩 8 人，警力严重不足。对于处置类似的大型灾害事故，在接警时要充分估计事故的危害性，加大第一出动力量。

2. 设置警戒

2 时 20 分，第一出动到场后，在侧风方向成立指挥部，并安排厂方负责人立即组织职工进行警戒，厂方技术人员留守待命。3 时 20 分，增援力量到场后，由公安和武警部队成立警戒小组，组织人员负责现场疏散群众和警戒保卫。

在第一出动力量不足的情况下，能够利用厂方人员熟悉厂区地形的优势组织职工进行警戒，充分发挥了地方群众以及增援力量的作用，迅速成立警戒组。

3. 侦察检测

（1）初战力量侦察

第一出动到场后，发现氨气泄漏量大，现场弥漫着高浓度的氨气，能见度低，氨气扩散范围大，现场风力小，空气干燥。

由于第一出动力量人员少，不能够分出侦察小组深入泄漏区，寻找泄漏点，错失了第一时间防止氨气泄漏的有利时机。救援人员应在救人的同时对泄漏情况进行初步的侦察。

此外，第一出动力量到场后，只是采取了现场询问的方式，由于没有配备先进的测爆仪器、侦检仪器，指挥员在警戒区域划分、进攻阵地选择都凭感觉，缺乏科学性。应利用侦检仪器对现场泄漏的氨气浓度进行监测，为设置警戒提供数据参考。

(2) 增援力量到场后侦察

增援力量到场后，进一步侦察，发现槽车两个阀门未关，液氨罐阀门未关，直径200m范围内氨气浓度高，能见度低。

4. 安全防护

在接警中得知有氨气泄漏后，参战人员把安全防护贯穿于灾害事故处置的始终，第一出动携带6具空气呼吸器和4具二级防化服，并出一支开花水枪掩护救援人员深入实施救人。

支队调度指挥中心接到报警求援后，迅速调集36具碳纤维瓶空气呼吸器（16具备用瓶）、44具钢瓶空气呼吸器（44具备用瓶）、4套一级防化服、40套二级防化服赶赴现场，为事故处置提供了充足的装备保障。

成立2个水枪阵地对深入泄漏区的堵漏小组进行掩护，成立器材供应检录组，掌握每具空气呼吸器的压力和使用时间，对深入现场人员负责。

作为第一到场力量，个人防护器材十分短缺，只有4具老式钢瓶空气呼吸器，由于面罩气密性差，只能在外围使用，在很大程度上限制了队员深入内部救人，加之中队无一级防化服，如果进行关阀堵漏将造成对救援人员的保护等级不足。在类似的灾害事故中，应调集大量空气呼吸器和备用气瓶，穿着一级防化服，并在水枪掩护下进行救人和实施关阀堵漏。

5. 现场组织指挥

第一力量到场后“先救人，后处置”的战术措施延误了对危险源的处置，导致氨气大范围扩散。此外没有对第一到场力量进行分组，现场人员应分为侦检组、警戒组及人员疏散组等，其中侦检组携带相关装备进入事故核心区进行侦察检测，同时可兼顾救人任务。

6. 抢救人员

第一出动到场后五次进入事故核心区救人，救出四百余人。增援力量到场后，成立三个救人小组和三个预备队三进三出，预备队就替轮换深入救人，保证了救援工作的连续性。堵漏成功后，由30人组成6个组，先后3次对事故现场周围的居民区进行全面搜救。在搜救过程中，消防人员挨家挨户进行搜救，采取敲门砸窗的办法，外围则利用高音喇叭巡回喊叫，叫醒正在酣睡的居民，让他们赶快逃离房屋。救援人员采取架扶和安全带导引的办法，让中毒较轻的青壮年手拉手向外撤离。

增援力量到场之前，只沿一条路线进行搜救，厂区东侧、东北侧、南侧还有很多群众没有得到及时的疏散营救。对于密集的居民区，应增大搜索力度，进行全方位的搜救。另外，在类似深夜、断电、视线模糊的救援行动中，入户后可使用红外热成像仪对被困人员进行搜索。

7. 排除险情

堵漏小组在2支水枪掩护下，由工厂西大门深入重危区实施关阀作业，特勤中队队长将液氨槽车2个制动阀门和液氨储罐的一个灌装截止阀关闭，制止了液氨继续泄漏，排除了险情。然后，对泄漏区进行了全面稀释。

① 从准备关阀到阀门关闭的时间过长，共用了47min，对厂区情况不熟悉。

② 预案与实际灾情不符，未能充分利用三个厂区内的消火栓。虽然辖区中队制订了灭火预案，并多次进行演练。但是，预案事故的假设与此次事故复杂情况相差甚远，预案中假设风向为西北风，灭火处置力量第一出动为3辆消防车，2辆由北门进入，分别停靠在北面2个消火栓处；另1辆消防车由西门进入，停在南面消火栓处，各出1条干线对罐区泄漏的

液氨进行稀释。同时，派 2 名队员着防化服佩戴空气呼吸器进行堵漏。但是，此次事故发生时，风向为东南风，辖区中队到场后，预案中的停车位置已被高浓度的液氨覆盖，两个通道已无法进入。现场指挥员只能根据当时的情况，重新部署力量，采取新的战术措施进行处置。

因此，制订预案要多几个假设、几套方案，辖区中队要按照预案反复演练。要加强重点单位的熟悉，不仅要熟悉重点单位的基本情况，也要熟悉单位周围的环境情况，做到“知己知彼，百战不殆”。

8. 清场撤离

战斗结束后，保障组用消防车载水对深入现场的人员、器材进行清洗，不断对现场进行稀释，并及时清理了现场。

但由于缺乏洗消设备，仅利用车载水对现场人员和器材进行洗消。

9. 战勤保障

支队调度指挥中心接到报警求援后，迅速调动 9 个中队的 62 名消防人员、12 辆消防车、36 具碳纤维瓶空气呼吸器（16 具备用瓶）、44 具钢瓶空气呼吸器（44 具备用瓶）、4 套一级防化服、40 套二级防化服赶赴现场，为事故处置提供了充足的装备保障。

但作为第一到场力量，个人防护器材十分短缺，在很大程度上限制了救援人员深入内部救人，对于液氨泄漏初期的关阀堵漏也束手无策。因此，应加强个人防护装备的配备，其次调集测爆仪器、侦检仪器和洗消设备等处置化学灾害事故的先进仪器设备。

思考题

1. 对于夜间氨气泄漏事故，在搜救受困人员的过程中会遇到哪些困难？如何解决？
2. 应采取哪些有效措施对泄漏氨气进行控制？
3. 处置夜间氨气泄漏事故时，应如何做好救援人员的安全防护？

第四节　硫酸泄漏事故应急救援

学习目标

1. 熟悉硫酸的理化性质等基本信息。
2. 熟悉硫酸的危险特性和事故特点。
3. 掌握硫酸泄漏事故的处置措施和安全保障等内容。

硫酸是重要的基础化工原料，普遍用于肥料、染料、塑料、医药、食品、印染、皮革、冶金、石油提炼等行业。在国内，硫酸在生产、储存、经营、运输过程中泄漏事故时常发生。如 2017 年 1 月 24 日 22 时左右，江西三美化工有限公司新进原材料发烟硫酸 3 槽车（约 80t），在原料卸入储罐过程中发生放热反应，造成部分水蒸气和烟气外泄。事故共造成

2 人死亡，36 人住院治疗（其中 6 人重伤）。2017 年 5 月 12 日，广西钦州市港口区的天锰锰业有限公司在建储罐发生硫酸泄漏事故，发生泄漏的为其中两个 200m^3 的储罐，泄漏量超过 100t，导致港口区多处均能闻到强烈的刺鼻气味。事故发生后，有关部门组织附近群众紧急撤离，学校停课，给当地居民的生活造成了影响。

一、硫酸的理化性质

（一）物理性质

硫酸（化学式：H_2SO_4），是硫的最重要的含氧酸，密度 1.84g/cm^3，分子量 98.078，沸点 337℃，能与水以任意比例互溶，同时放出大量的热，使水沸腾。

（二）化学性质

1. 脱水性

脱水指浓硫酸脱去非游离态水分子或按照水的氢氧原子组成比脱去有机物中氢氧元素的过程。就硫酸而言，脱水性是浓硫酸的性质，而非稀硫酸的性质，浓硫酸脱水性很强，脱水时按水的组成比脱去。可被浓硫酸脱水的物质一般为含氢、氧元素的有机物，其中蔗糖、木屑、纸屑和棉花等物质中的有机物，被脱水后生成了黑色的炭，这种过程称为炭化。一个典型的炭化现象是蔗糖的黑面包反应。在 200mL 烧杯中放入 20g 蔗糖，加入几滴水，水加适量，搅拌均匀。然后再加入 15mL 质量分数为 98%的浓硫酸，迅速搅拌。观察实验现象，可以看到蔗糖逐渐变黑，体积膨胀，形成疏松多孔的海绵状的炭，反应放热，还能闻到刺激性气体。

2. 强氧化性

常温下浓硫酸能使铁、铝等金属钝化。加热时，浓硫酸可以与除金、铂之外的所有金属反应，生成高价金属硫酸盐，本身一般被还原成二氧化硫。

3. 毒理性质

硫酸属中等毒性。急性毒性：LD_{50} 为 2140mg/kg（大鼠经口）；2 小时（大鼠吸入）LC_{50} 为 510mg/m^3，2 小时（小鼠吸入）LC_{50} 为 320mg/m^2。硫酸（特别是在高浓度的状态下）能对皮肉造成极大伤害。正如其他具腐蚀性的强酸强碱一样，硫酸可以迅速与蛋白质及脂肪发生酰胺水解作用及酯水解作用，从而分解生物组织，造成化学性烧伤。不过，其对肉体的强腐蚀性还与它的强烈脱水性有关，因为硫酸还会与生物组织中的碳水化合物发生脱水反应并释出大量热能。除了造成化学烧伤外，还会造成二级火焰性灼伤。若不慎让硫酸接触到眼睛的话就有可能会造成永久性失明；而若不慎误服，则会对体内器官造成不可逆的伤害，甚至会致命。浓硫酸也具备很强的氧化性，会腐蚀大部分金属，故需小心存放。

二、硫酸泄漏事故特点

硫酸的强腐蚀性会对人体造成伤害，腐蚀器材装备，遇水会剧烈放热甚至飞溅。硫酸泄漏到地面后会形成窒息性的酸雾，流淌的酸性废液对环境造成污染。

（一）易造成人员伤亡

硫酸是一种腐蚀性极强的危险化学品，如果将浓硫酸溅到衣服上，它会立即使衣服的纤维素炭化，使衣服上出现小洞。如把硫酸溅到皮肤上，能迅速灼伤人体皮肤。硫酸可经过人体的呼吸道、消化道及皮肤被迅速吸收，对人的皮肤、黏膜有刺激和腐蚀作用。硫酸进入人体后，主要使组织脱水，蛋白质凝固，可造成局部坏死，严重时则会夺去人的生命。人吸入酸雾后可引起明显的上呼吸道刺激症状及支气管炎，重者可迅速发生化学性肺炎或肺水肿。如吸入高浓度酸雾时则可引起喉痉挛和水肿而致人窒息，并伴有结膜炎和咽炎。

（二）具有强酸性，易造成人员灼伤及器材、设施腐蚀损坏

浓硫酸既是一种强腐蚀剂，同时也是一种强氧化剂，能与金属和金属氧化物发生化学反应。当硫酸容器或储罐发生泄漏，大量的硫酸流经之处，都会对机器、设备、设施等造成严重腐蚀和氧化，有的会造成致命的损坏并无法修复。浓硫酸除了具有酸的性质之外，同时还具有很强的吸水性、脱水性和氧化性。浓硫酸与人体接触，能迅速灼伤皮肤；与衣物接触立即会使衣服的纤维素炭化、腐蚀破损。

（三）遇水剧烈放热，易造成飞溅伤害

浓硫酸具有强烈的吸水性和较高的溶解热（92.1kJ/mol），当水与浓硫酸接触时，会剧烈放热；同时，因为水比硫酸轻，因此浮于硫酸上面的水易被加热沸腾汽化，发生剧烈的酸液飞溅，严重时可达数十米远；浓盐酸、浓硝酸遇水也要放热，形成酸液飞洒或酸雾扩散，但相对硫酸而言，其剧烈程度较弱，飞溅距离较近。酸液飞溅会对周围的人员和设备造成巨大威胁和伤害，救援过程中应十分小心。

（四）产生挥发性酸雾，易造成人员呼吸道刺激伤害

浓硫酸本身并不挥发，但可与接触的路面、砂石剧烈反应产生大量的二氧化硫气体，形成窒息性的酸雾。若是发烟硫酸，则能挥发出 SO_3（三氧化硫）气体并形成浓密的酸雾；浓盐酸挥发性很强，一旦泄漏，盐酸大量挥发，在空气中形成白色酸雾；浓硝酸的挥发性更强，在光照条件下会分解产生大量 NO_2（二氧化氮），在空气中形成棕色酸雾。“三酸”泄漏生成的酸雾都具有较强的刺激性和腐蚀性，如果人体皮肤接触，会被灼伤；如果衣物接触会被腐蚀烧烂；如果少量吸入，可引起明显的呼吸道刺激、咳嗽、流泪等症状；若吸入高浓度酸雾，可引起化学性肺炎，重者可引起咽喉痉挛和肺水肿，甚至窒息死亡。

（五）酸性废液会造成环境污染

硫酸的酸性和强腐蚀性能对环境造成严重污染。浓硫酸泄漏后与相遇的物质反应会产生大量的有毒有害气体，会对空气造成严重污染；大量硫酸泄漏之后，浓烈和具有强刺激性的酸雾对空气造成严重污染，如果人或动物呼吸后，则会引起明显的上呼吸道刺激症状及支气管炎，重者可迅速发生化学性肺炎或肺水肿，高浓度时可引起喉痉挛和水肿导致窒息，并伴有结膜炎和咽炎。如果酸液流淌到公路上、水渠里，会对路面和水渠造成腐蚀性损坏，大量泄漏的硫酸流散到农田，则对农田造成污染，严重影响耕种，甚至造成农田不能使用。如果流散到河流、湖泊、水库等水域，则造成水污染，严重时该水域的水未经处理不能使用。如果流散到公路、水渠等处，则对路面和水渠造成严重污染和腐蚀损坏，必须采取有效措施进行处理。

三、硫酸泄漏事故处置措施

硫酸虽然具有强烈的腐蚀性和氧化性，但其本身和蒸气不易燃烧。因此在硫酸泄漏事故处置中，应采取科学、稳妥、积极、有效的方法，最大限度地避免人员伤亡，严密控制泄漏的波及范围和可能造成的环境污染，减少国家和人民生命财产的损失。

(一) 迅速调集专业力量

消防队接到事故报警后，应立即启动化学灾害事故应急救援预案，组织专业特勤力量迅速赶赴现场，并根据事故等级，适时启动当地政府灾害事故应急处置预案，调集公安、医疗、市政、环保、安监等部门到场协助救援。应加强第一出动力量，视情调出救援所需的泡沫消防车、大功率水罐车、抢险救援车，以及警戒、通信、堵漏、输转、洗消和个人防护等装备器材。

(二) 侦察检测，掌握事故情况

救援人员到场后，通过外部观察、询问知情人、内部侦察或仪器检测等方式，迅速了解灾情，查明事故状况。并重点了解掌握以下情况：

① 泄漏硫酸的浓度及相关理化性质。

② 硫酸泄漏源、泄漏的数量及泄漏流散的区域。

③ 是否已采取堵漏措施以及可采取的堵漏方法。

④ 现场实施警戒或交通管制的范围。

⑤ 现场是否有人员伤亡或受到威胁，其所处位置及数量，组织搜寻、营救、疏散的通道。

⑥ 硫酸泄漏及事故处置可能造成的环境污染，采取哪些措施可减少或防止对环境的污染。

⑦ 现场的水源，风向、风力等情况。

(三) 加强现场警戒

根据泄漏事故现场侦察和了解的情况，确定25～150m的警戒范围，设立警戒标识，布置警戒人员，特别是酸雾飘散的下风方向更要加强警戒，及时疏散警戒区域内的人员，严格控制无关人员进入事故现场，防止酸雾对现场人员的侵害。若泄漏事故发生在公路上，要特别注意防范二次交通事故的发生，及时对事故路段实施交通管制，禁止人员和车辆通行。

对事故现场内能与硫酸接触发生化学反应的物品（可燃物、氰化物、金属粉末、汽油油箱等)，能够转移的立即转移，难以转移的应采取隔离保护措施，防止因发生剧烈反应引起燃烧爆炸或产生有毒气体，造成二次事故。

(四) 疏散救人

救援人员应对硫酸泄漏事故警戒范围内的所有人员及时组织疏散，疏散工作应精心组织，有序进行，并确保被疏散人员的安全。对现场伤亡人员，要及时进行抢救，并迅速由医疗急救单位送医院救治。

1. 疏散组织

事故现场一般区域内的疏散工作由到场的政府、公安、武警人员实施，危险区域的人员疏散工作由救援人员进行。

2. 疏散顺序

事故现场人员疏散应有序进行，一般先泄漏源中心区域人员，再泄漏可能波及范围人员；先老、弱、病、残、妇女、儿童等人员，再行动能力较好人员；先下风向人员，再上风向人员。

3. 疏散位置

从事故现场疏散出的人员，应集中在泄漏源上风方向较高处的安全地方，并与泄漏现场保持一定的距离。

4. 现场急救

① 吸入硫酸蒸气者要立即脱离现场，移至空气新鲜处，并保持安静及保暖。吸入量较多者应卧床休息、吸氧、给舒喘灵气雾剂或地塞米松等雾化吸入。

② 眼或皮肤接触硫酸液体时，应立即先用柔软清洁的布吸去再迅速用清水彻底冲洗。

③ 口服硫酸者已出现消化道腐蚀症状时，迅速送医院救治，切忌催吐。

④ 急性中毒者要迅速送医院救治。

（五）采取围堰、导流等措施，控制液体流散

硫酸泄漏后向低洼处、窨井、沟渠、河流等四处流散，不仅对环境造成污染，而且对沿途的土地、设施、路面等造成严重腐蚀，扩大灾害损失。因此，救援人员到场后，应及时利用沙石、泥土、水泥粉等材料筑堤，或用挖掘机挖坑，围堵或聚集泄漏的硫酸，最大限度地控制泄漏硫酸扩散范围，减少灾害损失。

（六）关阀断源

输送硫酸的管道发生泄漏，泄漏点处在阀门以后且阀门尚未损坏，可采取关闭管道阀门，断绝硫酸源的措施制止泄漏。关闭管道阀门时，必须在开花或喷雾水枪的掩护下进行。硫酸容器、槽车或储罐发生泄漏，如果采取关闭阀门的措施可以制止泄漏，则应在开花或喷雾水枪的掩护下迅速关闭阀门，切断硫酸源。关阀断源，一般应由事故单位相关工程技术人员实施。如需救援人员实施关阀，则应做好个人安全防护，在搞清所关闭阀门的具体情况后，谨慎操作。

（七）积极止漏输转，回收泄漏液体

硫酸槽车或储罐发生泄漏，如果采取关闭阀门的措施可以制止泄漏，则应在做好个人防护的情况下，迅速关闭阀门止漏。

若不能关阀止漏，则应针对泄漏部位的具体情况，采用防腐蚀的堵漏器具（如橡胶楔等），在做好个人防护的前提下，迅速实施堵漏；对于运输途中，因交通事故翻入水塘、山沟中的槽车发生泄漏，若没有实施堵漏的条件时，可用吊车起吊调整罐体状态，让泄漏口朝上，让酸液面低于泄漏口进行暂时止漏，然后采取疏转倒罐的方法处置。倒罐前要做好准备工作，对倒罐使用的管道、容器、储罐、设备等要认真检查，确保万无一失。一般由相关工程技术人员具体操作实施，救援人员给予积极配合。倒罐时要精心组织，正确操作，有序进行，要充分考虑可能出现的各种情况，特别要做好操作人员的个人安全防护，避免发生意外，造成人员伤亡或灾情扩大。倒罐结束后，要对泄漏设备、容器、车辆等及时转移处理。

对泄漏外淌的硫酸，应先用塑料容器对大部分酸液进行物理收集后，再对少量残留的硫酸进行化学中和洗消。

（八）稀释冲洗

硫酸与水有强烈的结合作用，可以按任何不同比例混合，混合时能放出大量的热。因此在稀释硫酸时要避免直接将水喷入硫酸，避免硫酸遇水放出大量热灼伤现场救援人员皮肤。对泄漏硫酸进行稀释时，要选用喷雾水流，不能对泄漏硫酸或泄漏点直接喷水。如泄漏硫酸数量较少时，可用开花水流稀释冲洗，当水量较多时，硫酸的浓度则显著下降，腐蚀性相应降低。在稀释或冲洗泄漏硫酸时，要控制稀释或冲洗水液流散对环境的污染，一般应围堵或挖坑收集，再集中处理，切不可任意四处流散。

（九）中和吸附

硫酸泄漏流入农田、公路、沟渠、低洼处等，可用碱性物质，如生石灰、烧碱、纯碱等覆盖进行中和，降低硫酸的腐蚀性，减少对环境的污染。进行碱性物质覆盖中和时，操作人员要做好个人安全防护，特别要保护好四肢、面部、五官等暴露皮肤，避免飞溅的硫酸造成伤害。中和结束后，要对覆盖物及时进行清理。对于泄漏的少量硫酸，可用砂土、水泥粉、煤灰等物覆盖吸附，搅拌后集中运往相关单位进行处理。

（十）清理转移

硫酸泄漏事故处置结束后，要对泄漏现场进行清理。清理工作由当地政府组织，公安、环保、救援等部门参加。

1. 清理覆盖物

对处置硫酸泄漏使用的所有覆盖物进行彻底清理，把覆盖物集中运到相关单位进行处理，或运到环保部门指定的倾倒场处理。

2. 洗消污染物

对泄漏硫酸污染的机器、设备、设施、工具、器材等，由救援人员用碱性的开花或喷雾水流进行集中洗消，防止造成二次污染。对受污染的公路路面等也可用碱性水溶液进行冲洗，最大限度地减小泄漏硫酸的损害。

3. 转移泄漏物

对泄漏硫酸污染的机器、槽车等可移动的设备，要组织力量及时转移到安全地方妥善处理。对倒罐后的硫酸也要及时转移到有关单位进行处理。硫酸泄漏事故处置结束后，现场不能留下任何安全隐患。

四、硫酸泄漏事故处置行动要求

（一）加强现场警戒

根据硫酸泄漏后流散的情况和可能波及的范围，现场警戒区域要适当放大，特别是酸雾飘散的下风方向更要加强警戒，及时疏散警戒区域内的人员至安全地带，严格控制无关人员进入事故现场，防止酸雾对现场人员的侵害。

（二）强化个人安全防护

凡参加堵漏、倒罐等进入一线的抢险救援人员，必须做好个人安全防护。执行关阀、堵漏、筑堤、回收、稀释任务的救援人员要佩戴隔绝式呼吸器，着救援防化服，戴防酸手套，不得有皮肤暴露，尤其是面部和四肢，避免飞溅的硫酸造成伤害。如不甚接触硫酸，要及时用水冲洗，或用碱性溶液进行有效处理，必要时迅速进行现场急救或送医院救治。现场执行其他任务的抢险救援人员，也要做好安全防护，特别是处于下风向的人员，要采取必要措施，防止硫酸蒸气对呼吸道的侵害。

（三）选择上风向较高处设置阵地

现场水枪阵地一般应设置在硫酸泄漏源上风向的较高处，或侧上风向，防止酸雾对救援人员的直接伤害。救援车应停放在距硫酸泄漏源一定距离的较高处，如事故现场场地有限，则到达现场的救援车较多时，救援车应集中停放在远离泄漏源处，采取接力供水方式向处置现场供水，以防不测。

（四）选择喷雾射流稀释硫酸

硫酸具有强烈的吸水性，在与水结合后会产生大量的热，如用密集射流直射硫酸，则会使硫酸飞溅，对救援人员造成直接威胁。救援人员如用水稀释硫酸，必须避免水流直射硫酸，即便使用喷雾射流，也不可直射硫酸，避免飞溅起的硫酸伤害救援人员。

（五）由环保专家指导防污

对较大硫酸泄漏事故，救援人员在实施抢险的同时，要及时通知环保部门的有关专家到场，具体指导防止环境污染事项，以及要采取的措施。事故处置中一般由环保专家提出意见，现场指挥部决定实施，并指派相关部门具体落实，救援人员给予配合。严防泄漏硫酸对现场及周围环境的污染。

（六）集中处理稀释水流

泄漏事故处置过程中救援人员使用的稀释水流，因受到硫酸污染，切不可任其到处流淌，要采取筑堤、挖坑、人工回收等措施尽量集中或回收，然后进行物理或化学中和处理，避免造成次生污染，扩大事故灾情和损失。

五、硫酸储罐泄漏事故战例分析

（一）基本情况

2017 年 5 月 12 日 16 时 20 分许，某市一锰业有限公司一在建储罐水泥墙地基下沉，导致储罐受挤压，造成储罐中的硫酸泄漏，由于业主瞒报硫酸实际储量和泄漏量（业主瞒报为 1t），事故未得到有效控制。13 日上午，现场开始出现大量泄漏。事故发生后，市政府率市公安、安监、环保、消防、卫生、应急等部门，会同相关单位和企业携带专业设备和技术人员共 300 余人赶赴现场开展防控处置工作。

（二）救援措施

此次硫酸储罐泄漏事故处置历经 1 个多月，主要处置措施如下。

1. 设置围堰，防止扩大、加强警戒、控制现场

通过调动大型挖掘机、铲车就地取土设置围堰，加高施工坑高度，防止硫酸因下雨外溢。根据现场情况，指挥部及时增加了第二道围堰和第三道围堰，防止硫酸外泄扩大事故面。

2. 设置应急池，导酸中和

利用消防支队远程供水系统，对罐区西侧的鱼塘进行抽水排空，作为事故应急处理池。利用特种专业泵（渣浆泵）将围堰内的稀酸抽吸至事故应急处理池，并向处理池喷撒石灰石粉进行中和。

3. 填土掩埋，加固储罐

采用干沙土对 2 个大罐和基坑周围进行均匀填埋，稳固大储罐的基础安全，预防泄漏的硫酸被稀释后侵蚀大储罐罐底及基础，出现大储罐发生蚀漏或倾斜倒塌的危险。

4. 取样测算，辅助决策

由消防人员和技术人员配合，对硫酸泄漏物进行取样，利用云梯车和吊车同时作业，通过罐顶呼吸口或进液口等孔洞对罐内残液的液位进行测量，为下一步指挥决策提供依据。

5. 环保监测，疏散群众

由环保部门对地下水、地表水和大气进行监测。在进行硫酸中和作业时（15 日、16

日），及时疏散了事故区域周边2公里的群众170户594人，周边3所小学，23所幼儿园停课两天。

6. **稳固基础，全面回填**

进一步对两个4000m³的大罐进行基础填土稳固，防止大罐倒塌。在对事故应急池实施中和作业时，产生大量的热量和酸性气味，严重影响周边居民的生活，指挥部决定对所有泄漏区域和事故池进行全面的泥土回填作业，减少酸性气味扩散。

7. **转运酸泥，处理余酸**

填土作业完毕后，将事故区域的污染泥土实施转运至市工业固体废物填埋场进行中和处理。并派出专业团队对罐内的残液进行转运。

（三）战例评析

1. **力量调集**

① 事故发生后，市领导第一时间率市公安、安监、环保、消防、卫生、应急等部门，会同相关单位和企业携带专业设备和技术人员共300余人赶赴现场开展防控处置，启动市危险化学品事故应急救援预案，并成立处置领导小组，确定处置方案。

② 消防支队第一时间调派防化救援车、洗消车、泡沫车等特种车辆和防护、侦检、警戒、堵漏、输转、洗消等特种器材、设备和中和药剂，到场后根据指挥部的处置方案及时成立了消防作战指挥部，下设前沿处置小组、战勤保障小组、防化洗消小组、政工和宣传小组等4个小组，制订专门的消防应急方案。

2. **安全防护**

① 根据现场实际情况，将事故区域及应急池周边10m范围内划分为核心（事故）区，非紧急情况严禁人员接近。事故区外150m为中危区，人员进入实行施救、取样等作业按一级防护（全密封），其他作业按二级防护。在现场侧上风方向的力量集结区、战保区、洗消区待命的人员按一般防护要求。但是消防人员缺乏处置此类事故的经验，在救援初期，对警戒范围、防护要求等未进行统一的明确，未对事故现场进行充分的评估，存在盲目作战的情况。

② 在警戒区外按一般防护要求，着迷彩服（或抢险救援服）全套，佩戴过滤式防护口罩（酸性气体）、手持对讲机。衣领、袖口、裤口扎紧。每小时饮用一次苏打水，清水冲洗手、面部和眼睛。在处置过程中，部分消防人员进入现场未经安全员检查，在现场执行任务时执行着装要求不严格，衣领、袖口、裤口未扎紧，有的甚至随意脱卸个人防护装备，应加强现场管控，设置出入口和安全员。

③ 前沿阵地监护人员（应急救援小组）着一级防化服、空气呼吸器、抢险救援头盔，内着防化手套。非作业时间佩戴过滤式防护口罩。携带折叠担架、测温仪、测距仪、绳索，多功能挠钩，安全吊带，干浴巾，紧急撤离信号装置、照明灯具等器材。执行外围保护或安全观察人员可着二级防护服。

④ 侦察检测小组携带器材测温仪、有毒气体检测仪、电子气象仪、测距仪、夹板、记录笔、照明工具等，在指定地点对风向、风速、温度、有毒气体实施检测。处置中发现缺少防酸雾防护面罩、无火花切割工具、多用途有毒气体探测仪器等专业器材。

3. **中和洗消**

① 消防力量到场后，选择上风方向有利位置设立指挥部，停放战斗车辆，对危险区域

严格划分界定，进入重危险区人员着全封闭重型防化服并佩戴空气呼吸器等防护装备，以3人为组编成。为确保安全处置，设置应急池，导酸中和。利用特种专业泵（渣浆泵）将围堰内的稀酸抽吸至事故应急处理池，并向处理池喷撒石灰石粉进行中和。特种装备的调集应充分发挥社会单位的优势，提前预判尽快调集。

② 填土掩埋后将受污染的土壤全部转运进行处理，确保没有造成二次污染。搭建公众洗消帐篷，建立洗消站，对所有进入危险区的人员和车辆装备进行了彻底洗消。严格的安全防护确保了战斗中消防人员无人受伤中毒。

③ 由于泄漏量大，处置时间长，中和洗消任务重，各中队、各小组在进行力量轮换时，还存在工作任务、器材装备交接不清楚的问题，部分参与救援的消防人员甚至不知道硫酸的危害性，洗消不彻底。

4. 勤务保障

① 此起事故充分发挥了多部门应急联动工作机制，发挥专业队伍和专家作用，及时为灾害事故处置提供物质和技术支持。

② 参战时间长，消防队伍制订了现场生活保障方案，并积极争取地方人民政府、社会相关单位的支持，全力做好参战人员就餐、饮水、休息等各项生活保障。

思考题

某年5月4日中午12时许，201省道发生一起交通事故，一危险化学品运输车从德兴沿201省道由北向南驶往玉山方向，在153km＋200m处发生侧翻，驾驶员王某、押危员陈某当场死亡，该车运输的浓硫酸部分泄漏。事故发生后，县环保、交警、公安、消防、公路等相关单位在该县政府组织领导下，第一时间赶赴现场开展应急处置工作。该路段实行了交通管制，地面上的浓硫酸用石灰进行中和处置。事故车辆内残存的浓硫酸进行了输转倒罐转移。

请根据案例材料回答问题：

1. 出动时，应当调集哪些力量和器材装备？
2. 辨识该事故存在哪些危险源？
3. 中和处置该如何具体实施？需要注意哪些问题？
4. 倒罐转移需要注意哪些问题？

第五节　黄磷灾害事故应急救援

学习目标

1. 熟悉黄磷的理化性质等基本信息。
2. 熟悉黄磷的储存包装形式、危险特性和事故特点。
3. 掌握黄磷灾害事故的处置措施和安全保障等内容。

黄磷（别称白磷）是一种重要的化工原料，在工农业生产以及军工领域都有广泛的运用。在工业上用黄磷制备高纯度的磷酸。利用黄磷易燃产生烟（P_4O_{10}）和雾（P_4O_{10}与水蒸气形成H_3PO_4等雾状物质），在军事上常用来制烟幕弹、燃烧弹。还可用黄磷制造赤磷（红磷）、三硫化四磷（P_4S_3）、有机磷酸酯、燃烧弹、杀鼠剂等。近年来，随着我国改革开放的不断深入，以黄磷为基础原料的磷化工产业得到了快速发展。在黄磷的生产、储存、运输和使用过程中，黄磷泄漏引起的灾害事故时有发生，因黄磷是一种易自燃、剧毒的危险化学品，处置救援难度很大。2013 年 6 月 3 日凌晨 1 点 20 分，一辆河北牌照的载有工业黄磷的危险化学品车，在经过长深（杭宁）高速江苏南京方向距浙江湖州父子岭卡点不到 1.5km 处，发生追尾事故，导致车上五六十个装有剧毒化学物品黄磷的桶被撞破并泄漏起火。事故现场 3km 内的 1300 多民众被迅速转移撤离，消防人员历经 10h 的艰苦战斗才将大火扑灭。

一、黄磷的理化性质

（一）物理性质

黄磷是白色或浅黄色半透明性固体，质软，冷时性脆，见光色变深。黄磷分子式 P_4，分子量 123.895，密度 1.82g/cm^3，熔点 44.1℃，沸点 280.5℃，相对密度（水=1）1.88，相对蒸汽密度（空气=1）4.42，燃烧热 3093.2kJ/mol，临界温度 721℃，引燃温度 30℃。黄磷不溶于水，微溶于苯、氯仿，易溶于二硫化碳。

（二）化学性质

1. 易自然

黄磷是一种易自燃的物质，其着火点为 40℃，非常活泼，必须储存在水里，接触空气能自燃并引起燃烧和爆炸。在潮湿空气中的自燃点低于在干燥空气中的自燃点。与氯酸盐等氧化剂混合发生爆炸。其碎片和碎屑接触皮肤干燥后即着火，可引起严重的皮肤灼伤。

2. 毒性

黄磷有毒。人的中毒剂量为 15mg，致死量为 50mg。误服黄磷后很快产生严重的胃肠道刺激腐蚀症状。大量摄入可因全身出血、呕血、便血和循环系统衰竭而死。皮肤被磷灼伤面积达 7%以上时，可引起严重的急性溶血性贫血，以至死于急性肾功能衰竭。长期吸入磷蒸气，可导致气管炎、肺炎及严重的骨骼损害。

（三）包装方法

小开口钢桶（黄磷顶面须用厚度为 15cm 以上的水层覆盖）；装入盛水的玻璃瓶、塑料瓶或金属容器（用塑料瓶时必须再装入金属容器内）。必须完全浸没在水中，严封后再装入坚固木箱。

二、黄磷泄漏事故的特点

当黄磷发生泄漏，遇空气就会发生燃烧，并且燃烧速度非常快，大量的黄磷泄漏并引起大规模的燃烧甚至爆炸。黄磷泄漏燃烧后容易造成人员灼伤和中毒，事故易造成环境污染。

（一）易发生自燃并引起爆炸

由于黄磷的自燃点很低，遇到空气极易发生缓慢氧化，并放出大量的热，引起周围温度升高，当达到黄磷的自燃点时，就会自燃。当黄磷发生泄漏，遇空气就会发生燃烧，黄磷火焰呈黄色或白色，燃烧温度可达1000℃以上。并且燃烧速度非常快，黄磷熔点低，仅44.1℃，燃烧过程中，黄磷极易变成液态形成大面积流淌火，构成立体燃烧。燃烧后放出的热量迅速加热储磷容器使其温度升高，大量的黄磷泄漏并引起大规模的燃烧甚至爆炸。扑灭黄磷火灾可以用喷雾水或者沙土，指挥员在得知是黄磷起火后应第一时间调派充足力量和灭火物资，尤其是水、干粉、沙土等。

（二）发烟量大，救援作业困难

常温下，黄磷接触空气即发生氧化，产生浓密的 P_2O_3 及 P_2O_5 白色烟雾。燃烧时发烟量更大，据实验测定其燃烧发烟量是杉木燃烧的6倍。燃烧猛烈，火光耀眼，火场温度高，发烟量大，能见度低是黄磷火灾的重要特征，这些不利因素同时也增大了灭火救援的难度。

（三）造成人员化学灼伤

黄磷泄漏燃烧后生成五氧化二磷，遇到空气中的水蒸气进而形成磷酸，并放出热量；生成的酸对皮肤具有刺激、腐蚀作用及化学反应热容易引起的急性皮肤损害，可能引起眼部灼伤和呼吸道损伤等。

（四）造成人员中毒

黄磷自身是一种剧毒性物质，黄磷燃烧时产生的白色烟气也是毒性极强的五氧化二磷（P_2O_5）气体。大鼠经口半数致死量为 $LD_{50}<3.03\text{mg/kg}$，而生产车间空气中最高允许浓度为 0.03mg/m^3。黄磷对人体的伤害主要是不同程度的肝损伤，更为严重者是对肾脏的损害，可能因肝肾功能衰竭致危。救援人员的个人防护是个重要问题。黄磷主要从呼吸道、消化道或皮肤侵入人体，抑制体内的氧化过程。磷接触皮肤还可致皮肤灼伤。黄磷中毒多为事故引起，如被熔化的磷灼伤。轻度中毒除皮肤灼伤外，还会出现头痛、头晕、全身乏力、恶心或呕吐、心动过缓等症状。加上黄磷燃烧时产生的白色烟气是毒性极强的五氧化二磷气体随风飘移，对人畜的危害极大。

（五）易造成环境污染

黄磷自燃产生大量烟尘排入大气，污染环境。生产中的含磷废水成分复杂，有磷、磷渣、氟化物、磷酸钙等成分，这些物质流入水中，会造成水体污染，引发生态事件。因此，在事故处置中产生的废水废液，应筑堤围堰或挖坑引流的办法进行收集后，集中进行处理，不让含磷废水随意流入沟、河、湖泊中。

三、黄磷泄漏事故处置措施

由于黄磷是一种剧毒性化学品，在空气中易于发生自燃；燃烧时呈熔融状态，易于形成流淌火灾，并放出大量的热。因此，在处置黄磷泄漏事故时，应采用科学的处置技术，迅速调动力量堵漏，快速扑灭火灾，避免人员伤亡。

（一）迅速调集各种救援力量

接到黄磷泄漏报警后，要有针对性地迅速调集应急救援力量，主要调集抢险救援、化学灾害事故救援等多种救援车辆及装备。调集应急救援力量的要求是：

① 要有针对性地将灭火救援力量一次性调集到位。

② 处理黄磷泄漏事故的各种应急救援人员、车辆和装备都必须调集齐备。

③ 迅速向政府报告，争取公安、交警、环保等部门的联动及技术专家的合作。

（二）迅速侦检，设立警戒

当消防救援人员到场后，要通过各种方式及时进行侦察现场，掌握黄磷泄漏事故的情况，主要包括以下几个方面的内容：

① 黄磷泄漏事故的部位及泄漏范围。

② 黄磷泄漏的数量。

③ 泄漏后的黄磷是否发生燃烧，有无发生爆炸的危险。

④ 泄漏事故现场是否有人员被困，被困人员位置和数量，人员疏散的路径等。

⑤ 事故现场的水源、风向、风速情况。

⑥ 事故可能造成什么环境污染，可采取什么措施预防。

公安、交警人员根据侦察现场掌握的情况，在泄漏现场附近500m范围内紧急设置警戒线，设立警戒标志，布置警戒人员，控制人员和车辆出入事故现场。如果黄磷泄漏事故发生在公路上，要及时对事故路段实施交通管制，停止人员和车辆通行。

（三）及时疏散人员

各种应急救援力量应当及时疏散泄漏事故现场的被困人员。在组织人员疏散的时候，要按以下的原则和顺序进行：一般的疏散工作应由到场的当地政府、公安、武警和救援人员实施，最危险地段的疏散工作应由消防救援人员组织；疏散时应先疏散泄漏中心地段或危险性较大地段人员，再疏散危险性相对较小地段的人员；先疏散老、弱、病、残、妇女、儿童等行动不便人员，再疏散行动能力较好人员；先疏散下风向人员，再疏散上风向人员。

（四）采用喷雾或开花水枪控制

由于黄磷的熔点很低，在空气中极易发生自燃和爆炸，因此，在处置过程中不宜用密集射流直接喷射磷块或磷液进行灭火，以防造成黄磷飞溅形成新的火源，或溅到人员身上造成灼伤，而应当用喷雾或开花水流控制黄磷燃烧。

（五）筑堤或者围堰进行堵截

因为黄磷在燃烧过程中呈液态，因此，黄磷泄漏事故发生时，需先用水泥、沙土袋筑堤或挖坑围堵流散的黄磷；然后用喷雾或开花水流向围堵磷液的构筑物内灌水，使磷液冷却为固态；最后组织力量将磷块从水中转移到安全的水封容器中。

（六）采用器具进行堵漏

当盛装黄磷的储罐、桶等容器发生泄漏时，救援人员要根据泄漏现场的情况，采取科学有效方法及时堵漏，控制或制止黄磷的泄漏。

1. 孔洞型泄漏

如果是管道或者罐体发生孔洞型的泄漏，应采用专用的管道内封式、外封式或捆绑式充气堵漏工具进行堵漏，或用螺钉加翻合剂旋拧，或利用木楔、硬质橡胶塞进行封堵。

2. 法兰泄漏

如果是由于螺栓松动引起法兰泄漏时，须使用无火花工具，紧固螺栓，制止泄漏；若是由于法兰垫圈老化引起的泄漏，可利用专用法兰夹具夹卡法兰，并高压注射密封胶堵漏。

3. 罐体裂缝泄漏

可利用专用的捆绑紧固和空心橡胶塞加压充气类器材进行塞堵；否则，须采取倒罐的方法转移黄磷。

（七）水淹灭火

利用黄磷不溶解于水、不与水起化学反应、比水重等特性，可使用大量的水使黄磷与空气隔离而停止燃烧。

（八）清理现场

黄磷泄漏事故处置后，要对现场进行认真清理，在灭火过程中产生的废水废液要挖沟挖坑引流进行收集，定点回收处理，禁止随意排放到河道沟渠中，防止污染事故的发生。清理现场时，要做到以下几点：

① 黄磷泄漏所经过的路线逐段检查。

② 对筑堤围堵或挖坑聚集的磷块彻底回收。

③ 对围堵磷液的构筑物进行卫生填埋。

四、黄磷灾害事故处置行动要求

① 救援人员到场后，应选择上风方向或侧风方向停放车辆和设置水枪阵地，车辆停放应距事故源有一定的安全距离。

② 做好个人安全防护工作，消除所有点火源。隔离泄漏污染区，限制出入。建议应急处理人员戴防尘口罩，穿防静电、防腐、防毒服。禁止接触或跨越泄漏物。穿上适当的防护服前严禁接触破裂的容器和泄漏物。由于黄磷属剧毒性危险化学品，可通过蒸气及粉尘形式经呼吸道、消化道及灼伤的皮肤等途径引起人员中毒。因此，必须在黄磷泄漏事故中做好呼吸系统和皮肤的防护。

③ 不能盲目射水，不能用直流水喷射黄磷，不能靠磷火太近，以防止黄磷飞溅烧伤。尽可能切断泄漏源。小量泄漏时，用水、沙或泥土覆盖，收入金属容器并保存于水中。大量泄漏时，构筑围堤或挖坑收容。用潮湿的沙土覆盖。防止泄漏物进入水体、下水道、地下室或密闭性空间。

④ 参战人员及器材装备要尽量不接触含磷废水，一旦接触应立即用大量水清洗，禁止不经清洗就暴露在空气中；万一被黄磷燃烧，一定要马上把伤口浸没在水中，及时清洗残磷，在湿敷条件下送医院救治。

五、黄磷泄漏燃烧事故处置战例分析

（一）基本情况

2010 年 7 月 3 日 1 时 41 分，一列装有 300 桶工业用黄磷的货运火车，行驶到某客运南站时发生泄漏自燃。泄漏的黄磷随扑救时射入车厢的水流四处流淌，形成多处着火点。车厢内部地面还铺有草垫，泄漏的黄磷引燃草席衬垫，猛烈燃烧。为彻底扑灭火灾，必须将车厢内的桶装黄磷全部搬运下来，但是所有铁桶都用镀锌铁线环绕捆紧固定在一起，难以搬动。寻找泄流点以及转移搬运花费较长时间，由于长时间泄漏，加上大量的黄磷密集于一节火车车厢内，扑救时产生的大量浓烟，加上有限空间内的持续高温，导致了两次爆炸。经过消防人员十个小时的奋战，成功处置，未泄漏的黄磷全部转移安全地区，事故未造成人员伤亡。

（二）救援经过

1. 接警出动

当日凌晨 1 点 41 分，市 119 指挥中心接到报警后，立即指挥辖区消防大队 3 部消防车和 20 名消防人员赶赴现场进行处置。在行驶途中，经与报警人联系得知：该列车为昆明发往辽阳的货运列车，列车最后一节车厢内装有 300 桶工业用黄磷，该列车即将行驶到南站时发生泄漏，由于南站为客运站，人流量大，为确保群众安全，列车准备停靠在北站进行处置。了解到基本情况后，指挥员立即与北站取得联系，要求车站待列车到站后迅速将事故车厢分离。

2. 消防队到达现场时的情况和采取的措施

消防人员到达现场时，列车正在进站，最后一节车厢冒出大量浓烟。指挥员迅速将现场情况向当地政府、公安机关和市消防指挥中心进行汇报，并协调铁路、环保、医疗、交通等有关部门人员协助处置，同时命令消防人员立即设立警戒线，防止无关人员进入重危区，同时组织相关部门进行人员疏散。并占据北侧上风方向，分别在铁路东西两侧设置水枪阵地进行稀释。就在战斗即将展开之际，突然从车厢内传来一声闷响，因长时期泄漏，黄磷产生自燃，并引起了局部爆炸。

3. 侦察询情

指挥员通过询情和侦察了解到事故物质为黄磷，立即向全体消防人员传达黄磷的理化性质：黄磷属高毒类，是一种危险化工品。燃烧后，生成三氧化二磷或五氧化二磷并带有白色浓烟。黄磷蒸气遇湿空气可氧化为次磷酸和磷酸，吸入蒸气或粉尘，可引起急性中毒，出现化学性肺炎和肺水肿。为防止灾害进一步扩大，必须将车厢内的桶装黄磷全部搬运下来，逐一查找泄漏点进行封堵。

4. 确定技战术措施

由于烟雾大，毒害性大，指挥员迅速调整作战方案，由功率较大消防车铺设干线，从消火栓铺设出来的干线变为供水线路，用大流量直流水枪稀释毒气，消除明火。利用沙石对发生泄漏的槽（罐）四周进行围堵，逐步形成包围圈。形成围堰后，将火势控制。

在发生泄漏区域内，组织人员佩戴空气呼吸器或防毒面具在水枪的掩护下搬运桶装黄磷。随后，消防支队全勤指挥部带开发区大队、领特勤中队到达现场，并成立了现场指挥部，协调安监、环保、铁路、卫生等部门协助处置。11 时 30 分，经过近 10h 的奋战，险情被排除，未泄漏的黄磷全部转移安全地区。

（三）战例评析

1. 力量调集

消防队伍接警后得知是黄磷泄漏着火事故后应迅速调集所需要的人力物力，包括足够的水源、泡沫、沙土，供扑救、控制火势使用；以及转移疏散桶装黄磷所需的大量人员，或装卸车辆装置，为防止黄磷燃烧产生大量烟气影响视线，需准备强光照明设备。并视情报政府启动应急预案，调动公安、卫生、环保、气象等相关部门及单位救援力量参与处置。

2. 初期控制

此案例中消防人员到场后能积极占据北侧上风向，分别在铁路东西两侧设置水枪阵地进行稀释，体现了初战指挥员良好的战术素养。如因水源或其他条件的限制，须在下风向设置阵地时，前方作战人员必须佩带空气呼吸器，穿好防护服装，后方作战人员也应采取一定的防护措施。

3. 积极控火

用水冷却燃烧桶，冷却要均匀、不间断，尽可能利用带架水枪、固定式喷雾水枪和遥控移动炮。同时应用喷雾、开花水流或砂土控制、扑救火灾，不能用强水流冲击磷块、磷液，以免黄磷飞溅，灼伤附近人员或黏附在其他可燃物上引起新的火源。若量多火势较大时，应考虑用泡沫覆盖灭火。

4. **冷却止漏**

当黄磷随水流向四处溢流时，要及时用水泥、沙袋筑坝堵拦，然后向车厢内灌水，让水淹没磷液使其结块。再组织力量将磷块从水中捞出，放入安全容器中。捞磷块时，人体不能与磷直接接触。寻找到泄漏点时，应组织人员佩带空气呼吸器用喷雾水覆盖火源，然后将黄磷移入其他安全容器中或将渗漏容器移到开阔地带处理。若有足够水源，地理条件允许时，可考虑采用开挖水坑注水，将泄漏容器淹没在水中，与空气隔绝，若泄漏处裂缝不大，可考虑采用粘接剂堵漏，如无专业堵漏粘接剂，可用湿沙或泥土封堵泄漏口。

5. **清理现场**

黄磷火灾扑灭后，待火熄灭和磷固化为止，用湿砂或泥土覆盖，要认真检查清洗现场，防止现场附近的可燃物黏附残磷，发生复燃。

救援工作完成后，对回收的黄磷在环保部门的协同下转移到安全地带，通过环保部门进行无害处理。在灭火结束后应进行洗消，所有进入危险区域的人员及器材必须进行洗消，避免造成二次污染。并将地面水流收集并转移，对事故现场特别是一些地势低洼地区进行一次全面的检测和洗消后，彻底消除有毒物质，才可以取消警戒，撤离现场，恢复事故现场的供电与交通。

思考题

某年6月3日凌晨1点20分，一辆河北牌照的载有工业黄磷的危险化学品车，在经过长深（杭宁）高速江苏南京方向距浙江湖州父子岭卡点不到1.5km处，发生追尾事故，导致车上五六十个装有剧毒化学物品——黄磷的桶被撞破并泄漏。为确保人身安全，事故现场3km内的1300多民众被迅速转移撤离。

黄磷又称白磷，是一种极为重要的基础工业原料，也是一级自燃化学物品。在常温下，置于空气中极易发生自燃，同时它也是一种有剧毒化学品，一旦发生泄漏，附近的人通过皮肤接触和呼吸道吸入都会导致人体中毒。

这辆危险化学品车装了130桶共30多吨工业黄磷，被追尾后有五六十桶被撞破，水流干后黄磷暴露在空气中发生自燃，两辆事故车瞬间燃起大火。据两辆事故车司机称，危险化学品车当时正停于硬路肩内检修车辆，后面拉钢管的一辆货车因突然爆胎失控而追尾上去。

事故发生后，湖州高速交警、消防以及市县两级安监、环保部门，先后赶到现场协调处置事故，并启动紧急预案。由于黄磷的剧毒性，事发后，包括两名事故车司机在内，全部路上人员全部被转移到安全地带。同时，沿线的父子岭村村干部以及夹浦派出所民警连夜通知村民撤离到3km以外。由于黄磷特殊的化学属性，使得这次扑救难度非常大。湖州消防共出动9辆消防车以及一辆充气车到场救援。

救援人员用黄沙堵住了路基下水沟的两段，将污染控制在局部河段，防止流入太湖。黄磷只能密封在水中才不会燃烧，但车上几十个水桶已经被撞破，所以消防队员要持续不断地对着车子喷水。由于黄磷遇到空气就自燃，现场救援时不停重复着“灭了又起火再扑灭”，一直到上午10时30分，明火才被扑灭。明火被扑灭后，要对事故车上的黄磷进行转移运输。可两辆事故车追尾后，原本水平停靠的危险化学品车向右倾斜了30°，叉车无法进行作业。转运黄磷只能通过吊车起吊到另一辆危险化学品车上，且转运黄磷的水桶必须轻拿轻放，一小时内只运了 10 桶。而在运输的同时，消防人员也要持续出水，防止黄磷随时自燃。除了运输桶装黄磷，对于泄漏到高速路面以及路基下水沟的残留黄磷的转移，难度也更大。救援人员最后决定用水泥覆盖后进行固化，再装入水桶密封转运到危险化学品车上。

根据案例材料问答问题：

1. 辨识事故中的危险源及事故类型。
2. 案例中联动机制的启动有无必要，消防队伍承担的主要职责是什么？
3. 阐述扑救此起事故的措施和方法。
4. 黄磷火灾扑救过程中应采取哪些防护措施？

第六节　苯系物灾害事故应急救援

学习目标

1. 熟悉苯系物的理化性质等基本信息。
2. 熟悉苯系物的危险特性和事故特点。
3. 掌握苯系物泄漏事故的处置措施、安全保障等内容。

苯系物是苯的同系物及其衍生物的总称，广义上的苯系物包括全部芳香族化合物，狭义上的特指包括 BTEX 在内的在人类生产生活环境中有一定分布并对人体造成危害的含苯环化合物。如甲苯、乙苯、二甲苯、三甲苯、硝基苯、苯胺等。苯系物是重要的石油化工原料，其产量和生产的技术水平是一个国家石油化工发展水平的标志之一。常用来制取香料、染料、塑料、医药、炸药、橡胶等。苯系物易发生燃烧爆炸事故，导致人员中毒和环境污染。由于生产及生活污染，苯系物可在人类居住和生存环境中广泛检出，并对人体的血液、神经、生殖系统具有较强危害。发达国家一般已把大气中苯系物的浓度作为大气环境常规监测的内容之一，并规定了严格的室内外空气质量标准。苯是有毒易燃物质，在生产、储存、运输、使用过程中发生泄漏，易发生爆炸燃烧和中毒事故，处置不慎，将造成严重的后果。2014 年 11 月 5 日早晨 5：15 左右，浙江衢州的巨化集团公司苯库 4＃苯槽计划安排检修，当时苯已排空，充入水，使用蒸汽进行蒸煮，在此过程中发生槽顶开裂，蒸汽夹带残余苯泄漏，导致 2 人死亡，数人中毒。

一、苯的理化性质

（一）物理性质

苯是一种碳氢化合物即最简单的芳烃，化学式 C_6H_6，分子量 78.11，熔点 5.5℃，沸点 80℃，水溶性 0.18g/100mL，密度 0.8786g/cm^3，闪点－11℃，爆炸极限 1.2％～8％。在常温下是甜味、可燃、有致癌毒性的无色透明液体，并带有强烈的芳香气味。它难溶于水，易溶于有机溶剂，本身也可作为有机溶剂。

（二）化学性质

① 苯蒸气能与空气形成爆炸性混合物，遇明火、高热能引起燃烧爆炸，与氧化剂能发生强烈反应。蒸气比空气重，约为空气的 2.7 倍，其蒸气往往漂浮于地表及下水道、沟渠、厂房死角等处，有潜在的爆炸危险。苯在沿管线流动时，流速过快，易产生和积聚静电，一旦静电不能消除而放电，很容易引发爆炸燃烧。

② 苯属中等毒类，挥发性大，暴露于空气中很容易扩散。人和动物吸入或皮肤接触大量苯进入体内，会引起急性和慢性苯中毒。

（三）储运方法

储存于阴凉、通风的仓间内，远离火种、热源，防止阳光直射，保持容器密封。应与氧化剂、食用化学品分开存放。最高仓温不宜超过 30℃。桶应直立存放，堆垛不可过大、过高，切忌堆成大垛。堆高不超过两层。要留好“五距”和消防施救通道。夏季高温时宜实行早晚运输。若储罐存放，应采用防爆技术措施。灌装要控制流速不超过 3m/s，并应设有导除静电装置。管道、阀门要密封。运输时所用的槽（罐）车应有接地链，槽内可设孔隔板以减少震荡产生静电。严禁与氧化剂、食用化学品等混装混运。装运该物品的车辆排气管必须配备阻火装置，禁止使用易产生火花的机械设备和工具装卸。

二、苯泄漏事故特点

苯是低闪点有毒易燃液体，易发生燃烧爆炸和中毒事故，泄漏后四处流散，尤其向低洼处流淌，流经之处会对土地及周围环境造成较大范围内的污染，且不易洗消。

（一）易发生爆炸燃烧事故

常温下，苯是一种无色、有芳香气味的透明油状液体，易燃烧，易挥发，泄漏后其蒸气与空气形成混合性爆炸气体，遇火源发生爆炸或燃烧，并可能造成大面积流淌火灾，导致人员伤亡和财产损失。其他苯系物也有与苯类似的燃爆危险性。

（二）易造成人员中毒伤亡

苯蒸气损害人的神经系统，易造成现场无有效防护人员中毒。大量苯系物在短时间内经皮肤、黏膜、呼吸道、消化道等途径进入人体后，使机体受损并引起功能性障碍，发生苯系物的急性中毒。轻度急性中毒能使人产生睡意、头昏、心率加快、头痛、颤抖、意识混乱、神志不清等现象；重度急性中毒会导致呕吐、胃痛、头昏、失眠、抽搐、心率加快等症状，甚至死亡。苯会损害骨髓，使红细胞、白细胞、血小板数量减少，使染色体畸变，出现再生障碍性贫血，甚至引起白血病（血癌）。

不同浓度的苯蒸气对人体的健康危害如表 4.5 所示。

（三）污染环境

苯具流淌性，泄漏后能造成较大范围内的地面或物品污染，且不易洗消。当苯系物发生泄漏或者燃烧爆炸性事故，泄漏出来的苯系物或燃烧爆炸后的混合物质会对大气、水、土壤环境造成破坏，引发环境污染事故。例如，2005 年 11 月 13 日，中石油吉林石化公司双苯厂苯胺二车间发生连环爆炸，并引起大面积火灾，事故废水废液流入松花江，引起严重的水环境污染，致使千里之外 600 万人口的哈尔滨市紧急停水，间接损失达上百亿元，环境专家称被污染的水环境生态需要 10 余年的时间才能恢复。

表 4.5　苯蒸气对人体的健康危害

空气中苯蒸气的浓度		接触时间/min	反应
/ppm	/(mg/m³)		
19000～20000	61000～64000	5～10	死亡
7500	24000	30	生命危险
1500	4800	60	严重中毒症状
500	1600	60	一般中毒症状
50～150	160～480	300	头痛、乏力、疲劳

三、苯泄漏事故处置措施

苯泄漏事故应正确判断和估计灾情，科学调集力量，尽快控制泄漏，防止火势蔓延，合理运用战术，迅速消除险情。

（一）准确受理警情，调集专业力量

当接到苯系物发生泄漏或燃爆事故的报警后，消防队伍应立即启动化学灾害事故应急救援预案，调集充足力量到场救援。与此同时，及时向当地政府、公安机关和上级消防机构报告情况，由上级迅速调动消防特勤力量赶赴事故现场进行处置，同时调集公安、交通管理、医疗救护、环境保护等部门协助救援。本着"加强第一出动的原则"，调动抢险救援车、防化洗消车、后勤保障车、泡沫消防车、干粉消防车和重型水罐车，还应加强空气呼吸器、堵漏设备、洗消器材、泡沫灭火剂的保障和调配。

（二）现场询情，侦察检测

救援力量到达现场后，首先应当向现场目击者、当事人或者工程技术人员询情，掌握泄漏扩散区域及周围有无火源，利用仪器检测事故现场苯蒸气浓度，测定现场及周围区域的风力和风向，搜寻遇险和被困人员，并迅速组织营救和疏散。通过询问、侦察检测，监测泄漏区液体蒸气浓度，测定风力和风向，了解可燃易燃液体流淌扩散的范围；掌握被困遇险人员数量、位置和营救路线；查明泄漏的容器储量和罐体完好情况，以及泄漏部位、强度和范围。

（三）加强警戒，控制火源

苯系物泄漏灾害事故发生后，根据询情和侦检情况，确定警戒范围，设立警戒标志，布置警戒人员，严控人员出入，在整个处置过程中，实施动态检测。在通往灾害事故现场的主要干道上实行交通管制。切断警戒区内所有电源，熄灭明火；高热设备停止工作；关闭警戒区内抢险人员的手机，不准穿化纤类服装和带铁钉的鞋进入警戒区，不准携带铁质工具进入扩散区参加救援。

（四）选择正确路线，快速疏散转移群众

在进行人员疏散时，救援人员应组织群众向侧上风向转移，在疏散撤离路线上要设立哨位，要指明正确疏散路线的方向，要标明安全区和危险区，要安排专业救援人员对疏散群众进行有序组织和引导，防止混乱或踩踏，要劝诫疏散人员不要在低洼处停留。

（五）多种措施并举，适时有效灭火

积极采用围堤筑坝，挖沟导流，回收散液，限制泄漏液体的扩散范围，对泄漏的苯用泡沫覆盖泄漏液面，抑制爆炸。进入事故现场的消防人员，都要佩戴隔绝式呼吸器，进入内部执行关阀堵漏任务的消防队员要着全封闭式消防防化服，或其他型号的防化服。由于苯系物挥发蒸气能与空气形成爆炸性混合物，而且苯系物及其燃烧产物具有较强的毒性，极易造成人员的中毒。因此，扑救苯系物火灾，必须采取多种措施并举，适时有效灭火。

① 应首先迅速关闭火灾部位连接阀门，切断进入火灾事故点的一切物料，然后立即启用固定、半固定灭火设施等进行灭火。

② 采用冷却、稀释等保护措施防止火灾蔓延扩大。为防止火灾危及相邻的设施，应当对周围设施采取冷却保护措施；设置水幕、屏封水枪或蒸气幕，以稀释、降低挥发到空气中的苯系物浓度。

③ 采用泡沫、干粉、二氧化碳、砂土等灭火剂进行灭火。普通蛋自泡沫灭火剂对扑救液苯火灾效率较低，氟蛋白泡沫灭火剂应用在液苯火灾的扑救效率较高。液苯火灾也可用二氧化碳、干粉、砂土扑救，其能降低苯蒸气的蒸发和浓度，但不能起稀释作用。

（六）加强截污截流，做好废液处理

应急救援中产生的废液必须进行回收，以免造成水环境污染。苯泄漏事故救援结束后，要将围堤堵截的废液导入事故储存池；及时关闭雨水阀，防止物料沿沟渠外流；如果发生大量泄漏，可选择用隔膜泵将泄漏的苯抽入容器内或槽车内，再运到废物处理场所进行处置；如果发生少量泄漏，可用砂子和吸附材料等吸收苯，再进行焚烧或者卫生填埋。

（七）洗消防护

洗消是清除毒源的重要措施，消防、医疗救护、职业病防治所等单位应迅速对疏散到安全区的染毒人员实施洗消，同时要全面洗消染毒区域，防止留下隐患。对染毒人员进行洗消切忌使用热水，热水会加快毒性的扩散，所以应该用大量的冷水进行洗消。

洗消的对象主要包括：①轻度中毒人员；②重度中毒人员送往医院之前；③现场消防等参与处置人员；④灭火救援装备；⑤染毒区域的物品及地面等。

四、苯系物灾害事故处置行动要求

（一）防毒防爆

指挥部的位置及救援车辆的停放，应与泄漏扩散区域保持适当距离，并设在上风方向。进入毒区实施抢险作业的人员一定要精干，个人防护充分，并使用开花或喷雾水枪进行掩护。有限空间内发生泄漏，有人中毒时，可使用移动排烟机送风配合施救行动。对吸入中毒人员，应迅速撤离染毒区至新鲜空气处；皮肤受到污染的，应立即用大量清水冲洗；中毒严重者，应立即送医院救治。

（二）加强协调保障

建立联动协调指挥机制，做好人力、财力、物力等方面救援力量的测算工作；对灾害现场的态势变化要做好动态观测，作出科学判断，适时根据需要对所需资源力量进行合理调度和配置，以确保救人、灭火、防爆、堵漏、卫生、后勤、环保等方面的工作能得到最大保障。

（三）加强现场个人防护和事后健康检查

在苯系物灾害事故的灭火救援中，救援人员因置身于火焰、高温、浓烟、缺氧、高毒的危险环境中，极容易造成受伤或死亡事故。因此，必须做好个人在防烧伤、烫伤、中毒等方面的防护工作，根据战斗位置的需要，做好相应等级要求的安全个人防护，严禁无安全保护条件下的盲目行动。作战结束后，应当及时组织对参战人员进行体检，发现苯系物中毒症状的伤员，要及时医治疗养，以防癌变。

（四）协同做好废液回收处理

应急救援过程中产生的废液必须进行回收，以免造成水环境污染。消防队伍要协同环保等部门做好废液的回收处理工作：将围堤堵截的废液导入事故储存池；及时关闭雨水阀，防止物料沿沟渠外流；如果发生大量泄漏，可选择用隔膜泵将泄漏的苯系物抽入容器内或槽车内，再运到废物处理场所进行处置；如果发生少量泄漏，可用砂子和吸附材料等吸收苯系物，再进行焚烧或者卫生填埋。

（五）加强参与应急处理各部门之间的沟通与协调

参与应急处理的部门一般包括环保、水利、交通、公安、消防、城建、通信等。各部门如果缺乏有效的沟通和协调，就会延缓处理进程，造成不必要的损失。因此，各部门之间应当加强交流，明确责任，将所有的资源充分利用。

五、液苯槽车泄漏事故处置战例分析

（一）事故基本情况

2006 年 9 月 1 日 23 时 30 分左右，在合界高速武汉至合肥方向 144km 处发生一起交通事故。一辆装载 26t 液苯的半挂槽车在撞坏钢铁栏杆后翻落在高速公路下约 15m 处的池塘中，车体损坏严重，液苯大量泄漏，2 人轻伤，疏散群众约 5000 人，经过 13h 的奋力抢救，终于排除险情。

（二）事故特点

1. 易引发燃烧爆炸

由于深夜时分，能见度很低，并且车上泄漏下来的是液苯，是一种有毒液体，与空气形成混合物容易发生爆炸，遇热、遇明火也会燃烧、爆炸。

2. 易造成中毒伤害和环境污染

高速公路车流量仍然很大，苯系物本身及其燃烧爆炸产物都具有毒性，接触到这些物质容易使人中毒伤害；若让苯系物及废液流入水体、渗入土壤会引起环境污染。

3. 人员疏散困难

事故发生在深夜，事发现场周围又有不少居民，指挥部需借助多方力量开展人员疏散工作。一是要求当地政府迅速组织下风方向 3km 范围内的约 5000 名群众紧急撤离；二是根据当时的实际情况立即向市局指挥中心请示，要求对合界高速怀宁至潜山路面实施全封闭，以免发生灾害事故。

（三）救援经过

1. 先期处置

接到报警后，支队迅速调集 8 辆消防车、1 辆指挥车共计 50 余消防人员火速赶赴现场救援。到场后初步观察发现槽车侧卧在池塘中，车厢顶部的两个阀门全部被撞开，液苯正在泄漏。指挥部立即组织侦察小组通过搜集运货单、取样送检和察看罐体标识等方法最终确定泄漏物质为苯。同时指挥部立即采用大量泡沫覆盖池塘中已泄漏的苯液，降低液苯的挥发速度，防止形成爆炸混合性气体。

2. 排除险情

在此次事故中指挥部制订了输转、吸附、人为引燃三种处置方案，但由于苯具有非常强的腐蚀性，而当地没有防腐泵，因此输转不具有可行性。采用吸附法至少需要 20t 的活性炭，而当地只有 4t，因此吸附法是不可行的。由于可以用现有器材装备将危险区域内的苯蒸气浓度降低到爆炸下限的 25%，因此现场最终采取人为引燃的方法排除险情。

3. 现场洗消

处置完毕后，利用消防车对现场受到污染的人员、车辆、装备、路面、水体等进行洗消。

4. 清场撤离

事故处置完毕后，撤除事故现场的警戒、恢复交通、收整器材、恢复执勤战备。

（四）战例评析

1. 接警出动

该案例中，消防支队在接到市公安局 110 指挥中心命令后，紧急调集潜山、怀宁两县消防中队和市消防二中队、特勤中队 8 部消防车、1 部指挥车共计 50 余名消防人员，在支队政治委员，当日值班首长、政治处主任的带领下火速赶赴现场施救和排险。9 月 2 日，市政府副市长、市公安局副局长和市消防支队副支队长、参谋长以及怀宁、潜山两地公安、环保部门的负责同志先后赶到事故现场，对整个抢险救援工作进行指导。

此类事故应优先调特勤中队和处置危险化学品泄漏的专业队伍，同时调出邻近中队进行增援。并第一时间报请政府启动应急救援预案，调动相关联动力量到场协助处置。处置危险化学品泄漏事故，应当调派防化救援车、洗消车、泡沫车等特种车辆和防护、侦检、警戒、堵漏、输转、洗消等特种器材、设备和药剂，并视情调集大型吊车、拖车等救援装备参与处置。同时在苯系物泄漏处置现场，应设立医疗急救站，配备专业医务人员，加强医疗急救保障，以便在有人员中毒或伤害时，能得到及时救治。

2. 侦察警戒

消防人员在途中询问报警人，赶到现场后采用了搜集运货单、取样送检和察看罐体标识等方法进行初期侦察。消防人员立即在上风方向设立临时指挥部，设置警戒带，同时抽调精干人员组成事故侦查组，对泄漏地点周边环境进行进一步侦查。

通过侦察检测，掌握了灾害事故的特性、规模、危险程度，确定了泄漏物质为甲苯，掌握了事故现场及其周边的道路、水源、气象等情况。随着救援行动的开展，可将警戒任务移交由公安、交警、路政等人员来负责。

3. 安全防护

苯系物泄漏火灾，具有高温、爆炸、高毒的危害性，因此参战人员必须做好个人安全防护。呼吸系统防护：进入危险区的处置人员需着重型防护服、佩戴空气呼吸器或氧气呼吸器。眼睛防护：戴化学安全防护眼镜。身体防护：穿防毒物渗透工作服。手防护：戴防化学品手套。此案例中，消防人员进行侦察和堵漏处置严格按照防护标准进行着装，确保了救援消防人员的人身安全。

4. 排除险情

（1）起吊转移

指挥部根据现场情况，交警部门紧急调用车辆前往现场拖拉肇事车，货车公司的人员也赶到现场准备将化学品拉回，而消防部门则组织抢险救援应急小组，对事故车辆的电瓶进行拆除，同时准备对车厢顶部的阀门进行封堵，确保整个救援工作的安全。事故车辆的三个电瓶被安全撤出后，消防人员发现，由于阀门形式特殊且破裂严重，堵漏效果不太明显，苯不断泄漏出来，消防人员采用用泡沫覆盖泄漏的苯，防止其蒸发产生危险。

由于槽车离路面较远，加上苯罐太重，直接吊起虽然容易发生危险，但是由于没有倒罐所必需的无火花设备，现场指挥部当即决定强行起吊。从安庆石化调集的 2 辆大型吊车先后到现场，在进行必要的固定后，吊车起吊事故车罐体。为防止吊车的钢丝绳与罐体摩擦产生火花引发爆炸，消防人员用水枪给罐体降温，起吊之前用泡沫覆盖。经过有条不紊地作业，9 月 2 日中午 13 时左右，事故车辆被成功救起。

（2）点火引燃

为了消除泄漏在池塘中的苯液对环境及周围居民可能造成的影响，指挥部同时对输转、吸附、人为引燃三种处置方案进行对比分析。

① 时效性进行分析：由于池塘中有近 20t 液苯，需要及时高效地清除池塘中的液苯。由于池塘有大量水，因此采用输转法的输转时间较长，效率较低。采用吸附法，需从外地调运活性炭，2～3d 才可运到现场，因此吸附法时效性较低。综合对比考虑，燃烧法具有很强的时效性。

② 安全性分析：采用输转法时，由于输转过程中极有可能引爆空气中的苯蒸气，并引燃池塘中的液苯，造成现场操作人员的伤亡。而吸附法在操作过程中一般不会产生火源，其安全性相对较高。采用燃烧法，点燃时危险性较高，威胁现场人员的生命安全。

③ 经济性分析：燃烧法虽然可以消除危险源，但是也会损失近 20t 苯，经济性较差。如采用吸附法将 20t 液苯吸附起来，然后通过分离提纯等工艺措施分离，其经济价值较高。若现场有耐腐蚀的抽吸泵，采用输转法是经济效益最高的方法，相对吸附法而言，输转简化了操作程序、降低了费用。

此案例也尝试采用输转进行处置，未考虑到苯的腐蚀性，未采用专业耐腐蚀的抽吸泵，导致软管和泵不同程度损坏，教训非常深刻，甚至可能导致爆炸事故。最终采用了先起吊转移事故车辆，后续对泄漏的苯液进行人为点燃的处置方法，环保部门也持续对环境进行监测。

5. 清理现场

事故处置后，消防和环保部门仍在现场监测。环保部门后续对泄漏的液苯对周边环境的危害进行了评估，确保不对周围居民造成伤害。因事故而封锁了近 15h 的合界高速交通也已恢复。

发生苯泄漏后对周围环境会造成一定程度的污染，因此，在处置过程中要及时采取有效防护措施，如关阀堵漏、筑堤围堵，处置过程中控制救援用水量，严防泄漏的苯到处流散，加强对现场参战人员和装备器材的洗消，对洗消用水也要统一处理，以防产生二次危害，这是苯泄漏事故处置不可缺少的程序。

思考题

某年 9 月 10 日凌晨 4 时 42 分，涡阳县消防大队接警：一辆由山西洪洞开往江苏常州的苯罐车在省道 S307 线 181km 涡阳县境内因碰撞发生泄漏，情况十分危急。

14min 后，消防人员迅速到达事故现场，一辆苯罐车停在路边，因为部分罐体受损，液态苯正从一个罐口流出，在事故现场50m外就能闻到刺鼻的气味，进入20m内就会使人感到呼吸困难，幸好车上司机和押运员出事后及时逃离，无人受伤。据介绍，罐车装载有29t液态苯。由于液态苯有剧毒，并且可燃，容易引起爆炸，消防人员立即将现场进行封锁，同时联系交通管理部门实施交通管制，调运砂子进行处置。

5时10分，指挥员命令侦查组佩戴空气呼吸器等个人防护装备对现场进行侦查，四名消防人员穿着重型防化服，使用无火花堵漏工具实施堵漏，其他参战人员使用水枪作掩护。就这样，漏点很快就被堵住。但危险却还没有完全解除。

为了彻底排除隐患，救援人员决定调动另一辆槽罐车对事故车辆中的剩余液态苯进行倒灌；同时对泄漏点进行不间断的稀释处理。4h后，一辆空罐车赶到了事故现场，为了防止发生意外，现场只留下技术人员和四名消防人员，技术人员负责倒罐，消防人员身着防化服、背负空气呼吸器、手持水枪进行现场掩护，对四周环境中的苯进行冲刷。经过共7个多小时的奋战，安全隐患被彻底排除，事故车辆被牵引到安全地带。

事故发生后，当地政府立即启动危险化学品事故应急预案，县政府主要领导和各相关部门负责人都赶到现场处置事故。到中午12时左右，处置工作基本结束，过程中没有人员受伤，交通也很快恢复了畅通。

分析案例材料，回答下列问题：

1. 该事故现场的主要危险源有哪些？可能造成哪些灾害事故？
2. 作为消防中队的指挥员，你认为第一时间到场后该如何处置？
3. 处置过程中如何做好安全防护？
4. 如何进行堵漏和倒罐？

第七节　电石遇水燃烧爆炸事故应急救援

学习目标

1. 熟悉电石的理化性质等基本信息。
2. 熟悉电石的危险特性和遇水燃烧爆炸事故的特点。
3. 掌握电石遇水燃烧爆炸事故处置措施和安全保障等内容。

电石，是一种重要的基础化工原料，主要用于生产乙炔。电石本身并不燃烧，但遇水立即剧烈反应，生成乙炔气体和氢氧化钙，并放出大量的热，极易发生燃烧爆炸事故。2016年8月14日6点30分左右，在甘肃省兰州市，一辆拉运电石的货车，在淋雨后局部发生燃爆，致使六人受伤，近260户周边住户、商户被疏散。

一、电石的理化性质

（一）物理性质

电石化学名称叫碳化钙，是重要的基本化工原料，化学式CaC_2，白色晶体，工业品为灰黑色块状物，断面为紫色或灰色。分子量 64.10，熔点 2300℃，水溶性分解密度 2.22g/cm^3，闪点－17.8℃。

（二）化学性质

1. 遇水、遇酸剧烈反应，产生的气体易燃烧爆炸

干燥的电石像石头一样又硬又稳定，不会燃烧爆炸。但是当它遇水、遇酸能迅速发生反应，生成易燃易爆的乙炔气体，并放出大量的热，乙炔爆炸浓度极限为 2.5%～82%。如果反应生成的乙炔气体浓度达到其爆炸浓度极限时，极易引起燃烧爆炸等灾害事故。

2. 受撞击引发爆炸

电石在受到碰撞、摩擦时，电石与容器间将产生静电、火花，可造成电石自燃甚至引爆积聚的乙炔。此外，电石中一般含有少量硅、铁、镁、铝等杂质，这些杂质在碰撞摩擦中更容易产生火花。

3. 电石中杂质遇水会产生有毒气体

工业生产用的电石中常含有少量的砷化钙（Ca_3As_2）、磷化钙（Ca_3P_2）等杂质，这些杂质在与水作用的过程中会放出砷化氢（AsH_3）、磷化氢（PH_3）等毒性较大的气体。因此，在电石泄漏事故的应急救援过程中，必须做好防毒工作。

4. 对人体皮肤具有腐蚀作用

电石粉末接触到人体皮肤，可与汗液反应生成氢氧化钙，对皮肤有腐蚀作用，可引起皮肤瘙痒、发炎；不慎接触到眼睛，还会引起结膜炎，灼伤眼部组织；当吸入到体内，则会伤害呼吸系统和肠胃器官。

（三）储存条件

电石需储存于阴凉、干燥、通风良好的库房，远离火种、热源。相对湿度保持在 75% 以下。包装必须密封，切勿受潮。应与酸类、醇类等分开存放，切忌混储。储区应备有合适的材料收容泄漏物。

二、电石遇水燃烧爆炸事故的特点

电石遇水会释放出易燃、易爆的乙炔气体，受到撞击振动、摩擦或遇明火时易爆炸，事故突发性强，易造成人员伤亡，处置难度大。

（一）致灾因素多，突发性强

电石火灾致灾因素多，这是由电石的遇湿易燃性决定的，在生产、储存、运输中任一环节出现问题都可能引发火灾，而且电石一旦燃烧，发展极为迅速，突发性很强。此外，当生产中防潮及防爆措施不到位、操作失误、意外淋雨、运输中货物碰撞等都能引发电石着火，遇明火还可能发生爆炸，使人猝不及防。近年的电石火灾多发生于公路运输途中，并伴随着交通事故，事故发生地点不确定，情况十分复杂，这也给救援力量的到达和现场救援的开展带来了困难。

（二）燃烧猛烈，易爆炸造成人员伤亡

电石着火后会引起连锁反应，燃烧产生的高温会加速火焰传播，如果散落的电石附近有水源，或遇到大雨天气又没有遮雨工具，火势将会越烧越猛烈。电石与水、酸接触会放出乙炔和热量，遇明火、受高温烘烤都能引发爆炸，造成人员伤亡和火势蔓延扩大。此外，工业电石中还含有磷、硫等杂质，燃烧生成的硫化氢、磷化氢气体不仅易燃易爆，而且毒性大，容易导致人员中毒事故。

（三）现场情况复杂，灭火处置难度大

发生在厂房的电石火灾，因工厂布局复杂、工艺管线多、危险化学品储量多，灭火处置难度大。工艺生产装置的高温高压环境也不利于灭火，管线的破坏会引起危险品泄漏扩散，形成多点燃烧、立体燃烧，如果错过初期有利战机，猛烈燃烧的高温烘烤，不利于灭火人员近距离作战，无法发挥最佳灭火效果。此外，公路运输途中的电石火灾，若发生在市区或人员密集地区，处置干扰因素将增多；若发生在农村偏僻地区，消防力量难以及时赶赴现场，灭火救援器材及装备的使用和补给也会受到环境限制，这都将会给灭火处置工作带来困难。

三、电石遇水燃烧爆炸事故处置措施

电石遇水燃烧处置过程中，应根据其理化性质，在确保安全的前提下，科学实施灭火救援。消防队伍接到报警后，首先应明确电石燃烧状况和人员伤亡情况，加强第一出动力量，并调集抢险救援车、防化洗消车、干粉消防车等车辆，携带侦检仪、空气呼吸器、防化服等消防装备，迅速启动应急联动预案，与公安、交警、医疗、市政、环保、安监等部门做好协同工作。

（一）现场火情侦查

消防队伍赶到火灾现场后，应通过外部侦查、询问知情人、仪器侦查等方式，快速掌握火势发展情况，为下一步行动方案提供依据。需要侦查掌握的情况有：

① 询问报警人、目击者及知情人，简要了解火灾发生的经过和所采取的处置措施情况。

② 查清电石燃烧数量、包装形式、散落及泄漏情况，以及火势蔓延方向、周围有无受到威胁的危险物品和易燃易爆品、附近有无水源和点火源等。

③ 利用侦检仪检测空气中乙炔、硫化氢、磷化氢等气体浓度，并根据检测情况确定安全防护等级，划定警戒范围。

④ 查清现场有无受伤、中毒人员，以及受伤人员数量、分布位置和人员疏散情况。

⑤ 查清现场的风向、风速、空气湿度、下雨征兆等气象情况。

⑥ 查清现场地势、周围建筑物、道路、交通状况等。

（二）初期控制

消防队伍根据侦查检测情况，结合电石燃烧、乙炔扩散发展趋势，果断决策，制订灭火救援行动方案。同时，工程技术人员和医疗救护人员要协助消防人员，加强处置中的技术指导。

1. 确定警戒范围

根据火势和气体检测结果，划出警戒范围，必要时实施交通管制，严格控制人员、车辆出入；同时，保持危险气体浓度实时检测，当乙炔气体浓度过高时，现场禁火、断电，并适时对空气进行水雾稀释保护，防止爆炸。

2. 控制火源、水源

及时清除危险区内火源，并控制水源，封堵邻近下水道，避免散落的电石与水接触，并对未燃电石采取围堰筑堤或沙土覆盖等保护措施。

3. **及时转移，防止扩散**

在安全的前提下，迅速将包装完好的电石疏散到安全地带，并将受到火势威胁的散落电石收集到干燥容器内，及时转移到安全场所处理，当数量太多时还可以采用阻燃帆布覆盖保护。

（三）人员疏散与急救

如果现场有人员被困、受伤、中毒，要及时成立疏散小组、救援小组展开救援。当进入危险区域搜索救援时，消防人员应佩戴好空气呼吸器，避开危险源，并引导有行动能力的人员和群众疏散到上风向的安全地带，同时疏散时注意选择好路线、方向，保持疏散秩序，做好个人防护工作。对受伤、中毒人员，要迅速将其转移到上风方向通风地带，初步进行伤口消毒、包扎处理；对昏迷人员实施现场急救；对停止呼吸的伤员应转移至空气新鲜处进行心肺复苏；对烧伤、灼伤、中毒严重的伤员经过初步处理后及时送往医院抢救。

（四）安全防护与防爆

火灾现场温度高，生成的乙炔随时可能爆炸，电石粉末对皮肤也有灼伤作用，在扑救电石火灾过程中，救援人员必须穿戴好个人防护装备，以免烧伤和灼伤。进入危险区近距离灭火时，救援人员应佩戴隔绝式呼吸器，并穿防化服，尤其在深入厂房及库房内部进行侦查以及关阀断料操作和人员搜救时，个人防护等级不应低于三级防护，重度危险区不应低于二级防护，减少身体暴露在环境中，保护好皮肤、呼吸系统，避免伤害。事故处置中，监测员还应全程监测乙炔以及有毒气体浓度，一旦有危险征兆立即报警，指挥员要果断下令撤离至安全地带。现场警戒范围内禁止一切火源，切断电源，使用防爆型通信设备，搬运转移货物时要避免产生撞击火花、静电。密闭的库房要防止电石粉末沾水，防止粉尘飞扬发生粉尘爆炸，并适当加强通风，排除危险气体。

（五）防止环境污染

事故产生的电石渣呈强碱性，如不及时收集处理会对土壤、河流造成污染，因此在扑灭电石火灾后，要将电石渣及污水收集处理，以免污染环境。电石渣处理后可回收作为石灰膏使用，事故现场的污水需进行中和处理，检测合格后才可排放，以免留下腐蚀危害。

四、电石遇水爆炸事故处置行动要求

扑救电石火灾时，切忌盲目行动，处置现场严格控制火源，并采取堵、埋、疏、隔等方法缩小险情范围，减少灾害损失；要穿戴好防护用品，如空气呼吸器及防护服、手套等，严防中毒、灼伤或烧伤；扑救时要防止沉积的粉尘飞扬，以免可燃粉尘发生爆炸；疏散时要选择宽旷安全地带。

（一）严禁使用的灭火剂

扑救电石火灾应遵循“先控制，后消灭”的战术原则，在控制火势蔓延的基础上，集中力量逐步消灭火灾。由于电石遇湿易燃的危险特性，因此扑救电石火灾的灭火剂的选择有特殊要求。电石忌水，扑救常规A类火灾的水、泡沫灭火剂都不能用于电石火灾；电石遇酸剧烈反应，也禁止使用酸碱灭火剂；水蒸气、细水雾较适合小密闭空间窒息灭火，但出于安全考虑，同样不能用于扑救电石火灾。

（二）可以使用的灭火剂

对于电石火灾，可以采用干砂灭火剂、泥土覆盖窒息扑救电石火灾，一般电石库房都配备有干砂灭火剂，泥土也很廉价，且容易获取；还可以使用干粉灭火剂扑救电石火灾，如碳酸氢钠干粉灭火剂，但要注意防止复燃；也有采用水泥盖熄灭火，由于水泥具有一定吸水性，遇水生成水化硅酸钙和水化铁酸钙凝胶，覆盖在电石表面，可隔开空气，同时也减少了乙炔的产生，其灭火效果较好；目前在国外一些发达国家也采用干石墨、氯化钠、干燥剂扑救电石火灾。

五、电石遇水燃烧爆炸事故战例分析

（一）基本情况

2016 年 8 月 14 日 6 点 30 分左右，一辆拉运电石的货车，由于下大雨，车辆覆盖不严，雨水漏进货箱，导致电石分解释放乙炔气体，加之数量过大，热量不能及时散发，导致发生燃爆，致使 6 人受伤，近 260 户周边住户、商户被疏散。

事故发生后，市政府立即启动了化学灾害事故应急预案，消防、安监、环保、公安交警等联动单位立即到场共同处置，并成立了现场指挥部。支队全勤化指挥组及 3 个消防中队的人员陆续赶到现场，消防人员利用仪器对周围空气进行监测，发现一氧化碳浓度超标，可能是由于电石遇水引起的闪爆，为了安全起见，消防人员对现场周围拉起警戒线，同时对现场周围沿街家属楼上的居民进行疏散。

在事故救援中，救援人员对事故现场情况进行了侦检，发现燃烧货车的油箱（有油约 0.1t）已受到火灾威胁，另外距离燃烧货车约 10m 的地方有一废弃油罐，罐内储有柴油约 3.5t。根据侦检情况，指挥部划定了警戒区，迅速组织附近的群众进行紧急疏散；严禁无关人员进入事故现场，并对火源、交通进行管制。消防员佩戴空气呼吸器，做好个人防护，防止磷化氢、砷化氢中毒。事故处置中，消防员利用铁皮瓦遮盖电石，防止雨水与电石接触；用湿毛毯盖住油罐，防止油罐受热爆炸；对威胁货车油箱的大火选用干粉、干砂进行扑灭；同时，调来铲车将已反应着火的电石移开，并控制其燃烧，而对未反应着火的电石进行防水遮盖，用干燥集装箱转移。经过艰苦的努力，最终成功地完成了灭火救援任务。

（二）危险源分析及事故类型分析

本案例中，事故现场存在的危险源有：电石 33t，柴油 3.6t（货车油箱内有 0.1t，邻近油罐内有 3.5t），电石与水反应生成的磷化氢、砷化氢毒物，其他可燃物（如货车、轮胎、苫布等）。

案例中，可能发生的事故有：火灾、乙炔爆炸、油箱爆炸、轮胎物理爆炸、货车烧塌侧翻、人员磷化氢和砷化氢中毒、车辆交通事故等。

（三）处置措施分析

在事故处置救援中，消防队伍主要承担完成了现场侦检、现场警戒、人员疏散、灭火、防爆、收集转移电石等措施。

在案例中，采用的处置措施有以下几种。

1. 隔离法灭火

用铁瓦遮盖雨水，不让雨水与电石接触，防止乙炔产生；用铲车把燃烧的电石移开至空旷处，控制其燃烧；用铲车把电石装载到干燥的集装箱中，运走隔离。

2. 窒息法灭火

用干砂覆盖，用二氧化碳窒息灭火。

3. 冷却法防燃爆

用湿毛毡盖住邻近油罐，防止油罐燃烧或爆炸。

（四）安全保障分析

1. 安全保障

禁止使用水质灭火剂灭火，只能用干砂、干粉等灭电石火；应采用铁瓦或石棉瓦遮盖雨水，防止水与电石接触；要防止乙炔爆炸性混合物产生爆炸；要防止油箱油罐爆炸；要做好个人防护，防止人员中毒；要严格现场警戒，防止来往车辆发生伤人事故。

2. 物资保障

应迅速调集毛毡、铁瓦、干砂、干粉灭火剂、铲子、铲车、集装箱、铁质容器、空气呼吸器、照明车等物资设备，以保证救援工作的顺利展开。

思考题

某年3月6日上午9时许，一辆装载有50多吨“电石”的红色拖挂车，在107国道赤壁市官塘驿镇路段突然发生爆炸，两名路人当场身亡，另有一人受伤。

爆炸点位于官塘驿镇镇中心，距官塘中学仅100余米。消防人员到场后已在现场拉起警戒线，周围居民被全部疏散，过往车辆也被要求绕行。两边街道近百间民房临街窗户玻璃被震碎，玻璃碴散落一地。由于事发时当地下雨，初步推断，爆炸原因是因雨水渗入电石产生大量乙炔气，聚集在防雨油布紧密包裹的相对封闭空间里，碰到火星后发生爆炸。消防人员接警后迅速赶到现场。由于电石燃烧不能用水和泡沫扑灭，只能用干粉、干砂、石墨粉等进行灭火。

分析上述案例材料，回答下列问题：

1. 电石的危险性具体表现在哪些方面？
2. 阐述有效处置雨天电石货运车辆火灾事故的方法和步骤。

第八节　氰化物灾害事故应急救援

学习目标

1. 熟悉氰化物的理化性质等基本信息。
2. 熟悉氰化物的危险特性和事故特点。
3. 掌握氰化物泄漏事故的处置措施和安全保障等内容。

常见的含氰化合物有氰化氢、氰氢酸、各种氰化盐，如氰化钠、氰化钾等，在水溶液中仅以HCN、CN^-两种形式存在。氰化物是一种全身中毒型毒剂，是化学毒物的典型代表。氰化物分两类：一类为无机氰，如氢氰酸及其盐类氰化钠、氰化钾等；一类为有机氰或腈，如丙烯腈、乙腈等。氰化物有剧毒，在工业中应用广泛。氰化物（如氰化钠、氰化钾）在民用工业中用途也十分广泛，常用于工业电镀、洗注、油漆、染料、橡胶、黄金提纯、冶金、农药制造等行业的生产过程中。一旦发生泄漏事故，就会造成严重的后果。2004 年 4 月 20 日 18 时许，北京市京都黄金冶炼有限公司发生有毒液体泄漏事故，造成 3 人死亡、10 人中毒。事故的发生是由于在酸化处理过程中，操作人员在中间槽内所加碱量不足，导致含有大量氰化氢的酸性溶液流入敞开的泵槽，而循环泵又未及时开启，致使含有氰化氢的酸性溶液由泵槽向外大量溢出，产生的氰化氢蒸气浓度很高，而且通风不畅，从而导致人员中毒。2015 年 8 月 12 日，天津滨海新区天津港务集团瑞海物流危险化学品堆垛特大燃烧爆炸事故，现场储存 700t 左右氰化钠，对灭火救援和事故处置造成很大恐慌。下面主要以氰化钠和氰化氢为例，对氰化物泄漏事故救援处置过程中的相关问题进行讨论。

一、氰化物的理化性质

氰化物是指化合物分子中含有氰基的物质。根据与氰基连接的元素或基团是有机物还是无机物可把氰化物分成两大类，即有机氰化物和无机氰化物。在处置化学事故应急救援中，以简单氰化物的泄漏事故居多。简单氰化物最常见的有氰化酸、氰化氢、氰化钠、氰化钾，均易溶于水。这些氰化物都是通过化学方法直接合成的，之所以被称为简单氰化物，除了分子结构简单外，主要是在水溶液中存在的形式简单，在水中它们完全解离并仅以 HCN、CN^- 形式存在。

氰化钠为立方晶系，白色结晶颗粒或粉末，易潮解，有微弱的苦杏仁气味。剧毒，皮肤伤口接触、吸入、吞食微量可中毒死亡，急性毒性 LD_{50} 为 6.4mg/kg（大鼠经口）。化学式为 NaCN，熔点 563.7℃，沸点 1496℃。易溶于水，易水解生成氰化氢。氰化钠与酸或酸雾、水、水蒸气接触能产生有毒和易燃的氢氰酸，空气中的二氧化碳足以使其生成氢氰酸。氰化钠是一种重要的基本化工原料，用于基本化学合成、电镀、冶金和有机合成医药、农药及金属处理方面作络合剂、掩蔽剂。

氰化氢为无色气体或液体，有苦杏仁味。氰化氢易在空气中均匀弥散，在空气中可燃烧。氰化氢在空气中的含量达到 5.6%～12.8%时，具有爆炸性。氢氰酸为无色透明液体，有苦杏仁味，能与水任意互溶，加热后在水中的溶解度降低。氢氰酸属于剧毒类，最高容许浓度为 0.3mg/m³。致死量为 1mg/kg（体重）。急性毒性 LC_{50} 为 357mg/m³（小鼠吸入，5min）。氢氰酸中毒作用主要通过 CN^- 发生。氢氰酸的毒性和危害程度见表 4.6。

表 4.6 氢氰酸的毒性和危害程度

染毒浓度/(mg/m³)	毒性和危害程度
5～20	少数人感到头痛、头晕
20～40	头痛、恶心、呕吐、心悸
50～60	能耐受 30min
120～150	有生命危险，一般在 1h 死亡
150	吸入后 30min 死亡
200	吸入后 10min 死亡
300	立即死亡

二、氰化物事故特点

氰化钠与酸或酸雾、水、水蒸气接触能产生有毒和易燃的氢氰酸，经呼吸道、消化道，甚至完整的皮肤吸收进入人体造成人员中毒。事故现场情况复杂，侦检难度大，个人防护要求高，事故控制困难，洗消专业性强，处置难度大，易污染环境。

（一）极易造成人员中毒

氢氰酸进入人体内后离解为氢氰酸根离子（CN^-），CN^-可抑制42种酶的活性，能与氧化型细胞色素氧化酶的铁元素结合，阻止氧化酶中三价铁的还原，使细胞色素失去传递电子能力，使呼吸链中断，引起组织缺氧而致中毒。被氢氰酸饱和的血液循环至静脉端仍呈动脉血颜色，氢氰酸中毒者的皮肤、黏膜呈樱桃红色。CN^-可经呼吸道、消化道，甚至完整的皮肤吸收进入人体。急性氰化氢中毒的临床表现为患者呼出气中有明显的苦杏仁味，轻度中毒主要表现为胸闷、心悸、心率加快、头痛、恶心、呕吐、视物模糊。重度中毒主要表现呈深昏迷状态，呼吸浅快，阵发性抽搐，甚至强直性痉挛。

氰化钠具有剧毒危害，少量的氰化物就能致人死亡，而且中毒非常迅速。通过呼吸系统、消化系统和皮肤进入人体后的氰化物能使中枢神经系统瘫痪，使呼吸酶及血液中的血红蛋白中毒，引起呼吸困难，全身细胞缺氧窒息而使机体死亡。

（二）侦检难度大

现场侦检工作是氰化物泄漏事故处置过程中首当其冲的重要工作，氰化物是剧毒物质，发生泄漏事故后现场侦检风险高。氰化物泄漏事故发生后，泄漏现场易出现混乱局面；现场知情人因伤亡或逃离现场而难以询问，更是给侦检工作带来了很大不便。另外各种形态的氰化物具有特殊的性质，加之当前消防队伍侦检器材有限，所以在氰化物泄漏事故处置过程中现场侦检的难度比较大。

（三）防护要求高

在氰化物泄漏处置现场，救援人员和群众面对剧毒物质，很容易接触、吸入毒物。而氰化物的致毒剂量很小，能通过皮肤、呼吸道进入人体，使人中毒。如果防护工作不到位很容易造成人员中毒，给救援工作带来更大的困难。所以，在处置氰化物泄漏事故时，安全防护工作是一项非常重要的工作，个人安全防护要求很高。

（四）泄漏事故控制困难

氰化物发生泄漏后容易产生大量的剧毒氰化氢气体，风向、风速、大气稳定度、气温、湿度等因素对泄漏气体的扩散具有重要影响。由于毒物的迅速扩散，很快会对周围较大范围内的环境和生命造成危害，要控制危害范围的扩大，难度很大。特别是泄漏事故发生在河流、湖泊时，毒物将会向水域下流方向迅速扩散蔓延，事故危害范围急速扩大，使事故控制难度进一步加大。

（五）救援难度大

氰化钠通常呈碱性，在酸性条件下会形成氢氰酸，同时遇水能水解形成剧毒、易燃的氰化氢（HCN）气体，并从液面蒸发逸出（沸点25℃），这种剧毒气体在空气中蔓延扩散严重危及救援人员及事故现场周围群众的生命安全。氰化氢的爆炸极限为5.6%～40%，与氯酸盐、硝酸盐等接触会剧烈反应，引起燃烧爆炸，导致中毒、燃烧、爆炸、污染之间相互串联的后果。液态氰化氢或其水溶液在碱性、高温、长时间放置和受光、放射性照射、放电及其电解条件下，都会引起氰化氢的聚合，并放出热量，进而加速聚合反应的进行，引起猛烈爆炸。储存容器受热，内压增大，也有爆炸危险。灾害性氰化物泄漏事故救援常常是灭火、救人、检测、人员疏散、消毒等多种行动同时进行的过程，救援难度很大。

（六）严重污染环境，洗消过程复杂

氰化物的毒理复杂，处理和洗消技术含量高，一旦发生泄漏事故，伴随而来的就是对大气、水域、土壤等各类环境污染，对环境生物尤其是水生生物的危害更严重。氰化物及其与水作用产生的氰化氢对大气、水域及土壤会造成严重危害。当氰离子浓度为 0.02～0.5mg/L时，可使鱼类致死。而当氰离子含量达到 0.04mg/L 时，可致虾类致死。用含氰污水灌溉水稻、小麦，或在氰化物污染严重的土地上种植果树，会对水稻、小麦和果树的生长产生不良影响，产量大幅度降低。从以往消防队伍处置氰化物泄漏事故案例上来看，在泄漏事故现场，氰化物的毒性持续时间长、危害严重，特别是容易造成土壤、湖泊、河流严重被污染，使洗消工作难度加大。根据氰化物污染对象的不同，分为道路洗消、地面洗消、水域洗消、建构筑物洗消和器材装备与人员的洗消。不同的污染对象所采用的洗消程序和洗消药剂有所不同，给洗消工作加大难度。尤其水域洗消过程最复杂，洗消剂用量大，动用人力、物力多，过程复杂。

三、氰化物事故处置措施

在氰化物泄漏事故中，要始终坚持“统一指挥，分级负责，区域为主，社会各救援力量协同作战”的组织指挥方式。对氰化物泄漏的事故现场应成立现场指挥部，由当地政府的主管领导任总指挥，公安局、消防队伍、防化队伍、民防、环保、水政、卫生医疗、交通、邮电、工商、新闻等部门的主要领导为指挥部成员。同时，要切实加强参战人员的个人防护，防止中毒发生。对于长时间连续作战的现场，要从给养、器材装备、洗消药剂等方面给予充分保障。根据各监测点上报的监测结果，经专家确认毒物得到了有效控制和处理后，才能由现场指挥部发布警戒解除的命令。

不同形态的氰化物具有各自的特点，在泄漏事故处置过程中所采用的方法、步骤、处置的侧重点各不相同。结合氰化物泄漏事故的处置难点，下面具体指出不同形态氰化物泄漏事故处置过程中的要点。

（一）气态氰化物泄漏处置措施

凡进入危险区域的人员，禁止携带火种。不准使用手机、扩音器，不准携带铁器，不准穿钉子鞋和涤纶织物，使用的器材需防爆、防静电；进入爆炸极限范围内进行堵漏等作业的人员，必须使用无火花工具，确保行动万无一失。充分利用气态氰化物易溶于水的特性，利用开花水枪、喷雾水枪进行稀释，但必须及时有效处理其水溶液。

1. 加强个人防护，提高防护意识

由于气态氰化物是剧毒气体，容易通过呼吸系统和皮肤使人员中毒，所以在处置氰化物泄漏事故时应加强救援人员和群众的防护，预防救援人员和群众中毒。同时要提高救援人员和群众的安全防护意识，避免不必要的中毒事故发生。对于没有防护装备的医疗救助人员和维护现场秩序的参战人员，严禁进入警戒区内。

（1）呼吸系统的防护

救援人员的防护：现场救援人员应佩戴正压式空气呼吸器或全防型滤毒罐。但在防护器具不足的情况下，进入重毒危险区救援的人员必须根据情况佩戴简易滤毒器、面罩等。

疏散群众的防护：群众在被疏散时，虽然没有好的防护器材供其使用，但也应采取一定的防护措施，如使用口罩、毛巾等简易防护器材，预防中毒。

（2）皮肤的防护

现场救援人员，进入重危险区的救援人员，必须佩戴内置式重型防化服和全棉防静电内外衣防护服。其余外围人员可根据情况佩戴简易防化服和战斗服。疏散出来的群众立即脱除污染的衣物、用流动的清水冲洗皮肤，及时进行消毒，防止发生继发伤害。

2. 及时有效处理废液，进行洗消处置

氰化物易溶于水，这一特性可以在救援过程中用于稀释气态氰化物泄漏浓度，防止气态氰化物大范围扩散和形成爆炸性混合物质。但是气态氰化物与水作用后生成氢氰酸液体，具有剧毒，会使现场的生态环境遭到破坏。因此必须及时有效地对废液体进行处理。气态氰化氢易溶于水，可用酸碱中和法和吸收法进行洗消。

（1）酸碱中和法

利用氢氰酸的弱酸性，可用强碱进行中和，生成的盐是不挥发性的，故中和反应对HCN的防护、洗消都具有一定的实用意义。洗消剂可用石灰水、烧碱水溶液、氨水等。但其水溶液仍然是剧毒，需经收集再进一步处理。空气中的二氧化碳就能置换出水溶液中的CN^-生成HCN。

$$NaCN + H_2O + CO_2 \longrightarrow HCN + NaHCO_3$$

因此，对其流散范围一定要严加控制，否则将造成一定程度的二次污染。

（2）络合吸收法

利用氰根离子与银和铜金属络合，生成银氰络合物，这些络合物是无毒的产物。例如，氰化氢过滤罐就是利用的这种消毒原理。氰化氢通过滤罐内的吸附剂为氰化银或氰化铜的活性炭，其中活性炭是载体，当其表面附着的氰化银或氰化铜遇到氰化氢后能迅速进行络合反应，生成无毒的银氰络合物，从而起到消毒作用。

3. 采取措施，防止社会动荡

气态氰化物发生泄漏后，会迅速扩散蔓延，需要疏散大量的群众，给人民群众的生活带来很大不便，群众容易出现心理恐慌，易造成社会动荡。因此，发生泄漏后，政府部门必须及时采取措施，调集饮用水等解决人民群众的生活问题；通过媒体、广播进行宣传教育，安抚群众，解除心理恐慌，防止出现社会动荡等重大事件。

（二）液态氰化物泄漏处置要点

液态氰化物有挥发性，流动性强，发生泄漏后会四处流淌并挥发出大量氰化氢气体，处置不慎，可能流入江河、湖泊造成严重的环境污染。因此，在处置氰化物泄漏事故时应注意以下几点。

1. 提高安全防护意识

液态氰化物没气态氰化物那样容易接触人体，也不容易被人体吸入，但液态氰化物也有挥发性，发生泄漏后会挥发出大量的氰化氢气体。因此，在救援过程中，救援人员的防护必须达到一级防护标准，同时要求群众加强防护意识，有必要时疏散周围群众，且不可疏忽大意，导致不必要的中毒事故发生。

2. 及时进行洗消，防止造成环境污染

在处置液态氰化物泄漏事故过程中应有效控制液态氰化物流散，及时进行环境消毒。

① 事故发生在陆地时，对氢氰酸的消毒处理最好选用亚铁盐的碱溶液，如硫酸亚铁和氢氧化钠或氢氧化钾的混合液，因为该洗消剂能有效地控制氢氰酸的挥发和扩散。

② 事故发生在河流、湖泊时，在污染源上游的重度污染区落闸拦河，减缓往下游排水速度。向污染水域中抛洒大量中和剂进行洗消，用洗消剂打包构筑净水渗坝，就地进行化学消毒。根据河水流速和现场监测结果，在通往下游的途中，每 1～2km，用洗消剂打包构筑净水渗坝，实施多段化消毒，逐级降低水中毒物含量，并在净水渗坝的上游设置生物观察区，投放鱼苗，随时观察有无中毒现象。如有需要，对事故现场河流的上下游进行筑坝堵截，并在上游的拦河坝前开挖明渠，使河水改道分流，防止污水向下游扩散，将分流改道的河水直接引入下游河道的安全区域。水中氰根离子的消毒，可利用碱性氧化法，将含有氰根的水溶液，先调制碱性，再加入三合一消毒剂或通入氯气，利用生成的次氯酸与氰根发生氧化反应，而生成无毒或低毒的产物。

根据 CN^- 的化学特性，用次氯酸对 CN^- 进行氧化处理，次氯酸钠和氰酸根离子在碱性条件下的反应方程式如下：

$$2CN^- + 5ClO^- + 2OH^- = 2CO_3^{2-} + N_2\uparrow + 5Cl^- + H_2O$$

氧化后，有毒的 CN^- 生成无毒的碳酸根离子和 N_2 气体。该方法简便且处理效果好，曾在 2002 年 11 月 1 日的洛阳市洛宁县吉家洼金矿附近发生的 11.7t 液体氰化钠翻车泄漏事故中得到应用，在处置中根据各断面的检测结果，经计算使 ClO^- 稍过量以除去 CN^-。

因此，对于储罐等容器发生泄漏，一时无法实施有效堵漏和倒罐转移的，可在泄漏的氰化钠溶液中投加漂白粉、漂粉精或次氯酸钠，也可用氢氧化钠等物质进行氧化分解，使其形成无害或低毒废水。

氢氰酸发生泄漏时，严禁采用直接喷射三合一的方法实施消毒处理，以免引起火灾和氢氰酸蒸汽的空间爆炸，三合一对氰化物的氧化反应是一个剧烈的放热过程。因此，对洒落的固体氧化物和流散泄漏的液体氰化物首先要实施收集和输转，然后配制有效含量为 8%的三合一水溶液，利用消防车加压通过消防水枪或水泡实施洗消。被氰化物污染的水域实施洗消时可采用干粉车直接向水域喷洒三合一粉末，也可人工喷洒。

(三) 固态氰化物泄漏处置要点

发生在陆地的固态氰化物泄漏事故处置，相对于气态、液态氰化物泄漏事故，其处置过程要相对简单。按照一般的有毒物质程序处理即可。但固态氰化物泄漏事故发生在特殊地域如河流、湖泊等水域，特殊时间如雨季时，事故复杂化，处置难度加大，而且环境污染严重。如 2001 年 9 月 29 日，山西丹凤县境内一辆载有 50t 剧毒氰化钠溶液的卡车不慎翻入汉江支流河内，约有 5t 氰化钠溢出，造成河中生物大面积中毒死亡。固态氰化物自身不燃烧，但遇潮湿空气与酸类物质接触，会产生剧毒、易燃易爆的氰化物气体。

北京消防队伍在处置京都黄金冶炼有限公司“4·20”氰化氢泄漏事故中，根据现场侦察情况，前沿指挥部立即将现场 1500m 范围划分为处置区、染毒区、控制区、警戒区。并在距现场 3000m 处设置洗消站，搭建洗消帐篷，配置三合二洗消药剂，做好人员洗消准备工作，并制订了以下洗消措施。

第一步，拆除含有氰化氢流淌液车间的门帘，打开门窗通气驱毒，降低处置区染毒空气的浓度。

第二步，用渣土在车间大门外筑一个 15m 长、60cm 高的堤堰，防止毒液继续外流。

第三步，防化洗消车用碱液对车间外的泄漏流淌染毒区和厂房周围 10000m^{2}的范围进行氯化中和，消除氰化氢对作业环境的危害。

第四步，抛洒氢氧化钠，中和泄漏毒液及中间槽内的废液，使现场内部泄漏液呈碱性。

第五步，用漂白粉覆盖所有泄漏液面，对车间内、外进行彻底消毒。

第六步，事故现场洗消完毕后，所有参战人员、车辆器材在洗消站全部进行消毒。

第七步，北京市疾病控制中心用小白鼠测试现场毒性，化验确认现场气体指数达到空气质量标准。

在整个处置过程中，采取通风排毒、筑堤围堰、地面消毒、碱化中和（槽内）、氯化中和（地面）、生物监测等措施，有效地处置了 HCN 的毒害作用。

四、氰化物事故处置行动要求

① 在处置泄漏和灭火过程中，必须加强个人防护，尤其是深入内部作业的人员要做好全身性防护，避免皮肤直接接触氰化钠及其水溶液。救援人员实施作业时，严禁在泄漏区域内下水道等地下空间的顶部、井口处滞留。

② 指挥部的位置及救援车辆的停放，应位于上风或侧上风方向，并与泄漏扩散区域保持适当距离。特别需要注意的是任何需要从头上脱下的衣服，应该从身体部位剪开，不能从头上脱下。对脱下来的被污染的衣服要及时密封到专用塑料袋内。

③ 处理过程中，要避免接触衣服的受污染部位。将抢救出来的遇险中毒人员迅速转移至上风或侧上风方向安全地带。

④ 做好现场洗消工作，特别是低洼地带、下水道、沟渠等处，确保不留残液残气。

五、氰化物事故战例分析

（一）基本情况

2016 年 8 月 6 日 4 时 51 分，某市消防大队 119 指挥中心接到报警称，位于该市某镇一工业园电镀园区 9 号楼生产车间起火。指挥中心立即调派辖区某镇 3 个政府专职消防队和开发区消防中队共 12 车 52 人赶赴现场处置，大队值班员随警出动。5 时 18 分，专职消防队到场，迅速展开救人和灭火行动。6 时许，电镀车间火势被控制，6 时 30 分明火被扑灭。7 名专职消防员在内攻灭火后，撤离火场时摘下空气呼吸器面罩，因吸入有毒物质送医院救治，3 人中毒较重。当日，一名中毒队员因抢救无效牺牲，8 月 13 日，另一位中毒队员因抢救无效牺牲。

此次火灾事故处置中，参战消防员，克服高温酷暑和毒害环境的困难，营救 2 名遇险群众，抽取过火区域地面和电镀槽内残液 70 余吨；对着火区域内水体和空气进行采样检测 90 余批次；转移剧毒品近 1000kg，消除了可能产生的严重次生灾害。

氰化钠为白色或灰色粉末状结晶，易溶于水，用于提炼金、银等贵重金属，用于电镀、塑料、农药、医药、染料等有机合成工业。氰化钠能抑制呼吸酶，造成细胞内窒息。口服 50mg 即可引起猝死。遇酸会产生剧毒氰化氢气体。

氰化氢为无色气体，苦杏仁味；LC_{50} 357mg/m^3，短时间内吸入高浓度氰化氢气体，可立即呼吸停止死亡。

（二）处置经过

1. 力量调集

2016 年 8 月 6 日 4 时 51 分，市消防大队接到报警称，某镇一工业园电镀园区 9 号楼发生火灾。大队指挥中心调3个专职队和开发区消防中队，共12辆消防车、52名消防员赶赴现场处置，大队领导带领值班人员随警出动，并向市110指挥中心汇报。

2. 辖区中队到场

5时18分，专职消防队到达现场，中队指挥员通过现场询问知情人，了解到电镀园区高温季节实行隔日工作制度，当时厂内仅有2名保安和2名普通值班操作工，无技术人员在场，燃烧区域在9号楼，燃烧物质为纸箱。通过外部观察发现，北侧窗口有2名工人呼救，中队指挥员立即下达救人和灭火指令。搜救小组佩戴空气呼吸器深入火场内部实施救人，攻坚组在东南侧设置水枪阵地进行灭火，堵截火势。攻坚组在三楼发现起火部位为西侧生产线，随即报告中队指挥员。中队指挥员命令队员携带装具从未过火的北侧楼梯通道堵截火势，同时在7号楼与9号楼之间架设一门水炮压制火势。

3. 增援力量到场

5时22分，立即按照指挥员要求，协助搜救小组进入北侧通道将2名被困人员救出，展开灭火战斗。

4. 突发情况处置

6时左右，现场火势被控制。6时30分，明火被扑灭。在现场处置后期，部分队员在西侧楼梯间更换空气呼吸器气瓶过程中，疑似吸入现场有毒气体，7名政府专职消防队员瞬间昏迷，大队指挥员立即组织将受伤队员送至医院急救。

5. 总、支队全勤指挥部到场

支队接报后，全勤指挥部立即赶赴现场。8时许，总队长接报后带领总队全勤指挥部赶赴现场，政委第一时间赴总队指挥中心调度指挥。

8时50分，总队全勤指挥部到场。得知被困人员全部救出、现场仍有剧毒氰化物泄漏危险后，立即组织研究制订应急处置方案，严格按照“排查、检测、中和、破氰、输转、洗消”的程序，逐一甄别确定泄漏危险化学品的种类和数量。

通过现场检测，3楼氰化氢有毒气体浓度达到135mg/m^3，地面残液pH值4.5。总队指挥员立即组织研究，部署氰化物处置工作：一是继续开展全程侦检，9号楼四周由环保部门设置固定在线空气监测点，内部核心区侦检由消防部门负责，每15min记录一次检测结果；二是成立现场危险化学品排查小组，对9号楼各楼层氰化物存放情况进行排查，对一楼剧毒品库房进行重点看护；三是封堵园区污水处理管道，争分夺秒处理含氰化物污水，防止暴雨影响现场中和、输转、破氰工作；四是用小苏打对现场有毒液体进行中和。

（三）战例评析

1. 事故原因分析

从厂房内部存放的危险化学品、人员中毒症状、受伤住院消防员的描述以及医疗诊断结果分析，初步判断造成消防人员伤亡的原因是吸入氰化氢气体导致。现场产生氰化氢气体的原因可能是自身挥发、气液反应或液相反应：一方面，电镀络化池内的氰化钠与高温挥发的硫酸铜、盐酸、硫酸等酸性气体发生反应，释放出氰化氢气体；另一方面，高温导致塑料储液池破损，氰化钠溶液和盐酸、硫酸反应，释放出氰化氢气体；此外，氰化钠溶液在潮湿空气中也会挥发出微量的氰化氢气体。

2. 消防人员伤亡原因分析

在此次灭火救援战斗中，市开发区政府专职队副中队长和一名队员牺牲。3名政府专职队员仍住院治疗。根据现场参战人员描述、医疗诊断结果和危险化学品机理分析，基本认定造成人员伤亡的直接原因是7名政府专职消防队员扑救火灾过程中，在撤离火场时摘下空气呼吸器面罩，吸入氰化氢有毒气体，造成人员伤亡。

3. 救援经过分析

（1）接警出动

① 大队指挥中心接警后能一次调集全部力量参与处置，但未能提前根据企业性质预判存在氰化物的可能，未能第一时间报政府启动应急预案，调动联动力量及增援力量参与处置。

② 总队全勤指挥部到场后及时向省政府分管副秘书长和省公安厅副厅长汇报，提请启动危险化学品应急响应预案，迅速调集危险化学品专业处置力量，调集总队训练基地及临近消防支队12车60人赶赴现场（其中，核生化侦检车2辆、防化洗消车6辆）。

③ 预判电镀车间可能有氰化物等剧毒物质后，调集碳酸钠、碳酸氢钠、次氯酸钙等物资，准备后续中和、破氰工作。

④ 调集卫生医疗专家赶赴现场救治伤员。

（2）侦察警戒

① 中队到场时，火场指挥员仅向门卫了解情况，得知燃烧物质为纸箱，未考虑到电镀厂房火灾易产生有毒有害气体的特殊性，未对火场进行全面侦查侦检。

② 未能准确掌握单位内部存储危险化学品情况、未留存单位工程技术人员的有效联系方式。对园区“六熟悉”不到位，对危害程度预判不足。没有预判有氰化物等剧毒物质泄漏的危险，未能第一时间做好分区警戒。

③ 支队、总队增援力量到场后，指挥部根据厂区平面图、工艺流程图，成立由4名消防队员、1名环保专家、1名厂方技术人员组成的侦查小组，采取正压全封闭防护措施，携带多功能有毒气体探测仪、便携式危险化学品检测片等设备，先后3次进入厂房内部，逐一排查危险化学品的存放位置及数量，记录行进路线，勘察生产线、电解槽等受损泄漏情况，采样检测现场液体和空气中危化物质。侦查人员报告，3楼过火车间地面有深绿色溶液，呈酸性，有毒气体探测仪持续报警。现场专家组分析认为，3楼过火层内仍有剧毒的氰化氢气体。利用多种手段充分掌握了现场的情况，为下一步制订处置方案提供了依据。

④ 安排人员在着火建筑附近设置风向标实时监测现场风向变化；根据危险源特性，划分轻危、中危、重危等警戒区域，设置警示标识和安全出入口登记；利用核生化洗消模块车，分别设置人员、车辆、器材3个洗消点。

（3）安全防护

① 初战到场力量在救出被困人员和基本控制火势情况下，未落实《公安消防部队作战训练安全要则》要求，7名战斗员在尚未撤离至安全区域的情况下，提前在3层楼梯口脱下空气呼吸器面罩。说明现场消防人员警惕性不高，安全规程执行不到位。

② 支队总队增援力量到场后，针对现场持续存在的剧毒危险，总队指挥员就安全防护明确作战纪律：凡是进入作业区人员必须按照危险化学品处置最高等级做好防护，着全封闭重型防化服、配备空气呼吸器和对讲机。作业人员按照编组，每20min轮换一次。

③ 组织进入警戒区域人员、车辆和装备，无死角地洗消处理，洗消废水集中回收处理。说明支队总队两级指挥员根据现场实际情况和危险等级落实了防护措施。

（4）排险破氰

指挥部通过现场侦检掌握的信息，制订了按照“封堵、中和、输转、处理”步骤，采取外围封堵、内设围堰、酸碱中和、残液输转、氧化破氰五项措施。

① 对事故区域所有污水、雨水外排口全部进行封堵，确保不排入外部环境。

② 将过火车间设置围堰，事故区域与外部隔离，防止含氰污水外溢。

③ 用碳酸氢钠中和含氰污水，调节 pH 值到 8 左右，控制污水继续产生氰化氢气体，为后续破氰和输转创造相对安全的条件。

④ 调用两台危险化学品防爆输转泵，从高到低逐层将调节到弱碱性的含氰污水，输转到厂区应急事故池。

⑤ 对应急事故池内的污水，采用次氯酸钙氧化法破氰，再排入园区污水处理厂进行深度处理。现场经过近 8 个多小时的连续作业，基本完成了现场污水输转工作。

(5) 清场撤离

① 完成现场含氰污水的输转工作后，参战力量对人员器材进行了彻底洗消。

② 对地面残存的少量液体采取抛洒碳酸氢钠中和处理，组织人员会同环保部门采样检测。

③ 留下部分力量持续进行监护，协助参与后续处置，其他力量返回。

思考题

某年 12 月 24 日上午 10 时许，一辆运载 30%浓度液态氰化钠的槽罐车由安徽安庆前往弋阳县金矿，在方志敏中大道与 320 国道圆盘交汇处发生翻车事故，致使氰化钠泄漏。10 时 02 分，县消防大队接到 110 指挥中心指令后，中队指导员迅速带领一辆消防车和 7 名消防人员火速赶往现场实施处置。10 时 07 分，消防人员到达现场，迅速展开侦查，发现无人员被困，但是槽车内装载的是桶装剧毒物质氰化钠。另据了解，各种规格的氰化钠均为剧毒化学品，当与酸类物质、氯酸钾、亚硝酸盐、硝酸盐混放时，或者长时间暴露在潮湿空气中，易产生剧毒、易燃易爆的 HCN 气体。当 HCN 在空气中浓度为 20mg/kg 时，经过数小时人就产生中毒症状、致死。面对这一情况，指挥员迅速请现场交警设立警戒，疏散围观群众。并通过司机联系厂方人员，据驾驶员称，车上共载有 8t 氰化钠，一旦泄漏，后果不堪设想。

事故发生后，弋阳县委、县政府高度重视，立即启动了道路交通运输化学危险品应急预案，县委、县政府主要领导迅速赶赴现场指挥事故处理工作。弋阳消防大队向支队指挥中心报告，请求支援。支队全勤指挥部和增援人员迅速赶到了现场救援，消防人员冒着生命危险，对罐体实施堵漏并采取抽液倒罐的办法，将氰化钠溶液安全转移，保护了方圆十余公里群众的生命安全。

在化学危险品事故应急处置专家组的指导和各有关部门的配合下，事故已得到妥善处理，污染源控制和处置工作正有序进行。为确保居民用水安全，下午 1 时暂停了居民用水供应。经技术部门不间断监测，信江水源水质正常，符合饮用水标准，已于晚 8 时起恢复正常供水，受剧毒物质威胁的险情得到了排除。

根据案例材料问答问题：

1. 在处置该事故应该如何进行力量调集？从力量、车辆装备、社会物资等方面进行分析。

2. 接警出动存在什么问题？

3. 阐述堵漏的方法，堵漏小组如何做好安全防护？

4. 在处置氰化物泄漏事故中如何进行洗消？

第五章
危险化学品事故应急救援演练

应急演练是训练、评估、检验、改进应急管理能力的核心手段和应急准备的重要内容，这已经成为世界各个国家的共识。通过模拟真实事故的发生，检验针对危险化学品事故各项技战术的实用性和可操作性，发现应急预案和应急程序所存在的缺陷和问题，弥补行动过程中程序、装备、通信及后勤保障的不足，改善各部门、机构和人员之间的协调，明确岗位职责，提高队伍处置危险化学品事故的技战术水平。

本章首先介绍了危险化学品事故演练的分类，然后就演练的组织程序和方法进行论述，最后分析相关演练实例，以期对消防队伍开展的各种类型、规模的演练进行指导。

第一节　危险化学品事故应急救援演练概述

学习目标

1. 熟悉危险化学品事故应急救援演练目的。
2. 掌握危险化学品事故应急救援演练原则。
3. 掌握危险化学品事故应急救援演练分类。
4. 了解美国应急救援体系。

应急演练是一种综合性的训练，是训练的最高形式，是来自多个机构、组织或群体的人员针对假设事件，执行实际紧急事件发生时各自职责和任务的排练活动，是提升专业处置队伍综合救援能力最有效的训练形式。开展应急救援演练，是检验、评价和增强消防队伍应急能力的一个重要手段，是开展训练的最高形式。

本节介绍应急演练的目的、原则、分类及美国的应急救援演练模式，为下一节危险事故应急救援演练的组织与实施内容的学习打下基础。

一、危险化学品事故应急救援演练目的

危险化学品事故应急预案的制订和演练是危险化学品事故应急准备工作的核心内容，而开展应急救援演练是检验应急救援预案有效性、合理性的最直观的方法。

（一）验证应急预案的可行性

危险化学品事故的应急演习以制订的应急救援预案为依据，通过演练来检验应急救援预案的整体或局部是否能有效地付诸实施，验证预案在应付可能出现的各种意外情况方面所具备的适应性，使预案得到进一步的修改和完善。

（二）检验提高应急救援队伍实战能力

测试应急组织指挥机构综合应变能力，提高各应急救援组织之间、应急指挥人员之间的协同应急作战能力和水平，以达到提高消防队伍危险化学品事故应急救援实战能力的目的，尽可能在实战中减少和避免人员伤亡及财产损失。

二、危险化学品事故应急演练原则

组织策划要从实战出发，根据实际情况选择合适的类型及方法，体现“练为战”的演练理念和“全过程、全要素”及“科学、安全、专业、环保”的处置理念。应急演练应遵循以下原则。

（一）结合实际、合理定位

不同的演练类型、不同的演练方法有不同的演练效果，所需要的准备时间、应急资源和参演单位也不同，应结合实际、合理定位，选择合适的类型及方法。某些演练活动更适合于特定类型的应急行动，每个应急组织应按照其应急救援程序所规定的需要、风险和目标来确定演练活动的类型和方法。若辖区或邻近区域常常出现相类似重大事故，本区域有必要举办针对性的演练活动，引起重视。

（二）着眼实战、讲求实效

灾情设定贴近实际，效果趋近实战。灾情设定是演练的前提和基础，灾情设定的场景体现了对危险化学品事故的研判和总体防控思路，是指导演练开展、队伍实战的重要导向，要遵循以下原则进行设置。

1. 常见性

危险化学品事故按类型可分为泄漏、爆炸、火灾等形式，按发生场所有石化企业、危险化学品运输罐车、输油输气管道等，灾情设定要针对常见的事故类型和特点，在预案的基础上开展相应的演练。

2. 预判性

随着我国危险化学品行业的快速发展，新能源新技术不断涌现，如 LNG 接收站、锂电池厂等，灾情设定要紧跟行业发展，超前预判，做好应急救援准备。

3. 实战性

灾情设定要体现“练为战”的指导思想，具有实战型的模拟效果，不能出现“练为看”而设置观赏型的模拟效果。

此外，演练要依据消防队伍现有装备，立足于新装备的实验和应用，使演练人员既能熟练使用现有装备，又具有一定的超前指导性，熟悉新装备、试验新装备、推广新装备。脱离现有装备抓训练，就会脱离实际，使消防演练无法开展；而没有超前性，新装备的功能效果就难以体现。

灾情设定可通过文本、图像、音视频资料、虚拟仿真等形式和手段，展示事件模拟处置场景和应急流程。

（三）精心组织、确保安全

消防队伍应按照预案的灾情等级和响应程序，依次按辖区大中队、支队、总队、跨区域增援等程序进行预案启动和应急响应，同时政府应成立总指挥部统一协调交通、水电、环保、安监、通信、气象等各部门进行联动处置。危险化学品灾害事故演练应精心组织，提前研判潜在危险，消除不安全因素，确保演练安全，保证演练顺利进行。

（四）统筹规划、厉行节约

基于实际处置和应急响应程序，开展危险化学品应急救援演练要牢固树立联勤联动的理念，在演练的策划过程中，要考虑到现场的每一个过程、每一个因素、每一个环节、每一个要素、每一道工序，充分体现“全过程，全要素”的原则，通过演练明确各单位职责、任务和定位，增强应急救援体系的实战能力。大型演练在一定的时间内具有延伸和扩展性，需要坚持长时间作战，因此策划演练时要牢固树立“作战与保障并重”的意识，将战勤保障力量编入作战编成，从装备、餐饮、住宿、医疗、宣传、通信等方面进行作战保障。

在确保应急反应能力得到充分建立和维护以及场内外的应急响应得到整合的同时，应尽量控制演练成本。

三、危险化学品事故应急救援演练分类

危险化学品事故应急演练可根据演练的方法、性质和规模进行分类。

（一）按演练方法分

按照应急演练方法，可分为桌面推演、计算机仿真模拟演练、功能演练。

1. 桌面推演

桌面推演是指以桌面练习和讨论的形式对事故发生过程进行模拟的演练，通过分组讨论的形式，信息注入的方式包括事故描述、危害描述等。桌面推演由应急救援的指挥人员和关键岗位人员参加的，按照应急预案及标准救援程序，讨论发生险情时应采取行动的演练活动。

桌面演练的特点是对演练情景进行口头演练，一般在会议室内举行。桌面演练无需在真实环境中模拟事故情景及调用真实的应急资源，演练成本较低，但桌面演练只能展示有限的事故应急响应和内部协调活动。

2. 计算机仿真模拟演练

计算机仿真是借助计算机技术，在室内模拟多种类型的事故情景。一般需要搭建和制作各种应急演练系统，利用3D建模、虚拟现实、仿真及VR等技术，实现人机交互功能，在虚拟环境下模拟事故发生、发展的过程，以及操作人员、应急救援力量在事故条件下做出的各种反应。较桌面演练，该种方法更为直观具体，能有效加强参演人员和单位的协调能力和应急救援能力，使应急演练实现科学化、智能化、虚拟化。

3. 功能演练

功能演练是指针对某项应急救援或其中某些应急救援行动举行的演练活动，主要目的是针对应急响应功能，检验应急救援人员以及应急体系的策划和响应能力。

（二）按性质分

应急救援演练按性质可分为检验性演练、程序性演练和研究性演练。

1. 检验性演练

以检验队伍处置能力为目的的演练称为检验性演练，这是一种为检查、评价应急救援处置队伍综合能力、预案的科学性、应急准备工作的周密性等情况而进行的演练。

检验性演练通常由参演单位的上级规定演练目的，制订演练需达到的目标，设定灾情想定，进行辖区或跨区域力量调度，并由上级部门派出导调和评估小组，负责控制和调节演练进程，给出参演单位需解决的问题，评估其救援能力和效能。参演单位按危险化学品事故应急救援的程序和各类技战术措施，根据给出的灾情情况独立进行处置。

检验性演练具有随机性，演练队伍事先无脚本，是检验队伍实战能力的一种有效途径，但对灾情、科目设置、评估方法、后勤保障等方面要求较高。如公安部消防局于2016年7

月在辽宁省大连市松木岛组织的石油化工火灾跨区域灭火救援演练就是该类型的演练，如图5.1所示。

图 5.1 辽宁省大连市松木岛石油化工火灾跨区域灭火救援实战演练现场情况

2. 程序性演练

以开展专项训练为目的的演练称为程序性演练，是开展训练的一种常见模式和方法。程序性演练主要根据相关规程、预案组织开展演练，其目的一是为了提高训练效果及实战能力，提升各应急救援组织之间、应急指挥人员之间的协同应急作战能力和水平，增强演练人员的感性认识；二是为了检验应急救援预案的整体或局部是否能有效地付诸实施，验证预案在应对可能出现的各种意外情况方面所具备的适应性，使预案得到进一步的修改和完善。

这种演练方法需要事先制订好方案、脚本，带有一定的表演示范性质，是为了统一认识，揭示应急准备和应急行动的一般规律而开展的训练演练。该类演练既可以是全面的综合性演练，也可以是部分或单项演练。参演单位和个人事先应开展相关的训练，演练在充分准备的基础上进行。演练进程中，每一程序都力求标准化，每一动作都应达到规范要求。

消防院校开展的实战化教学内容之一就是开展程序性的演练，将课堂中所讲述的基本程序和方法与实际演练相结合，创造灾情想定，制订演练训练方案，用“实操、实装、实训”的方式开展演练，如图5.2所示。

图 5.2 学校危险化学品事故应急救援实战化教学

3. 研究性演练

针对危险化学品处置出现的新问题，通过演练对救援程序、技术和装备等问题进行检验和研究的演练，称为研究性演练。该演练是为了探索应急救援工作某个方面的问题而进行的，其目的主要是为了寻找应急救援组织指挥、技术、设施和设备、行动等方面所存在的问题和解决的办法。研究的问题应该是关键性的，如应急程序的科学性、指挥体制的合理性、各应急救援专业组织之间的协调性，以及某些重大的技术问题等。由于研究的问题是在设定的事故背景下进行的，因而解决的方法可能更接近实际需要。一般情况下，一次演练只能解决有限的几个问题。演练计划中所设定的各种条件、演练的进程等，均应围绕需要解决的问题加以考虑。通过演练，获取经验、寻求成果、资料和必要的数据，以便为所研究的问题提供全部或部分比较可靠的方案；同时，使参演单位和参演个人的认识得到进一步的提高。

（三）按规模分类

应急演练按规模分为单项演练、部分演练、全面演练。

1. 单项演练

单项演练是为了熟练某些基本操作或完成某种特定任务所需的技巧而进行的演练，应在掌握基本知识的基础上进行。根据危险化学品事故应急救援的程序及特点，单项演练大体可分为：初期管控演练，侦察警戒演练，防护行动演练，掩护救人行动演练，堵漏、输转行动演练及洗消行动演练等。

（1）初期管控演练

包括初期侦察、隔离，搭建简易洗消点，划定初始警戒距离及人员集结、装备及物资器材到位等。

（2）侦察警戒演练

包括仪器检测，食物、饮用水的样品收集与分析，事故发生区边界的确认，轻危区、重危区、安全区的划分，危害区边界情况变化的判定，对泄漏部位的侦察等。

（3）防护行动演练

包括按照一级、二级防护进入事故核心区域，指导公众隐蔽与撤离，通道封锁与交通管制，发放药物与自救互救，食物与饮用水控制，撤离公众接待中心的建立，特殊人群的行动安排，重要目标的保卫与街道巡逻等。

（4）掩护救人行动演练

包括人员救助和水枪梯次掩护。

（5）堵漏、输转行动演练

包括各种堵漏器材的操作和不同泄漏部位的堵漏。

（6）洗消行动演练

包括洗消站的设置和对人员、器材、地面的洗消。

2. 部分演练

部分演练是检查应急组织之间以及与外部组织之间的相互协调性而进行的演练。由于部分演练主要是为了协调应急行动中各有关组织之间的相互协调性，所以演练可涉及各种组织。如侦察检测与洗消之间的衔接，药物发放与紧急疏散的关系，各机动侦察组之间的任务分工及协同方法的实际检验，扑救火灾、消除险情、关阀堵漏等行动的相互配合练习等。通过部分演练，可以达到交流信息、加强各应急救援组织之间的协同能力。

3. 全面演练

全面演练是指针对应急预案中全部或大部分应急响应功能，检验、评价应急救援组织运行能力的演练活动。一般要求持续几个小时，采取交互方式进行。演练过程要求尽量真实，调用更多的应急人员和资源，并开展人员、设备及其他资源的实战性演练，以检验相互协调的应急救援能力。

全面演练是由应急预案内规定的所有任务单位或其他绝大多数单位参加，为全面检查执行预案的可能性而进行的演练。主要目的是验证各应急救援组织的执行任务能力，检查他们的相互协调性，检验各类组织能否充分利用现有人力、物力来最大限度地消除事故后果的严重程度，确保公众的安全与健康。这种演练完全可以展示应急准备及应急行动的各个方面。演练设计的要求，应能全面检查各个组织及各个关键岗位上的个人表现。

四、美国应急救援演练简介

（一）演练分类

应急演练在美国有多种分类，其中以国土安全演练与评估项目（Homeland Security Exerciseand Evaluation Program，HSEEP）、国家应急演练项目（National Exercise Program，NEP）为代表，大体可分为讨论型演练和实操型演练，详见表 5.1。讨论型演练侧重于战略与策略问题，实操型演练侧重于与应急响应有关的战术问题。

表 5.1 美国应急演练类型

讨论型演练（Discussion-based Exercise）	小型研讨会（Seminar）
	专题讨论会（Workshop）
	桌面演练（Tabletop Exercise）
	情景模拟游戏（Game）
实操型演练（Operations-based Eexercise）	操练（Drill）
	功能演练（Functional Exercise）
	全面演练（Full-scale Exercise）

从表 5.1 中可以看出，美国应急救援演练分类与我国大致相同。

（二）演练方法

美国联邦政府应急演练由国土安全部（DHS）领导，主要设有 10 个国家级项目，HSEEP 和 NEP 是 DHS 应急演练的两大核心项目。NEP 为联邦政府编制符合国情和战略部署的应急演练年度计划，并关注和分析演练成果及存在问题，为提高国家应急演练水平提供可靠依据；HSEEP 重点关注演练实施的表现和应急能力评价标准，作为美国应急演练体系的首个纲领性文件，在战略层面提供标准化方法和术语体系及全局性的政策和宏观战略，为所有政府应急演练项目的设计、策划、实施、评估和事后优化规划提供标准化方法和原则指导。作为一种体系化的方法，HSEEP 方法是适用于美国所有应急演练项目的国家标准之一。尽管没有强制的规定，但几乎所有接收国土安全批准资助的应急演练项目都按照 HSEEP 方法开展演练。图 5.3 为 HSEEP 演练和评估循环。

如图 5.3 所示，一场完整的应急演练有四大过程。

第一步是演练总体规划。由演练规划团队（Planning Team）组织制订演练对象应急能力评估、演练战略规划、重点能力排序、年度培训与演练计划。

第二步是演练方案设计。涉及具体目标设定、演练脚本设计、应急演练评估指引（Exercise Evaluation Guide，EEG）的选择和演练前培训。

第三步是演练实施和评估。包括演练脚本注入、TCL 表现评估和演练总结报告编写。

第四步是演练纠正及优化。包括明确优化项目、执行及跟进优化项目和更新能力评估方

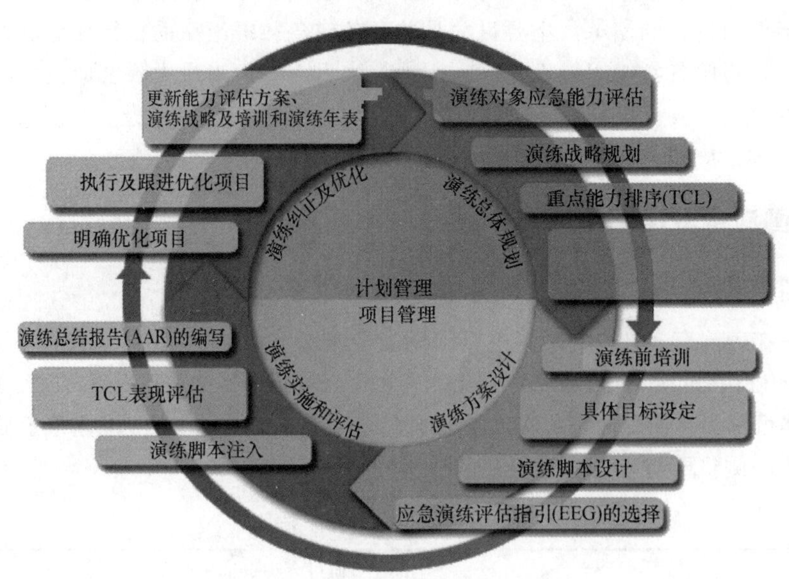

图 5.3　HSEEP 演练与评估循环

案，演练战略及培训和演练年表。

(三) 演练组织机构

美国应急救援体系建设起步相对较早，配套的应急救援演练体系也较为完善。联邦政府、州政府和地方政府职责明确：联邦层面的应急演练与培训由国土安全部（DHS）的国内应急预备办公室主导，州和地方政府负责当地的演练培训与实施。从管理、政策规则、技术人员、场地资金安全保障等方面都有详细的制度和机构。例如，美国应急演练的规划、执行、评估和优化都有相应的管理团队。

1. 演练规划团队

演练规划团队（Exercise Planning Team）包括队长、信息发言官、安全组、执行组、策划组、后勤组和财务管理组。

2. 演练执行团队

演练执行团队包括救援专员、评估员、观察者、导师、记录员、管理者和群众演员。

DHS 还提供多种演练培训，主要包括 HSEEP 机动课程和 NESC 的国内标准演练课程。HSEEP 机动课程实施网上教学，由 HSEEP 培训官教授 7 个模块课程。NESC 的国内标准课程包括自学课程、演练从业者研究生课程 MEPP 和与 FEMA 合作的演练标准课程。所有培训参与者必须完成培训课程并取得合格证书才可上岗。由此可以看出，相较于我国，美国的应急救援演练专业化程度更高，我国从政策标准制定、人员培训、教材编写、场地资金安全保障等方面还有待加强。

思考题

1. 组织危险化学品事故应急救援演练的目的是什么？
2. 危险化学品事故应急救援演练的原则是什么？

3. 危险化学品事故应急救援演练分类有哪几种方法？

第二节 危险化学品事故应急救援演练的组织与实施

学习目标

掌握危险化学品事故应急救援演练的组织与实施。

各种类型的演练从策划到完成全过程总体上划分为制订计划、组织准备、实施开展和效果评价及改进等阶段。组织准备主要包括演练、组织机构的设立、演练方案的制订、针对性训练及后勤保障等；实施开展主要包括灾情设定、开展实施、随机导调及中期评价等；效果评价主要包括评价指标建立、后期总结及改进等。

一、应急救援演练计划

组织策划危险化学品应急救援演练，应先制订演练计划。演练计划是有关演练的基本构想和对演练准备活动的初步安排，制订计划主要包括梳理需求、明确任务及编制计划等，一般包括演练的目的、方式、时间、地点、日程安排、演练策划领导小组和工作小组构成、经费预算和保障措施等。制订计划时要根据辖区有可能发生的危险化学品事故类型、特点，根据应急救援预案，结合总队、支队、大中队年度或专项工作计划，制订符合实际的演练计划。

（一）梳理需求

演练组织单位根据自身应急演练年度规划和实际情况需要，提出初步演练目标、类型、范围，确定可能的演练参与单位，并与这些单位的相关人员充分沟通，进一步明确演练需求、目标、类型和范围。

1. 确定演练目的

首先应确定开展演练的主要目的，是以提高应急预案的针对性和救援队伍的能力为主，还是检验各部门协调配合为主。归纳提炼举办应急演练活动的原因、演练要解决的问题和期望达到的效果等。

2. 分析演练需求

首先是在对所面临的风险及应急预案进行认真分析的基础上，发现可能存在的问题和薄弱环节，确定需加强演练的人员、需锻炼提高的技能、需测试的设施装备、需完善的突发事件应急处置流程和需进一步明确的职责等。然后仔细了解过去的演练情况：哪些人参与了演练、演练目标实现的程度、有什么经验与教训、有什么改进、是否进行了验证。

3. 确定演练范围

根据演练需求及经费、资源和时间等条件的限制，确定演练事件类型、等级、地域、参与演练机构、人数及适合的演练方式。

4. **确定演练方式**

应确定演练的方式，是开展小规模或消防部门内部的单项功能演练，还是组织各个政府部门共同参与的大规模演练。应考虑相关法律法规的规定、实际的需要、救援队伍的救援经验及水平等因素，确定最适合的演练形式。根据需要演练的事件和演练方式，列出需要参与演练的机构和人员，以及确定是否涉及社会公众。最后，根据演练目的和规模，梳理演练所需的人、财、物，为演练计划的编制打下基础。

(二) 明确任务

演练组织单位根据演练需求、目标、类型、范围和其他相关需要，明确细化演练各阶段的主要任务，安排日程计划，包括各种演练文件编写与审定的期限、物资器材准备的期限、演练实施的日期等。明确任务主要解决开展演练“干什么”的问题，根据演练需求梳理，着重明确参演各部门及人员在演练中的主要任务。根据演练的类型、方法及规模，确定相应的参演力量及职责。

消防队伍开展以辖区熟悉和训练为主的演练，一般以消防人员为主，主要人员一般可分为演练人员、控制人员、评估人员和模拟人员四类。具体又可把参与演练的人员分为若干个小组，如指挥小组、疏散小组、警戒小组、侦检小组、救护小组、堵漏小组、洗消小组等。

大规模综合性演练，应在政府的统一领导下，社会联动力量分别作为若干小组，具体有企业、消防部门、交通部门、公安部门、地方医院或卫生机构、环境保护部门、新闻媒体、市政设施和工程部门等。在这些机构中，参演人员应根据他们的职位头衔及其在区域内的职责确定他们在演练中的任务。

(三) 编制计划

编制计划主要解决开展演练“怎么干”的问题，着重确定开展演练的时间、地点、参与机构和人员、评估方法及经费预算等。演练组织单位负责起草演练计划文本，计划内容包括：演练目的需求、目标、类型、时间、地点、演练准备实施进程安排、领导小组和工作小组构成、预算等。

(四) 计划审批

演练计划制订完毕后，要报上一级部门进行审批，涉及多部门联合参与的要报相应各级政府应急办进行审批，及时进行修改。演练计划获准后，按计划开展具体演练准备工作。

二、演练准备

演练准备阶段的主要任务是根据演练计划成立演练组织机构，设计演练总体方案，并根据需要针对演练方案进行培训和预演，为演练实施奠定基础。演练准备主要包括成立演练组织机构、确定演练目标、演练情景事件设计、演练流程设计、技术保障方案设计、评估标准和方法选择、编写演练方案文件、方案审批、落实各项保障工作、培训、预演等十一个方面的内容。

(一) 成立演练组织机构

演练应在相关预案确定的应急领导机构或指挥机构领导下组织开展。演练组织单位要成立由相关单位领导组成的演练领导小组，通常下设策划部、保障部和评估组，对于不同类型和规模的演练活动，其组织机构和职能可以适当调整。演练组织机构的成立是一个逐步完善的过程，在演练准备过程中，演练组织机构的部门设置和人员配备及分工可能根据实际需要调整，在演练方案审批通过之后，最终的演练组织机构才得以确立。

1. 成立演练策划组

演练策划组要负责演练设计工作，演练前要确定演练时间、地点、参演人员、演练程序、组织方法、规则评价等；演练开始后负责整个活动节奏的把控和调整，是整个演练活动的“中枢和大脑”；同时，要参与到演练的具体实施和总结评估工作。其具体职责如下。

① 确定演练目的、原则、规模、参演的单位，确定演练的性质方法，选定演练的时间、地点，规定演练的时间尺度和公众的参与程度。

② 协调各参演单位之间的关系。

③ 确定演练实施计划、情况设计与处置方案，审定演练准备工作计划、导演和调理计划及其他有关重要文件。

④ 检查与指导演练准备工作，解决准备与实施过程中所发生的重大问题。

⑤ 组织演练，总结评价。

演练策划组一般由总导演（总指挥）、副导演（副总指挥），各小组负责人构成。

2. 导演与调理组

导演与调理组简称为“导调”组，主要负责演练工作的整体协调、临机设置情况、现场点评、现场教学，督导参演人员安全制度落实情况，确保演练安全顺利进行，对演练工作进行点评等工作。明确导演与调理人员是演练准备初始阶段的工作，导演与调理人员通常参与全部的准备工作，其主要职责如下。

① 根据演练目的，制订演练目标，选择演练场地，进行演练具体设计。

② 制订演练进程计划，进行总情况的构筑，拟制导演和调理计划、演练组织与准备工作计划等。

③ 指导参演单位按演练要求进行演前训练，组织导演人员开展活动。

④ 提出演练所需的通信、技术、物资器材、生活用品等项目清单及经费申请。

⑤ 组织与指导参演单位预演，从中发现问题，并加以纠正。

⑥ 指导演练实施，随机设定灾情和突发情况。

⑦ 进行演练总结与评估，提出演练成败的结论性报告。

⑧ 对预案的修改和完善提供决策性的建议。

⑨ 对演练总指挥全面负责。导演人员通过对调理人员的指导，控制演练的进展与节奏，调整各参演单位发生的偏差。

3. 建立其他组织

根据演练的种类、规模、参演单位的数量等情况，还可以相应地建立一些组织。如较大规模的部分演练或全面演练，还应建立的组织有：信息通信组，战勤保障组，宣传报道组，现场警戒组等。

（二）确定演练目标

演练目标是为实现演练目的而需完成的主要演练任务及其效果。演练目标一般需说明“由谁在什么条件下完成什么任务，依据什么标准或取得什么效果”。演练组织机构召集有关方面和人员，商讨确认范围、演练目的需求、演练目标以及各参与机构的目标，并进一步商讨，为确保演练目标实现而在演练场景、评估标准和方法、技术保障及对演练场地等方面应满足的要求。演练目标应简单、具体、可量化、可实现。一次演练一般有若干项演练目标，每项演练目标都要在演练方案中有相应的事件和演练活动予以实现，并在演练评估中有相应的评估项目判断该目标的实现情况。演练目的侧重于宏观层面，而演练目标则是针对参演的机构和个人所需达到的具体目标，例如，侦察小组在演练中所需达到的目标就是确定危险化学品种类、浓度、事故部位等情况，熟练应用各种侦检方法和器材；信息通信组则是要确保演练现场的通信畅通。

（三）演练情景事件设计

演练情景事件设计是演练方案设计中非常重要的一环，是开展演练的前提和基础，直接影响到演练的效力。其实质是在尽可能接近真实的模拟紧急事态情景下，构建高压环境，训练和检验事故应急处置环节中每一个责任人对假想灾情所采取的行动。

灾情要立足实战，根据预案、应急响应程序、消防队伍技战术操法等方面进行设计，具体思路如下。

1. 评估演练单位风险点

确定企业存在的威胁/危险，如可能的事故类型及后果：火灾、爆炸、中毒事故，造成多人伤亡的事故，以及造成严重财产损失、环境污染的事故等。评估企业在生产运行过程中最有可能、最大、最难处置的灾情，以此进行灾情设计。

2. 真实可操作

所构建情景应立足企业真实性风险和业务需求，符合消防队伍作战体系和流程，要设定事件发生条件和背景并提供技术细节，如引起上述事故的可能异常，异常的研判与确认等。

3. 规模适度，顺序进行

灾情要根据事故一般发展规律，按照我国应急救援力量联动体系进行设定。如构建石油化工企业事故应急演练灾情设定时，应根据“岗位→班组→专职消防队→辖区大中队→支队→总队→跨区域增援”的顺序，依次设计符合救援力量的灾情和情景。

4. 多种手段和方法并行

通过文本图像、音视频资料、虚拟仿真等形式和手段，展示事件模拟处置场景和应急流程，如表 5.2 所示。

表 5.2　某公司炼油厂二甲苯泄漏事故应急情景

<table>
<tr><th>事故要件</th><th colspan="2">事故应急要点</th></tr>
<tr><td>事故背景信息</td><td colspan="2">2014 年 10 月以来，J 市遭遇连续强降雨，气象部门发出黄色预警，市政府发出统一部署，要求各部门做好因暴雨可能引发的泥石流、山体滑坡等各种自然灾害的应对工作，加强应急值守，防止重特大事故的发生</td></tr>
<tr><td>事故初始情景</td><td colspan="2">×日上午 9 时许，J 市大河石化公司炼油厂二甲苯罐区北侧突发山体滑坡，致现场作业人员 1 人当场死亡、多人重伤，储量约为 12t 的 2＃罐受到滚落山石撞击，有泄漏危险。厂值班室迅速向厂领导报告情况</td></tr>
<tr><td rowspan="6">事故模拟应对</td><td colspan="2">第一阶段：报接警、先期处置与应急响应</td></tr>
<tr><td colspan="2">第二阶段：初始险情及应对，石化公司炼油厂生产安全事故应急</td></tr>
<tr><td rowspan="3">第三阶段：事故升级</td><td>信息 1：检测发现 2＃罐体出口阀破损，二甲苯发生泄漏。二甲苯泄漏量不明，有可能发生燃爆，威胁储量 400t 罐区。作业人员迅速开展堵漏工作，但任务难度较大</td></tr>
<tr><td>信息 2：堵漏作业仍然在继续中。距离 2＃罐 5m 处脱落的电线短路起火，泄漏的泄漏事故应急二甲苯蒸汽迅速燃烧，严重威胁整个罐区的安全，情况十分危急</td></tr>
<tr><td>信息 3：火灾被扑灭，成功封堵住 2＃罐体，二甲苯污染得到有效控制</td></tr>
<tr><td>第四阶段：应急终止</td><td></td></tr>
</table>

（四）演练流程设计

演练流程设计是按照事件发展的科学规律，将所有情景事件及相应应急处置行动按时间顺序有机衔接的过程。其设计过程包括：确定事件之间的演化衔接关系，确定各事件发生与持续时间，确定各参与单位和角色在各场景中的期望行动以及期望行动之间的衔接关系，确定所需注入的信息及注入形式。演练流程设计主要解决参演单位和个人在什么时候该干什么的问题，让参演人员明确自己的时间分配，以便演练有条理地进行。

演练流程设计应根据灾害实际发展规律，结合演练情景事件设计和事件推演，通常以时序表、演练实施（进程）计划或脚本的形式下发参演力量提前进行相关准备，是对演习过程的细化。

（五）技术保障方案设计

为保障演练活动顺利实施，演练组织机构应安排专人根据演练目标、演练情景事件和演练流程的要求，预先进行技术保障方案设计。当技术保障因客观原因确难实现时，可及时向演练组织机构相关负责人反映，提出对演练情景事件和演练流程的相应修改建议。当演练情景事件和演练流程发生变化时，技术保障方案必须根据需要进行适当调整。

技术保障方案主要是指围绕总体方案，根据演练任务分工所成立的各个技术保障组所需进行的防范设计，技术保障方案主要有：导调方案（情况设计方案）、应急通信保障方案、后勤保障方案、宣传报道方案等具体工作的实施方案，如图 5.4 所示。

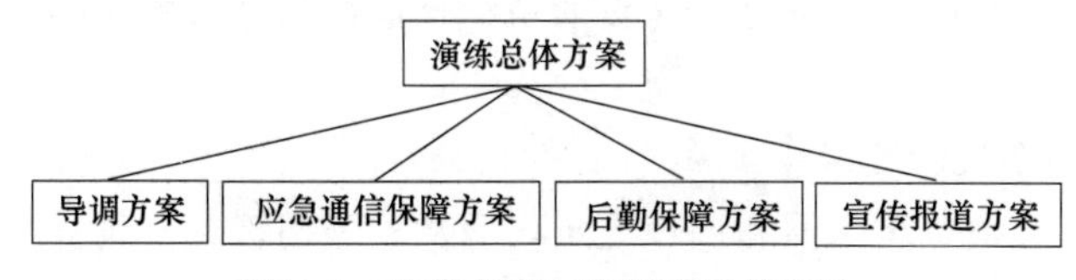

图 5.4 总体方案与专项方案的关系

（六）评估标准和方法选择

根据不同性质的演练，采取不同的评估标准和方法。

1. 检验性演练

一般应采取连续的实施方法，重点抓好考评。根据灾情设定情况，引导参演单位作出相应处置措施，检查和评估各单位给出的情况处置方案是否正确，采取的技战术措施是否得当。演练前应制订好相应的考评规则，演练开始后，导演与调理人员只是作为考官和评判员，审视参演单位的动作，一般不进行干预。但当参演单位已完全处于束手无策，以致演练无法进行时，如果必须使演练继续实施，导演和调理人员才进行必要的干预。

检验性演练事先无脚本，可能出现各种各样的随机情况，需要导调组事先做好充分准备，演练开始后灵活处置各类突发情况，表 5.3 所示。

表 5.3 罐组着火（灾情设定三）：410＃罐起火－高喷车灭呼吸阀火

评定标准	评定方法	评定结果	扣分	备注
1. 现场侦察掌握火灾扑救关键要素是否完整	现场查看	□合格　□不合格		
2. 是否派员进入中央控制室(DCS)实时监控		□合格　□不合格		
3. 是否关闭雨排	电台监听	□合格　□不合格		
4. 是否采取关阀措施		□合格　□不合格		

续表

评定标准		评定方法	评定结果	扣分	备注
5. 是否选择合适作业高度的高喷消防车		现场查看 电台监听	□合格 □不合格		
6. 驾驶员操作时是否缓慢加压并保持稳定压力，水炮形成充实水柱后切封灭火			□合格 □不合格		
7. 后方供水是否充足、不间断			□合格 □不合格		
8. 个人防护装备是否穿戴齐全			□合格 □不合格		
9. 停车位置是否合理			□合格 □不合格		
其他					

2. 研究性演练

无论采取先研究问题，后实施演练的方法，还是待演练结束后再研究问题，都必须保持演练的连续性。只有对个别的关键性问题需要深入探讨，甚至需要重复演练某一阶段或某一动作时，演练可暂时终止。暂停演练必须由导演部门批准，任何个人不得擅自下令停止演练。研究性演练实施阶段，导演和调理人员应采取灵活的方法，有重点地启发参演单位的指挥员深入的思考，不要为了使演练顺利实施而直接向参演单位直接提供处置方案。

3. 程序、示范性演练

该演练能否顺利实施，关键是在演练准备阶段搞好排练工作。通过反复排练，保证导演、调理、参演单位之间的配合默契。各参演单位均应严格按照事先规定的动作进行，尤其要严格遵守时间。

4. 对参演单位和个人的要求

参演单位和个人必须尊重导演和调理人员，服从检查与裁判；树立“实战”观念，严格认真地按演练实施计划的要求进行演练，不得谎报情况和虚报成绩；严格遵守演练实施中的各项规定，尤其要严守演练场地纪律。

（七）编写演练方案文件

文案组负责起草演练方案相关文件。演练方案文件主要包括演练总体方案及其相关附件。根据演练类别和规模的不同，演练总体方案的附件一般有演练人员手册、演练控制指南、技术保障方案和脚本、演练评估指南、演练脚本和解说词等。

演习中所需的各类文件是组织与实施演习的基本依据。不同性质、规模的演习，需要编写的文件不同，有关文件大体包括：演习准备工作计划、演习实施（进程）计划、情况设计方案、处置方案示例、各种保障计划等。演习文件必须符合演习目的和要求，力求简明实用。

此外其他重要文件有演练规则、演练管理规定、设置科目等。其中，演练规则是指为确保演练安全而制订的，对有关演练和演练控制、参演人员职责、实际紧急事件、法规符合性、演练结束程序等事项的规定或要求。该规则中应包括以下内容。

① 所有参演人员必须严格遵守安全注意事项，不得进入禁止进入的区域，在无安全管理人员陪同时不得穿越危险生成区域或其他危险区域。

② 演练不应要求受极端气候条件、高辐射或污染水平，不应为了展示应急技巧的需要而污染环境或造成危险。

③ 参演应急设施、人员不得预先启动、集结，所有演练人员在演练事件促使其做出应

急行动前应处于正常工作状态。

④ 除演练方案或情景设计中列出的可模拟行动及控制人员的指令外，演练人员应将演练事件当作真实事件做出响应，应将模拟的危险条件当作真实情况，采取应急行动。

⑤ 所有演练人员应服从现场指挥人员的指挥。

⑥ 控制人员仅向演练人员提供与其职责有关并由其负责发布的信息，演练人员必须通过现有紧急信息渠道了解必要的信息，演练时传递的所有信息都必须具有明显标志。

⑦ 演练过程中不应妨碍发现真正的紧急情况，当发现真正紧急事件时可立即结束演练，迅速通知所有演练人员进入真正应急。

⑧ 演练人员没有启动演练方案中的关键行动时，控制人员可发布控制信息，指导演练人员采取相应行动，也可提供现场培训活动，帮助演练人员完成关键行动。

需要指出的是，演习方案与演习脚本不能混淆。方案规定了演习的方向和内容，起到提纲挈领的作用，是对演习各个方面原则性的指导和规范；而脚本则是根据演习方案的内容对演习过程的细化，其明确规定具体推演步骤，演习队伍（人员）可能采取的行动，是演习具体步骤的计划安排表。演练方案与灭火作战预案也不能等同。预案又称灭火救援作战计划，是针对消防安全重点单位或部位可能发生的火灾事故，对灭火救援作战有关问题预先安排的作战文书。制订灭火救援预案，能有助于第一到达现场的指挥员有条不紊地指挥作战，迅速实施正确的灭火救援行动，最大限度地降低财产损失，减少人员伤亡。而演习方案，是对演习全过程的总体安排和筹划，是演习组织工作的基本依据。

（八）方案审批

演练方案文件编制完成后，应按相关管理要求，报有关部门审批。对综合性较强或风险较大的应急演练，在方案报批之前，要由评估组组织相关专家对应急演练方案进行评审，确保方案科学可行。演练总体方案获准后，演练组织机构应根据领导出席情况，细化演练日程，拟定领导出席演练活动安排。

（九）落实各项保障工作

后勤保障主要包括装备器材、应急物资、运输、医疗救护、通信联络及食宿等保障。各项保障工作是开展各类演练的前提，演练前要根据相应保障方案，开展器材装备、信息通信测试，做好淋浴、餐饮、营房等生活保障，及时供给装备、药剂和物资，确保演练顺利进行。

（十）培训

根据演练性质、演练方案、灾情设定、人员分工等其他方面，开展针对性的培训，为演练顺利开展奠定基础。培训内容可分为单项和全面培训，单项侧重于单个科目的操作，如对洗消科目的培训；全面培训则是给定灾情，侧重于对各个科目的综合应用。

（十一）预演

开始演练前，尤其是程序性、示范性演练能否顺利实施，关键是在演练准备阶段搞好排练工作。通过反复排练，保证导演、调理、参演单位之间的配合默契。各参演单位均应严格按照事先规定的动作进行，尤其要严格遵守时间。

三、演练实施

演练实施应根据演练方案、时序表及脚本等文件进行，一般分为演练情况介绍、演练导入、启动执行、结束与意外终止及现场点评等内容。

（一）演练情况介绍

演练开始前，根据需要，演练领导组织机构应对参演人员、观摩人员及新闻媒体等进行情况介绍。其内容主要包括：演练的性质与规模；事故情况设定的主要考虑；演练开始时间及持续时间的估计；对演练地区的非参演人员的安排；导演、调理人员及演员的识别；为保证演练不被误认为真实事故而应采取的措施，如果在演练期间，一旦发生真实事故，应采取的具体措施；对参观见学人员及新闻媒体的安排等。

演练情况介绍可采取 PPT、图片、视频及计算机建模等方法进行，如图 5.5 所示。

图 5.5　辽宁省大连市松木岛石油化工火灾跨区域灭火救援实战演练现场情况航拍图

（二）演练导入

演练导入主要是针对参演力量，由指挥部或导调官直接下达指示或给出灾情，参演力量领受任务的过程。导调官通过控制推演进程为演练人员提供动态信息（包括以上级身份下达指示）、以上级身份接收演练人员报告以掌握演练情况、当出现偏差时提醒演练人员对未响应的应急任务作出回应并调节推演节奏，若无问题则继续提供动态信息人员分析事故背景及初始情景信息要点获取情况、对事态发展趋势及应急任务进行判断决策、表述决策并阐明处置结果、对补充/附加信息进行回应等环节。

（三）演练启动执行

参演力量领取任务后，按照时序表或脚本，根据相关规程、操法展开战斗。如开展某石化企业生产事故应急处置检验性演练时，辖区中队作为第一到场力量，应首先占领 DCS 中控室，组织侦检小组开展外围侦察。导调组根据灾情设定，依次调集支队、总队增援力量开展相应处置。

（四）演练结束与意外终止

按计划实施完毕后，由指挥部宣布演练结束，各参演单位应按统一规定的信号或指示停止演习动作。在演习宣布结束后，所有演习活动应立即停止，并按计划清点人数，检查装备器材，查明有无伤病人员，并迅速进行适当处理。演习保障组织负责清理演习现场，尽快撤出保障器材，尤其要仔细查明危险品的清除情况，决不允许任何可能造成伤害的物品遗留在演习现场内。

遇特殊情况，如发生真实事故或其他特殊情况，应立即向指挥部报告，由指挥部统一发布演练终止命令。

（五）现场讲评

演练结束后，由现场最高首长进行现场讲评，一般从好的方面及存在的不足对演练进行简短的讲评。

思考题

1. 危险化学品事故应急救援演练的组织与实施有哪几大步骤？
2. 应急救援演练计划包括哪几方面？
3. 演练实施包括哪几个步骤？

第三节　危险化学品事故应急救援演练的评估与总结

学习目标

1. 掌握危险化学品事故应急救援演练的评估方法。
2. 掌握危险化学品事故应急救援演练的总结方法。

评估标准是评价和估量参演队伍演习质量的尺度和标杆。科学的评估标准，对于准确检验参演队伍的作战能力，激发练兵热情，激励参演队伍向明确的训练目标进取，具有度量和导向的双重作用。因此，制订科学的评估标准是评估工作的关键环节。目前消防队伍演习评估标准的建立，通常是依战斗条令、战术教材、历史经验、传统习惯和首长指示等一种或多种因素集合而成的。客观真实的评估结果，可帮助消防队伍查找演习中存在的问题和不足，进而有针对性地开展训练，引导消防部门在各自层次上不断提高训练质量和作战水平。

一、评估

评估是对演练程序、内容及效果等方面的综合评价，为总结及改进相关联勤联动机制、技战术等提供依据。

（一）评估内容

程序性、示范性演练的评估侧重于对参演人员是否按照预定设计程序进行，检验性演练的评估则侧重于参演人员对给定灾情的综合处理情况。危险化学品演练评估通常会考虑如下几个方面。

① 演练指挥部、导调组、信息通信组，战勤保障组，宣传报道组，现场警戒组等组织机构的表现。

② 前期处置情况：接出警、调集力量、侦察检测、警戒疏散等情况。

③ 根据灾情采取的技战术是否合理、符合程序。

④ 增援力量的集结点设置情况。

⑤ 安全员设置及紧急避险情况。

⑥ 指挥体系是否合理、通信是否畅通。评价范围应包括演练组织者，参演的所有单位，演练保障单位等。

（二）评估方法

演练评估首先要制订评估的方法和规则，评估方法有定性评估和定量评估两种。

1. 定性评估

参演人员自评、导调人员评估和专家组评估等方式。采用定性评估的方式一般事先制订考核依据，评估人员对照依据，充当“裁判”的作用，对照参演人员和单位是否按照预先设计而进行相应的动作，进而进行评估。

2. 定量评估

定量评估指标体系建立相对科学，能在一定程度上降低人的主观因素对演练评估效果的影响，目前常用的方法主要是层次分析法。层次分析法是指将一个复杂的多目标决策问题作为一个系统，将目标分解为多个目标或准则，进而分解为多指标（或准则、约束）的若干层次，通过定性指标模糊量化方法算出层次单排序（权数）和总排序，以作为目标（多指标）、多方案优化决策的系统方法。层次分析法在演练中的应用一般步骤为：建立评估指标体系、构建数学模型及计算权重三步。

（1）建立危险化学品应急救援演练评估指标体系

制订符合灭火救援实战的演习评估指标体系，是确保评估结果真实可信的前提和基础。只有采用这样的指标体系进行评估，得到的结果才更有说服力，才能最好地反映消防队伍的训练水平，从而达到检验队伍战斗力的目的。完整的演习评估指标体系会涉及演习过程的主要环节，缺少任何一个环节的评估都会影响结果的真实性和准确性。因此，制订演习评估指标体系时要从灭火救援过程的整体考虑，采用归纳分析、专家咨询等方法找出具有代表性且影响评估结果的主要环节，以此作为一级指标，然后对各一级指标进行深入分析，选取典型要素作为二级指标，从而得到全面的演习评估指标体系。

通过咨询专家和总结分析灭火救援实兵演习的各个环节，得到演习评估的一级指标，其中包括演习方案、指挥协同、战斗素养和综合保障。演习方案体现了实兵演习准备的周密程度以及演习的真实性和目的性。指挥协同影响指挥活动，体现了灭火救援作战行动的针对性和协调性。战斗素养体现了参演队伍的灭火救援作战能力。综合保障可直接影响到灭火救援行动的顺利进行。然后深入分析各一级指标，选取典型要素，得到二级指标。演习评估指标体系可参照表 5.4。

表 5.4　灭火救援实兵演习评估指标体系

一级指标	二级指标	二级指标意义
演习方案 A_1	情景设计 B_{11}	演习过程设计的真实性和紧凑性
	检验科目 B_{12}	演习内容设置的针对性和匹配性
指挥协同 A_2	侦查活动 B_{21}	灾害现场基本情况的获取手段
	现场通信 B_{22}	现场通信组网的畅通
	决策活动 B_{23}	决策方法的科学性下达命令的果断性和队伍行动结果
战斗素养 A_3	技能水平 B_{31}	处置灾害事故的基础技能、专业技能和应用技能
	安全防护 B_{32}	所采用的个人防护、技术防护和战术防护措施
	战斗精神 B_{33}	参演人员的气士、意志、纪律和作风
综合保障 A_4	装备保障 B_{41}	恰当调派和使用相应的消防装备
	警戒保障 B_{42}	符合灾情的警戒范围和警戒力量

需要指出的是，以上评价指标体系并不是一成不变的，不同类型、性质和目的的演练建立的指标不是完全相同的，应根据实际情况进行判断，本书主要以该表为依据，读者着重学习这种方法。

(2) 构建数学模型

通过专家咨询，利用 1～9 标度方法进行两两元素比较，得到系统中各因素之间的关系，构建出各层指标的判断矩阵。

(3) 指标权重计算

计算判断矩阵每一行元素的几何平均数，并将其归一化，得到相关指标的权重系数。

需要指出的是，定性评估是以人的直观感觉（包括人的视觉、感觉、味觉）和主观判定产生评估结果的，这就使不同评估者受资历、经历、经验、战术素养、身体状况、个人情绪等方面影响，在评估结果产生的过程中，不可避免地受到外界因素的干扰，从而直接影响评估结果的质量，但定性评估是消防队伍长期以来评估演习质量的基本方法，具有简单高效的优点。

目前出现的定量评估方法多采用层次分析法，该种方法也存在定量数据较少、定性成分多、不易令人信服等问题。

因此，在实践过程中，应针对演练的实际情况和特点，根据当前灭火救援中普遍存在的问题，结合灭火救援规律，建立以检验队伍战斗力为主旨的演习评估指标体系，采取单一或多种方式结合的评估，科学分析演练效果，为下一步问题的改进奠定基础。

二、总结报告

演练结束后，一般需要召开演练评估总结会议，一是对预案中暴露出来的问题要充分讨论，找出切实可行的解决办法，并补充到预案中去，使预案得到充实和完善；二是对演练中各参演单位部门协同配合暴露的问题进行总结，进一步明确任务分工；三是总结演练中灭火救援技战术存在的短板和不足，为今后开展针对性的训练和装备配备打下基础，以达到提高消防队伍处置化学事故应急作战能力的目的。

（一）召开演练评估总结会

在演练结束后一个月内，由演练组织单位召集评估组和所有演练参与单位，讨论本次演练的评估报告，并从各自的角度总结本次演练的经验教训，讨论确认评估报告内容，并讨论提出总结报告内容，拟定改进计划，落实改进责任和时限。

（二）编写演练总结报告

在演练评估总结会结束后，由文案组根据演练记录、演练评估报告、应急预案、现场总结等材料，进行系统和全面的总结，并形成演练总结报告。演练参与单位也可对本单位的演练情况进行总结。演练总结报告的内容包括演练目的，时间和地点，参演单位和人员，演练方案概要，发现的问题与原因，经验和教训，以及改进有关工作的建议、改进计划、落实改进责任和时限等。

（三）文件归档与备案

演练组织单位在演练结束后应将演练计划、演练方案、各种演练记录（包括各种音像资料）、演练评估报告、演练总结报告等资料归档保存。对于由上级有关部门布置或参与组织的演练，或者法律、法规、规章要求备案的演练，演练组织单位应当将相关资料报有关部门备案。

三、改进

根据总结提出的问题，要提出有针对性的改进措施，及时落实整改。同时应建立相应的跟踪反馈机制，及时跟进，确保演练效能的最大化。改进阶段的主要任务是按照改进计划，由相关单位实施落实，并对改进效果进行监督检查。

（一）改进行动

对演练中暴露出来的问题，演练组织单位和参与单位应按照改进计划中规定的责任和时限要求，及时采取措施予以改进，包括修改完善应急预案、有针对性地加强应急人员的教育和培训、对应急物资装备有计划地更新等。

（二）跟踪检查与反馈

演练总结与讲评过程结束之后，演练组织单位和参与单位应指派专人，按规定时间对改进情况进行监督检查，确保本单位对自身暴露出的问题做出改进。

思考题

1. 危险化学品事故应急救援演练的评估方法有哪几种？
2. 请撰写一份你参加过的危险化学品事故应急救援演练的总结。

第四节　危险化学品事故应急救援演练实战化教学

学习目标

掌握危险化学品事故应急救援演练实战化教学的组织与实施。

危险化学品事故应急救援演练实战化教学，也称综合实训，是指在制订救援预案的基础上，通过综合应用装备、技战术的综合训练，使受训者熟练掌握化学灾害事故处置的基本组织指挥程序和方法。综合实训属于应急演练的一类，按本书对演练的分类，从性质上属于程序性演练，从规模上属于全面演练。

综合实训侧重于对受训者组织指挥能力的培养，演练内容主要根据本书第二章危险化学品事故救援处置程序内容——接警出动、初期管控、侦检和危险源辨识、安全防护、信息管理、现场处置、全面洗消、清场撤离等八大步骤和程序，是对第三章侦检、堵漏及洗消实战化教学的综合运用，通过场地实训、制订救援预案等教学方法，使受训者深入了解化学灾害事故应急救援技战术措施的基本应用，掌握消防应急救援组织指挥程序的具体内容和要求，具备应对一般化学灾害事故组织指挥和大型化学灾害事故初期控制组织指挥的能力，达到学以致用的目的。

一、教学任务

① 通过教学，使学员掌握危险化学品泄漏事故应急救援的组织指挥程序和方法，提高学员处置危险化学品泄漏事故的组织指挥能力。

② 通过教学，使学员熟练掌握危险化学品泄漏事故处置组织指挥基本程序要求和基本技战术要求。

二、教学内容

① 领受任务。
② 现场侦检。
③ 分区警戒。
④ 安全防护。
⑤ 救助人员。
⑥ 消除险情。
⑦ 清场撤离。
⑧ 信息发布。

三、教学方法

讲授法、示范教学法、实训教学法。

四、学时

6 学时。

五、场地器材

（一）场地设置

根据需求，在化工生产装置事故处置训练区标出起点线，划定人员集结区、器材装备准备区和操作区。

（二）器材配备

在集结区放置一级化学防护服、二级化学防护服、救援服、防护面罩、空气呼吸器、侦检器材、警戒器材、水幕水带、屏障水枪、水带（D65mm、D80mm）、多功能水枪、多功能担架、对讲机、作战指挥辅助工具等。在化工装置附近安置模拟受伤人员 1 名。

六、人员组成

授课人员：教师 2 名。

参训人员：学员分区队操作（30 人左右）。根据实际情况，教员可随机指定一名指挥员，也可由学员推选产生。区队下设若干作战组，每个小组由 3～4 名学员组成，设组长 1 名。作战小组主要由安全组、装备组、侦检组、警戒组、供水组、排险组、洗消组等组成。需要注意的是，应根据区队学员数量合理设置作战组及成员。

七、实训程序

（一）科目下达

开课后，授课教师组织学员在训练场人员集结区整齐列队，下达训练科目。内容包括科目、目的、内容、时间、方法、场地、要求。

（二）学员实训

教员向区队指挥员通报发生危险化学品泄漏事故的时间、地点、泄漏规模、造成的危害。教员下达“查明现场情况，抢救被困人员，消除危险和隐患”的任务，并下达“危险化学品泄漏事故救援实训，开始。”的口令，区队指挥员通过现场指挥或口述完成以下任务。

1. 领受任务

区队指挥员根据教员通报情况，向区队学员重述作战任务内容。

区队指挥员应根据区队学员数量，合理制订编成，原则上应成立侦检组、警戒组、救生组、排险组、掩护组、洗消组、供水组、安全组等作战组。编成工作应在综合实训前完成，由区队指挥员会同区队学员共同制订，各组组成及人员数量各区队可灵活组织。

2. 现场侦察

教员在化工生产装置事故处置训练区内模拟设置泄漏部位，安置模拟伤员 1 名。

区队指挥员应组织侦检组进行侦察和检测，区队指挥员应结合危险化学品灾害事故特点，口述危险化学品泄漏侦察检测的要求。

侦检组根据侦检工作要求穿着防护装备、携带侦检器材开展侦检工作，结束后，侦检组组长向区队指挥员报告泄漏物质、泄漏部位、泄漏范围、扩散方向、气象条件、固定消防设施动作情况、周边环境以及被困人员位置和数量，同时设置警示标识锥。

3. **分区警戒**

根据现场侦检结果，区队指挥员应结合现场地形地物划定重危区、轻危区、安全区，确定进攻路线（必要时可现场作图），组织警戒组和洗消组人员设立不同区域警戒标志，设置入口、出口、洗消通道，开展人员装备出入登记、洗消工作，同时，区队指挥员应向区队学员口述不同危险区域的防护等级要求、危险区安全措施要求及人员进出的具体要求。

4. **安全防护**

在综合实训全程，全体参训学员应按等级防护要求进行着装，落实技战术措施时应注意安全要领。各区队应设置安全员，发现并预警安全隐患，及时制止危险动作。

5. **救助人员**

区队指挥员应组织侦检组对人员被困情况进行侦察，侦检结束后，侦检组应报告人员被困情况，包括人员被困数量、位置、伤情等。

区队指挥员应派出救生组营救被困人员，救生组在营救过程中应按动作要领完成伤情检查、现场急救、防护、搬运、转移等任务。

6. **消除险情**

根据假定灾情，区队指挥员应组织排险组、掩护组、供水组、洗消组等完成堵漏、稀释、驱散、掩护等任务。

7. **清场撤离**

区队指挥员应根据泄漏物质理化性质，组织洗消组完成现场清理、检查、洗消工作，恢复现场。

8. **信息发布**

现场恢复后，区队指挥员应向教员报告，就救援经过做简短的情况说明。

9. **实训结束**

完成上述任务后，区队指挥员应整理队伍并向教员报告“综合实训完毕”。

教员应结合实训内容，抽取部分学员进行针对性提问。教员应最后对区队的综合实训进行全面的点评。

八、实训要求

① 全体参训人员应严格遵守实训教学纪律。

② 综合实训过程中，每个作战组在完成本组任务离开危险区后，均应由组长向区队指挥员报告任务完成情况。

③ 为提高参训学员随机指挥能力，教员应适度在实训过程中随机变更训练内容。随机变更的训练内容可灵活设置，但是不能偏离实训场地设施和装备配备条件。

④ 为确保综合实训的顺利实施，教员应提前将实施方案告知学员，并要求学员以区队为单位熟悉实训程序，根据训练场地场景提前完成救援预案制订工作。

⑤ 参训人员应积极参与综合实训，认真研究并完成承担的任务，掌握组织指挥流程。

⑥ 制订编成时，区队指挥员应根据假定灾情、合理分配学员和救援任务，确保区队的全员参与。

⑦ 综合实训实施时，根据需要，区队指挥员可组织多项战术措施同时开始。

⑧ 对综合实训时限无强制性要求，但是宜控制在 30min 内。

思考题

1. 简述如何开展危险化学品事故应急救援实战化教学。

2. 开展危险化学品事故应急救援实战化教学有哪些注意事项？

参 考 文 献

[1] 宋永吉. 危险化学品安全管理基础知识 [M]. 北京：化学工业出版社，2015.

[2] 公安部消防局. 危险化学品事故处置研究指南 [M]. 武汉：湖北科学技术出版社，2010.

[3] 蒋成军. 危险化学品安全技术与管理 [M]. 北京：化学工业出版社，2015.

[4] 方文林. 危险化学品基础管理 [M]. 北京：中国石化出版社，2015.

[5] 李树. 消防应急救援 [M]. 北京：高等教育出版社，2011.

[6] 胡忆沩等编. 危险化学品抢险技术与器材 [M]. 北京：化学工业出版社，2016.

[7] 罗永强等编. 石油化工事故灭火救援技术 [M]. 北京：化学工业出版社，2017.

[8] 康青春等编. 灭火与抢险救援技术 [M]. 北京：化学工业出版社，2015.

[9] 康青春等编. 灭火救援行动安全 [M]. 北京：化学工业出版社，2015.

[10] 郭铁男等编. 中国消防手册：第九、十、十一卷 [M]. 上海：上海科学技术出版社，2006，2007.

[11] GB/T 970—2011. 危险化学品泄漏事故处置行动要则 [S].

[12] GB/T 29176—2012. 消防应急救援通则 [S].

[13] GB/T 29179—2012. 消防应急救援作业规程 [S].

[14] GB/T 770—2008. 消防员化学防护服装 [S].

[15] 李建华. 灭火战术 [M]. 北京：中国人民公安大学出版社，2014.